三菱FX/Q系列 PLC工程实例详解

赵　杰　罗志勇　编著
岂兴明　刘国忠

人民邮电出版社
北京

图书在版编目（CIP）数据

三菱FX/Q系列PLC工程实例详解 / 赵杰等编著. --
北京 ： 人民邮电出版社，2019.2（2023.1重印）
　　ISBN 978-7-115-50774-7

　　Ⅰ．①三… Ⅱ．①赵… Ⅲ．①PLC技术 Ⅳ.
①TM571.6

　　中国版本图书馆CIP数据核字(2019)第017595号

内 容 提 要

本书以三菱 FX 系列、Q 系列 PLC 为对象，从工程应用实际出发，列举了大量的 PLC 控制电路和应用系统的实例，在分析系统工艺流程及控制要求的基础上，进行了系统硬件设计、软件设计和程序编写的介绍。书中通过相关知识点和资料的贯穿，可帮助读者尽快掌握 PLC 工程应用技术。

本书适合对 PLC 技术有一定了解的读者阅读，可作为自动化、机电一体化、电气工程等相关专业的工程实训教材，亦可作为从事 PLC 开发的技术人员的工程实践参考资料。

◆ 编　　著　赵　杰　罗志勇　岂兴明　刘国忠
　　责任编辑　黄汉兵
　　责任印制　彭志环

◆ 人民邮电出版社出版发行　　北京市丰台区成寿寺路 11 号
　　邮编 100164　　电子邮件 315@ptpress.com.cn
　　网址 http://www.ptpress.com.cn
　　固安县铭成印刷有限公司印刷

◆ 开本：787×1092　1/16
　　印张：18.5　　　　　　　　　2019 年 2 月第 1 版
　　字数：462 千字　　　　　　　2023 年 1 月河北第 4 次印刷

定价：69.00 元

读者服务热线：(010)81055493　印装质量热线：(010)81055316
反盗版热线：(010)81055315

前　言

随着工业自动化和通信技术的飞速发展，可编程控制器（PLC）的应用领域得到大大拓展，其在工业自动化、机电一体化及传统产业技术改造等方面得到了广泛的应用。而目前有关 PLC 的教材和参考资料大多偏向于理论方面，缺乏工程应用中的设计方法、流程的具体介绍，使得用户在实际操作中经常遇到各种障碍。在相关需求的催化下，本书应运而生。

本书对 PLC 在工程中的应用进行了详细的讲解，按照工程应用流程循序渐进地进行了介绍，内容涉及 PLC 基础知识、工艺流程控制分析、PLC 系统硬件设计、软件设计和程序编码等环节。内容通俗易懂，使读者能够快速理解 PLC 的工程应用，对从事相关工作的人员具有很强的参考价值。

全书共 14 章，以三菱 FX 系列、Q 系列为对象，首先讲解 PLC 基础知识，然后从工程应用和实训出发，列举了 PLC 控制电路和应用系统实例，在分析系统工艺及控制要求的基础上，进行系统配置和编程训练，帮助读者尽快掌握 PLC 工程应用技术。根据技术侧重点的不同，本书选择了 10 个具有代表性的典型案例，分章节对其予以详细介绍。

第 1 章介绍了 PLC 的组成和原理，帮助读者理解 PLC 的结构和工作原理。

第 2 章介绍了 FX 系列 PLC 的命名、基本构成、技术指标和特点。

第 3 章介绍了 Q 系列 PLC 的命名、CPU 的选择要点和特点。

第 4 章介绍了三菱 PLC 编程软件 GX Developer 的安装和运行以及软件的操作方法。

第 5 章介绍了电动机正反转的控制方法和 PLC 指令系统，帮助读者了解简单的控制系统设计。

第 6 章介绍了如何从系统层面利用 PLC 设计实际控制系统，并进一步总结、归纳使用 PLC 实现实际工程项目的思路与方法。

第 7 章介绍了利用 PLC 对行进电动机点动控制和自动控制的方法。

第 8 章介绍了 PLC 高速计数器的作用、三菱 FX 系列 PLC 的高频脉冲输出方法以及 PLC 串行通信的相关知识。

第 9 章重点介绍了三菱公司 PLC 模拟量特殊功能模块的原理、接线和编程的方法。

第 10 章重点介绍了 PLC 与变频器通信的实现方法和相关设备的参数设置。

第 11 章重点介绍了立体仓库控制系统的硬件设计，立体仓库控制系统的软件设计。

第 12 章主要介绍了缓冲寄存器（BFM）及其相关指令，以及系统的软硬件设计。

第 13 章重点讲述了三菱 Q 系列 PLC 的功能，介绍了 CC- Link 网络的特点以及伺服控制方面的知识。

第 14 章重点讲述了控制系统的硬件设计，控制系统的 I/O 分配和软件设计。

本书由赵杰、罗志勇、岂兴明、刘国忠编著，参与本书编写的人员还有重庆邮电大学的王淮、于士杰、李凯凯、范志鹏、汪源野等同学。

由于编者水平有限，书中难免有错误和不妥之处，敬请读者批评指正。

作者

2018 年 7 月

目　　录

第 1 章　PLC 基础知识

可编程逻辑控制器（Programmable Logic Controller，简称 PLC）是一种专门为在工业环境下应用而设计的数字运算操作电子系统。它采用一种可编程的存储器，在其内部存储执行逻辑运算、顺序控制、定时、计数和算术运算等操作的指令，通过数字式或模拟式的输入输出来控制各种类型的机械设备或生产过程。

1.1　PLC 的认识

1.1.1　PLC 的组成

从结构上分，PLC 分为固定式和组合式（模块式）两种。固定式 PLC 包括 CPU 板、I/O 板、显示面板、内存块、电源等，这些元素组合成一个不可拆卸的整体。模块式 PLC 包括 CPU 模块、I/O 模块、内存、电源模块、底板或机架，这些模块可以按照一定规则组合配置。

在 PLC 系统中，信号分为数字量（Digital）和模拟量（Analog）两类，如图 1-1 所示。数字量又叫开关量，它只能表示两种状态：从 PLC 的外部接口来看，表示有电压信号或者没有电压信号这两种情况，反映到 PLC 内部时，表示为"1"或者"0"这两种状态。模拟量是指用一个连续变化的电流或电压信号，来线性表示某个连续变化的参数，如温度、压力、液位等。根据信号的流动方向，PLC 接入外部设备输出的信号，叫输入（Input）；PLC 输出信号到外部设备，叫输出（Output）。

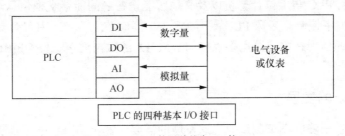

图 1-1　PLC 的四种基本 I/O 接口

（1）CPU 模块

CPU 是 PLC 的核心，起神经中枢的作用，每台 PLC 至少有一个 CPU，它按 PLC 的系统程序赋予的功能接收并存储用户程序和数据，用扫描的方式采集由现场输入装置送来的状态或数据，并存入规定的寄存器中，同时，诊断电源和 PLC 内部电路的工作状态和编程过程中的语法错误等。进入运行后，从用户程序存储器中逐条读取指令，经分析后再按指令规定的任务产生相应的控制信号，去指挥相关的控制电路。

CPU 主要由运算器、控制器、寄存器及实现它们之间联系的数据、控制及状态总线构成，CPU 单元还包括外围芯片、总线接口及有关电路。内存主要用于存储程序及数据，是 PLC 不可缺少的组成单元。

（2）I/O 模块

PLC 与电气回路的接口，是通过输入/输出模块（I/O）完成的。I/O 模块集成了 PLC 的 I/O 电路，其输入暂存器反映输入信号状态，输出点反映输出锁存器状态。输入模块将电信号变换成数字信号进入 PLC 系统，输出模块相反。I/O 分为开关量输入（DI），开关量输出（DO），模拟量输入（AI），模拟量输出（AO）等模块。

常用的 I/O 分类如下。

开关量：按电压水平分，有 220V AC、110V AC、24V DC；按隔离方式分，有继电器隔离和晶体管隔离。

模拟量：按信号类型分，有电流型（4～20mA，0～20mA）、电压型（0～10V，0～5V，–10～10V）等；按精度分，有 12bit、14bit、16bit 等。

除了上述通用 I/O 外，还有特殊 I/O 模块，如热电阻、热电偶、脉冲等模块。

按 I/O 点数确定模块规格及数量，I/O 模块可多可少，但其最大数受 CPU 所能管理的基本配置的能力限制，即受最大的底板或机架槽数限制。

（3）电源模块

PLC 电源用于为 PLC 各模块的集成电路提供工作电源。同时，有的还为输入电路提供 24V 的工作电源。电源输入类型有：交流电源（220V AC 或 110V AC）、直流电源（常用的为 24V DC）。

（4）底板或机架

大多数模块式 PLC 使用底板或机架，其作用是：电气上，实现各模块间的联系，使 CPU 能访问底板上的所有模块；机械上，实现各模块间的连接，使各模块构成一个整体。

（5）通信联网

依靠工业网络技术有效地收集、传送生产和管理数据。PLC 具有通信联网的功能，它使 PLC 与 PLC 之间、PLC 与上位计算机以及其他智能设备之间能够交换信息，形成一个统一的整体，实现分散集中控制。多数 PLC 具有 RS-232 接口，还有一些内置有支持各自通信协议的接口。PLC 的通信现在主要采用多点接口（MPI）的数据通信、PROFIBUS 或工业以太网进行联网。

1.1.2 PLC 的发展

PLC 的产生源于美国汽车制造业飞速发展的需要。20 世纪 60 年代后期，汽车型号更新速度加快。原先的汽车制造生产线上使用的继电-接触器控制系统，尽管具有原理简单、使用方便、部件动作直观、价格便宜等诸多优点，但由于其控制逻辑由元器件的固有布线方式来决定，缺乏变更控制过程的灵活性，不能满足用户快速改变控制方式的要求，无法适应汽车换代周期迅速缩短的需求。

20 世纪 40 年代产生的电子计算机，在 20 世纪 60 年代已得到迅猛发展。虽然小型计算机已开始应用于工业生产的自动控制，但其原理复杂，又需专业的程序设计语言，致使一般电气工作人员难以掌握和使用。

1968年，美国通用汽车公司设想将两者的长处结合起来，提出了新型电气控制装置的十点招标要求，其中有：继电控制系统设计周期短、更改容易、接线简单、成本低；能把计算机的功能和继电控制系统结合起来，但编程又比计算机简单易学、操作方便；系统通用性强等。

1969年，美国数字设备公司（DEC）结合计算机和继电-接触器控制系统两者的优点，按招标要求完成了新型电气控制装置的研制工作，并在美国通用汽车公司的自动生产线上试用成功，从而诞生了世界上第一台可编程控制器。

从第一台PLC诞生至今，PLC大致分为四代产品。

第一代PLC，多数用一位机开发，采用磁芯存储器存储，仅具有单一的逻辑控制功能。

第二代PLC，使用了8位微处理器以及半导体存储器，其产品也逐步系列化。

第三代PLC，采用了高性能微处理器及位片式CPU，工作速度大幅度提高，因而促使其向多功能和联网通信方向发展。

第四代PLC，不仅全面使用16位、32位微处理器、位片式微处理器、精简指令系统微处理器（RISC）等高性能、高速度的CPU，而且在一台PLC中同时配置多个微处理器，极大地提高了PLC的工作性能、速度和可靠性；同时由于大量含有微处理器的智能模块的出现，致使这一代PLC具有逻辑控制、过程控制、运动控制、数据处理、联网通信等诸多功能，真正成为名副其实的多功能控制器。在这一时期，PLC构成的PLC网络也得到飞速发展，PLC及其网络日益成为首选的工业控制装置，并是被视为现代工业自动化的三大支柱之一（CAM、机器人及PLC）。

1.1.3 PLC的特点

（1）功能丰富

PLC的功能非常丰富。这主要与它具有丰富的处理信息的指令系统及存储信息的内部器件有关。PLC还有丰富的外部设备，可建立友好的人机交互界面，以进行信息交换。可送入程序、送入数据；可读出程序、读出数据。而且读、写时可在图文并茂的画面上进行。PLC具有通信接口，可与计算机连接或联网，与计算机交换信息。自身也可联网，以形成单机所不能有的更大的、地域更广的控制系统。PLC还有强大的自检功能，可进行自诊断，其结果可自动记录。这为它的维修增加了透明度、提供了方便。

（2）使用方便

用PLC实现对系统的控制是非常方便的。这是因为：首先，PLC控制逻辑的建立是程序，用程序代替硬件接线。其次，PLC的硬件是高度集成化的，已集成为各种小型化的模块。而且，这些模块是配套的，已实现了系列化与规格化。各种控制系统所需的模块，PLC厂家多有现货供应，市场上即可购得。PLC的外设很丰富，编程器种类很多，用起来都较方便，还有数据监控器，可监控PLC的工作。可用于PLC的软件也很多，不仅可用类似于继电电路设计的梯形图语言，有的还可用BASIC语言、C语言，甚至于自然语言。

（3）工作可靠

用PLC实现对系统的控制是非常可靠的。这是因为PLC在硬件与软件两个方面都采取了很多措施，确保它能可靠地工作。在硬件方面，PLC的输入/输出电路与内部CPU是电隔离的，其信息靠光耦器件或电磁器件传递。而且，CPU 板还有抗电磁干扰的屏蔽措施，故可确保 PLC 程序的运行不受外界电与磁的干扰，能正常地工作。在软件方面，PLC 的工作方式为扫描加中断，这既可保证它能有序地工作，避免继电控制系统常出现的"冒险竞争"，使控制结果总是确定无误；又能应急处理急于处理的控制，保证 PLC 对应急情况的及时响应，使 PLC 能可靠地工作。

1.1.4 PLC 的应用领域

目前，PLC 控制器在国内外被广泛应用于钢铁、石油、化工、电力、建材、机械制造、汽车、轻纺、交通运输、环保及文化娱乐等各个行业，使用情况大致可归纳为如下几类。

（1）开关量的逻辑控制

这是 PLC 控制器最基本、最广泛的应用领域，它取代传统的继电器电路，实现逻辑控制、顺序控制，既可用于单台设备的控制，也可用于多机群控及自动化流水线，如注塑机、印刷机、订书机械、组合机床、磨床、包装生产线、电镀流水线等。

（2）模拟量控制

在工业生产过程当中，有许多连续变化的量，如温度、压力、流量、液位、速度等都是模拟量。为了使可编程控制器处理模拟量，必须实现模拟量（Analog）和数字量（Digital）之间的 A/D 转换及 D/A 转换。PLC 厂家都生产配套的 A/D 和 D/A 转换模块，使可编程控制器可用于模拟量控制。

（3）运动控制

PLC 控制器可以用于圆周运动或直线运动的控制。从控制机构配置来说，早期直接用开关量 I/O 模块连接位置传感器和执行机构，现在一般使用专用的运动控制模块。如可驱动步进电机或伺服电机的单轴或多轴位置控制模块。世界上各主要 PLC 控制器生产厂家的产品几乎都有运动控制功能，广泛用于各种机械、机床、机器人、电梯等场合。

（4）过程控制

过程控制是指对温度、压力、流量等模拟量的闭环控制。作为工业控制计算机，PLC 控制器能编制各种各样的控制算法程序，完成闭环控制。PID 调节是一般闭环控制系统中用得较多的调节方法。大中型 PLC 都有 PID 模块，目前许多小型 PLC 控制器也具有此功能模块。PID 处理一般是运行专用的 PID 子程序。过程控制在冶金、化工、热处理、锅炉控制等场合有非常广泛的应用。

（5）数据处理

现代 PLC 控制器具有数学运算（含矩阵运算、函数运算、逻辑运算）、数据传送、数据转换、排序、查表、位操作等功能，可以完成数据的采集、分析及处理。这些数据可以与存储在存储器中的参考值比较，完成一定的控制操作，也可以利用通信功能传送到别的智能装置，或将它们打印制表。数据处理一般用于大型控制系统，如无人控制的柔性制造系统；也可用于过程控制系统，如造纸、冶金、食品工业中的一些大型控制系统。

（6）通信及联网

PLC 控制器通信包含 PLC 控制器间的通信及 PLC 控制器与其他智能设备间的通信。随着计算机控制的发展，工厂自动化网络发展得很快，各 PLC 控制器厂商都十分重视 PLC 控制器的通信功能，纷纷推出各自的网络系统。新近生产的 PLC 控制器都具有通信接口，通信非常方便。

1.2　PLC 系统的结构和原理

1.2.1　PLC 的硬件系统

PLC 控制器的实质是一种专用于工业控制的计算机，其硬件结构主要由 CPU、电源、存储器、输入/输出接口电路等组成，如图 1-2 所示。

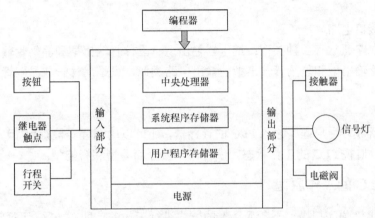

图 1-2　PLC 的结构图

（1）中央处理单元

中央处理单元（CPU）是 PLC 控制器的控制中枢。CPU 一般由控制器、运算器和寄存器组成。CPU 通过地址总线、数据总线、控制总线与存储器、输入/输出接口、通信接口、扩展接口相连。CPU 是 PLC 的核心，它不断采集输入信号，执行用户程序，刷新系统输出。它按照 PLC 控制器系统程序赋予的功能接收并存储从编程器键入的用户程序和数据；检查电源、存储器、I/O 以及警戒定时器的状态，并能诊断用户程序中的语法错误。

可编程控制器中常用的 CPU 主要有通用微处理器、单片机和双极型位片式微处理器 3 种类型。通用微处理器有 8080、8086、80286、80386 等；单片机有 8031、8096 等；位片式微处理器有 AM2900、AM2903 等。FX2 可编程控制器使用的微处理器是 16 位的 8096 单片机。

（2）存储器

PLC 的存储器包括系统存储器和用户存储器两种。存放系统软件的存储器称为系统程序存储器。存放应用软件的存储器称为用户程序存储器。现在的 PLC 一般均采用可电擦除的 EEPROM 存储器来作为系统存储器和用户存储器。

（3）电源

PLC 控制器的电源在整个系统中起着十分重要的作用。PLC 一般使用 220V 交流电源或

24V 直流电源，内部的开关电源为 PLC 的中央处理器、存储器等电路提供 5V、12V、24V 直流电源，使 PLC 能正常工作。

（4）输入接口电路

PLC 的输入接口电路的作用是将按钮、行程开关或传感器等产生的信号输入 CPU；PLC 的输出接口电路的作用是将 CPU 向外输出的信号转换成可以驱动外部执行元件的信号，以便控制接触器线圈等电器的通、断电。PLC 的输入/输出接口电路一般采用光耦合隔离技术，可以有效地保护内部电路。

PLC 的输入接口电路可分为直流输入电路和交流输入电路。直流输入电路的延迟时间比较短，可以直接与接近开关、光电开关等电子输入装置连接；交流输入电路适用于在有油雾、粉尘的恶劣环境下使用。交流输入电路和直流输入电路类似，外接的输入电源改为 220V 交流电源。

（5）输出接口电路

输出接口电路通常有 3 种类型：继电器输出型、晶体管输出型和晶闸管输出型。继电器输出型、晶体管输出型和晶闸管输出型的输出电路类似，只是晶体管或晶闸管代替继电器来控制外部负载。

（6）编程器

利用编程器可将用户程序输入 PLC 的存储器，还可以用编程器检查程序、修改程序；利用编程器还可以监视 PLC 的工作状态。编程器一般分简易型和智能型。

1.2.2　PLC 的工作原理

PLC 是采用"顺序扫描，不断循环"的方式进行工作的。即在 PLC 运行时，CPU 根据用户按控制要求编制好并存于用户存储器中的程序，按指令步序号（或地址号）作周期性循环扫描，如无跳转指令，则从第一条指令开始逐条顺序执行用户程序，直至程序结束。然后重新返回第一条指令，开始下一轮新的扫描。在每次扫描过程中，还要完成对输入信号的采样和对输出状态的刷新等工作。

PLC 的一个扫描周期必经输入采样、程序执行和输出刷新三个阶段。在整个运行期间，PLC 控制器的 CPU 以一定的扫描速度重复执行下述三个阶段。

（1）输入采样阶段

首先 PLC 控制器以扫描方式按顺序将所有暂存在输入锁存器中的输入端子的通断状态或输入数据读入，并将其写入各对应的输入状态寄存器中，即刷新输入。随即关闭输入端口，进入程序执行阶段。

（2）程序执行阶段

PLC 控制器总是按由上而下的顺序依次地扫描用户程序（梯形图），经相应的运算和处理后，其结果再写入输出状态寄存器中，输出状态寄存器中所有的内容随着程序的执行而改变。

（3）输出刷新阶段

当所有指令执行完毕，输出状态寄存器的通断状态在输出刷新阶段送至输出锁存器中，并通过一定的方式（继电器、晶体管或晶闸管）输出，驱动相应输出设备工作。

1.3 PLC 系统基本应用

目前，PLC 在国内外被广泛应用于钢铁、石油、化工、电力、建材、机械制造、汽车、轻纺、交通运输、环保、文化娱乐等各个行业，使用情况主要分为如下几类。

（1）开关量逻辑控制

取代传统的继电器电路，实现逻辑控制、顺序控制。既可用于单台设备的控制，也可用于多机群控及自动化流水线，如注塑机、印刷机、订书机械、组合机床、磨床、包装生产线、电镀流水线等。

（2）工业过程控制

在工业生产过程当中，存在一些如温度、压力、流量、液位、速度等连续变化的量（即模拟量）。PLC 采用相应的 A/D 和 D/A 转换模块及各种各样的控制算法程序来处理模拟量，完成工业过程的闭环控制。PID 调节是一般闭环控制系统中用得较多的一种调节方法。过程控制在冶金、化工、热处理、锅炉控制等场合有非常广泛的应用。

（3）运动控制

PLC 可以用于圆周运动或直线运动的控制。一般使用专用的运动控制模块实现，如可驱动步进电机或伺服电机的单轴或多轴位置控制模块；广泛用于各种机械、机床、机器人、电梯等场合。

（4）数据处理

PLC 具有数学运算（含矩阵运算、函数运算、逻辑运算）、数据传送、数据转换、排序、查表、位操作等功能，可以完成数据的采集、分析及处理。数据处理一般用于造纸、冶金、食品工业中的一些大型控制系统。

（5）通信及联网

PLC 通信包含 PLC 间的通信及 PLC 与其他智能设备间的通信。随着工厂自动化网络的发展，现在的 PLC 都具有通信接口，通信非常方便，

1.4 本章小结

本章主要介绍了 PLC 的基础知识，PLC 系统的结构和原理以及 PLC 系统基本应用。通过本章学习，读者应该掌握 PLC 的硬件结构和工作原理，了解 PLC 的基本应用。

第 2 章　FX 系列 PLC 基础知识

FX 系列的 PLC 是三菱集团在大连生产的主力产品。它采用一类可编程的存储器来存储程序，执行逻辑运算、顺序控制、定时、计数、算术操作等面向用户的指令，并通过数字或模拟式输入/输出控制各类的机械或生产过程。

2.1　FX 系列 PLC 概述

2.1.1　FX 系列 PLC 的发展

三菱小型 F 系列 PLC 为早期的 1981 年的产品，它仅有开关量控制功能。以后被升级为 F1 和 F2 系列，主要是加强了指令系统，增强了通信功能和特殊功能单元。至 20 世纪 80 年代末，推出了 FX 系列产品，在容量、速度、特殊功能、网络功能等方面有了全面的加强。1991 年推出的 FX2 系列是整体式和模块式相结合的迭装式结构，它采用了一个 16 位微处理器和一个专用的逻辑处理器，执行速度为 0.48μs/步。

近几年不断推出的 FX1S、FX1N、FX2N 以及 FX3U 全面的提升了各种功能，实现了微型、小型化，为各用户提供了更多的选择。

2.1.2　FX 系列 PLC 的简介

FX 系列（FX1S/1N/2N/3U）的 4 种基本类型中，PLC 性能依次提高，特别是用户程序存储器容量、内部继电器和定时器的数量等方面依次大幅度提高。

（1）FX1S 系列 PLC 介绍

FX1S 系列 PLC 把优良的特点融合进一个很小的控制器中。FX1S 适用于最小的封装，提供多达 30 个 I/O，并且能通过串行通信传输数据，所以它能用在紧凑型 PLC 不能应用的地方。

除了上述功能外，FX1S 还有其他功能，如表 2-1 所示。

表 2-1　FX1S 功能

功能	说明
定位和脉冲输出功能	一个 PLC 单元能同时输出 2 点 100kHz 脉冲，PLC 配备有 7 条特殊的定位指令，包括零返回、绝对位置读出、绝对或相对驱动以及特殊脉冲输出控制
内置式 24V 直流电源	24V、400mA 直流电源可用于外围设备，如传感器或其他元件
时钟功能和小时表功能	在所有的 FX1S PLC 中都有实时时钟标准。时间设置和比较指令易于操作。小时表功能可为过程跟踪和机器维护提供有价值的信息
持续扫描功能	为应用所需求的持续扫描时间定义操作周期

功能	说明
输入滤波器调节功能	可以用输入滤波器平整输入信号（在基本单元中 X000 到 X017）
元件注解记录功能	元件注解可以记录在程序寄存器中
在线程序编辑	在线改变程序不会损失工作时间或停止生产运转
RUN/STOP 开关	面板上运行/停止开关易于操作
远程维护	远处的编程软件可以通过调制解调器通信来监测、上载或卸载程序和数据
密码保护	使用一个八位数字密码保护您的程序

（2）FX1N 系列 PLC 介绍

FX1N 系列是功能很强大的微 PLC，可扩展到多达 128 个 I/O 点，并且能增加特殊功能模块或扩展板。通信和数据连接功能选项使得 FX1N 在体积、通信、特殊功能模块等重要的应用方面非常完美。

除了上述的功能，FX1N 系列 PLC 也有表 2-1 中所示功能。

（3）FX2N 系列 PLC 介绍

FX2N 系列是 FX 系列 PLC 家族中最先进的系列。FX2N 系列具备如下特点：最大范围的包容了标准特点、程式执行更快、全面补充了通信功能、适合世界各国不同的电源以及满足单个需求的大量特殊功能模块，它可以为你的工厂自动化应用提供最大的灵活性和控制能力。同时，FX2N 还为大量实际应用开发特殊功能：开发了各个范围的特殊功能模块以满足不同的需要——模拟 I/O，高速计数器；定位控制达到 16 轴，脉冲串输出或为 J/K 型热电偶或 Pt 传感器开发了温度模块；对每一个 FX2N 主单元可配置总数达 8 个特殊功能模块。网络和数据通信，让 PLC 连接到世界上最流行的开放式网络 CC-Link、Profibus Dp 和 Device Net，或者采用传感器层次的网络解决通信需要。

除了以上的特点，FX2N 还有其他特点，如表 2-2 所示。

表 2-2　　　　　　　　　　　　　　　　　　FX2N 功能

功能	说明
快速断开端子块	采用优良的可维护性快速断开端子块，即使接着电缆也可以更换单元
内置式 24V 直流电源	24V、400mA 直流电源可用于外围设备，如传感器或其他元件
时钟功能和小时表功能	在所有的 FX1S PLC 中都有实时时钟标准。时间设置和比较指令易于操作。小时表功能可为过程跟踪和机器维护提供有价值的信息
持续扫描功能	为应用所需求的持续扫描时间定义操作周期
输入滤波器调节功能	可以用输入滤波器平整输入信号（在基本单元中 X000 到 X017）
元件注解记录功能	元件注解可以记录在程序寄存器中
在线程序编辑	在线改变程序不会损失工作时间或停止生产运转
RUN/STOP 开关	面板上运行/停止开关易于操作
远程维护	远处的编程软件可以通过调制解调器通信来监测、上载或卸载程序和数据
密码保护	使用一个八位数字密码保护您的程序

（4）FX3U 系列 PLC 介绍

三菱 FX 系列 PLC 的新产品 FX3U 与之前的 FX 系列产品相比，其定位功能得到了提高，FX3U 的定位功能主要有以下几点：①PLC 主体的脉冲输出由两个增加到三个，②定位指令增加，③可扩展高速脉冲输出模块 FX3U-2HSY-ADP 用于定位，④可扩展定位模块 FX3U-20SSC-H，⑤可连接 FX 系列之前的定位模块。

同时，FX3U 的基本性能大幅提升：①CPU 处理速度达到了 0.065μs/基本指令 ②内置了高达 64K 步的大容量 RAM 存储器 ③大幅增加了内部软元件的数量 ④强化了指令的功能，提供了多达 209 条应用指令，包括与三菱变频器通信的指令，CRC 计算指令，产生随机数指令等。

集成业界领先的功能：晶体管输出型的基本单元内置了 3 轴独立最高 100kHz 的定位功能，并且增加了新的定位指令：带 DOG 搜索的原点回归（DSZR），中断单速定位（DVIT）和表格设定定位（TBL）；从而使得定位控制功能更加强大，使用更为方便。内置可 6 点同时输入的 100kHz 高速计数功能，双相计数时可以进行 4 倍频计数，

FX3U 增强了通信的功能，其内置的编程接口可以达到 115.2kbit/s 的高速通信，而且最多可以同时使用 3 个通信接口（包括编程接口在内）。新增了高速输入输出适配器、模拟量输入输出适配器和温度输入适配器，这些适配器不占用系统点数，使用方便；在 FX3U 的左侧最多可以连接 10 台特殊适配器。其中通过使用高速输入适配器可以实现最多 8 路、最高 200kHz 的高速计数。通过使用高速输出适配器可以实现最多 4 轴、最高 200kHz 的定位控制，继电器输出型的基本单元上也可以通过连接该适配器进行定位控制。通过 CC-Link 网络的扩展，可以实现最高 84 点（包括远程 I/O 在内）的控制。选装高性能的显示模块（FX3U-7DM）可以显示用户自定义的英文、数字和日文/汉字信息，最多能够显示 16 个半角字符（8 个全角字符）×4 行。在该模块上可以进行软元件的监控、测试，时钟的设定，存储器卡盒与内置 RAM 间程序的传送、比较等操作。另外，还可以将该显示模块安装在控制柜的面板上，

2.2 FX 系列 PLC 硬件配置及接口

2.2.1 FX 系列 PLC 的命名

FX 系列 PLC 命名的基本格式，如图 2-1 所示。

① 系列号 ON、OS、2C、2N、2NC、1N、1S，即 FX0、FX2、FXO 等。

② 输入/输出的总点数：4～128 点。

③ 单元区别：

M—基本单元，E—输入/输出混合扩展单元及扩展模块，EX—输入专用扩展模块，EY—输出专用扩展模块。

④ 输出形式（输入专用无记号）：

R—继电器输出，T—晶体管输出，S—晶闸管输出。

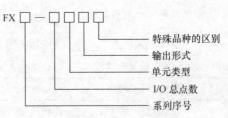

图 2-1 FX 系列 PLC 命名格式

⑤ 特殊物品的区别

D：DC电源，DC输入。

A1：AC电源，AC输入（AC 100～120V）或AC输入模块。

H：大电流输出扩展模块。

V：立式端子排的扩展模式。

C：接插口输入/输出方式。

F：输入滤波器1ms的扩展模块。

L：TTL输入型模块。

S：独立子端（无公共端）扩展模块。

特殊物品无记号：AC电源，DC输入，横式端子排。

输出能力为继电器输出2A/点、晶体管输出0.5A/点或晶闸管输出0.3A/点的标准输出。

2.2.2 FX系列PLC的基本构成

（1）FX系列PLC组成

FX系列可编程控制器由基本单元、扩展单元、扩展模块及特殊单元构成。基本单元（Basic Unit）包括了CPU、I/O口、存储器及电源，是PLC最基本也是最重要的部分。扩展单元（Extension Unit）是主要用于增加可编程控制器I/O点数的装置，内部设有电源。扩展模块（Extension Module）用于增加可编程控制器I/O点数及改变可编程控制器I/O点数比例，由于内部无电源，所以需要基本单元或者扩展单元为其供电。因为扩展单元和扩展模块没有CPU，所以和基本单元共用CPU。特殊功能单元（Special Function Unit）是一些有特殊用途的装置。

对于整体式PLC，所有部件都装在同一机壳内，其组成框图如图2-2所示；对于模块式PLC，各部件独立封装成模块，各模块通过总线连接，安装在机架或导轨上，其组成框图如图2-3所示。无论是哪种结构类型的PLC，都可根据用户需要进行配置与组合。

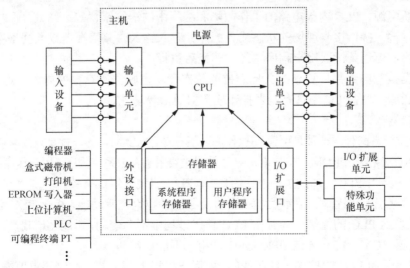

图2-2 整体式PLC组成框图

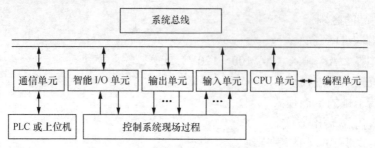

图 2-3　模块式 PLC 组成框图

虽然他们的结构不太一样，但是各部分功能还是相同的，他们的各部分功能如下。

1）中央处理单元（CPU）

同一般的微机一样，CPU 是 PLC 的核心。PLC 中所配置的 CPU 随机型不同而不同，常用有 3 类：通用微处理器（如 Z80、8086、80286 等）、单片微处理器（如 8031、8096 等）和位片式微处理器（如 AMD29W 等）。小型 PLC 大多采用 8 位通用微处理器和单片微处理器；中型 PLC 大多采用 16 位通用微处理器或单片微处理器；大型 PLC 大多采用高速位片式微处理器。

目前，小型 PLC 为单 CPU 系统，而中、大型 PLC 则大多为双 CPU 系统，甚至有些 PLC 中多达 8 个 CPU。对于双 CPU 系统，一般其中一个为字处理器，多采用 8 位或 16 位处理器；另一个为位处理器，采用由各厂家设计制造的专用芯片。字处理器为主处理器，用于执行编程器接口功能，监视内部定时器，监视扫描时间，处理字节指令以及对系统总线和位处理器进行控制等。位处理器为从处理器，主要用于处理位操作指令和实现 PLC 编程语言向机器语言的转换。位处理器的采用，提高了 PLC 的速度，使 PLC 更好地满足实时控制要求。

在 PLC 中 CPU 按系统程序赋予的功能，指挥 PLC 有条不紊地进行工作，归纳起来主要有以下几个方面。

① 接收从编程器输入的用户程序和数据。

② 诊断电源、PLC 内部电路的工作故障和编程中的语法错误等。

③ 通过输入接口接收现场的状态或数据，并存入输入映象寄存器或数据寄存器中。

④ 从存储器逐条读取用户程序，经过解释后执行。

⑤ 根据执行的结果，更新有关标志位的状态和输出映象寄存器的内容，通过输出单元实现输出控制。有些 PLC 还具有制表打印或数据通信等功能。

2）存储器

存储器主要有两种：一种是可读/写操作的随机存储器 RAM，另一种是只读存储器 ROM、PROM、EPROM 和 EEPROM。在 PLC 中，存储器主要用于存放系统程序、用户程序及工作数据。

系统程序是由 PLC 的制造厂家编写的，和 PLC 的硬件组成有关，完成系统诊断、命令解释、功能子程序调用管理、逻辑运算、通信及各种参数设定等功能，提供 PLC 运行的平台。系统程序关系到 PLC 的性能，而且在 PLC 使用过程中不会变动，所以由制造厂家直接固化在只读存储器 ROM、PROM 或 EPROM 中，用户不能访问和修改。

用户程序是随 PLC 的控制对象而变的，由用户根据生产工艺的控制要求而编制的应用程序。为了便于读出、检查和修改，用户程序一般存于 CMOS 静态 RAM 中，用锂电池作为后备电源，以保证掉电时不会丢失信息。为了防止干扰造成 RAM 中程序的破坏，当用户程序经过调试运行正常，不需要改变，可将其固化在只读存储器 EPROM 中。现在有许多 PLC 直接采用 EEPROM 作为用户存储器。

工作数据是 PLC 运行过程中经常变化、经常存取的一些数据。存放在 RAM 中，以适应随机存取的要求。在 PLC 的工作数据存储器中，设有存放输入/输出继电器、辅助继电器、定时器、计数器等逻辑器件的存储区，这些器件的状态都是由用户程序的初始设置和运行情况而确定的。根据需要，部分数据在掉电时用后备电池维持其现有的状态，这部分在掉电时可保存数据的存储区域称为保持数据区。

由于系统程序及工作数据与用户无直接联系，所以在 PLC 产品样本或使用手册中所列存储器的形式及容量是指用户程序存储器。当 PLC 提供的用户存储器容量不够用时，许多 PLC 还提供存储器扩展功能。

3）输入/输出单元

输入/输出单元通常也称 I/O 单元或 I/O 模块，是 PLC 与工业生产现场间的连接部件。PLC 通过输入接口可以检测被控对象的各种数据，以这些数据作为 PLC 对被控制对象进行控制的依据；同时 PLC 又通过输出接口将处理结果送给被控制对象，以实现控制目的。

由于外部输入设备和输出设备所需的信号电平是多种多样的，而 PLC 内部 CPU 处理的信息只能是标准电平，所以 I/O 接口要实现这种转换。I/O 接口一般都具有光电隔离和滤波功能，以提高 PLC 的抗干扰能力。另外，I/O 接口上通常还有状态指示，工作状况直观，便于维护。

PLC 提供了多种操作电平和驱动能力的 I/O 接口，有多种功能的 I/O 接口供用户选用。I/O 接口的主要类型有：数字量（开关量）输入、数字量（开关量）输出、模拟量输入、模拟量输出等。

常用的开关量输入接口按其使用的电源不同有三种类型：直流输入接口、交流输入接口和交/直流输入接口，其基本原理电路如图 2-4 所示。

常用的开关量输出接口按输出开关器件不同有继电器输出和双向晶闸管输出等，其基本原理电路如图 2-5 所示。继电器输出接口可驱动交流或直流负载，但其响应时间长，动作频率低；双向晶闸管输出接口的响应速度快，动作频率高，但只能用于交流负载。

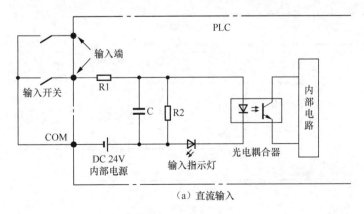

（a）直流输入

图 2-4　开关量输入接口

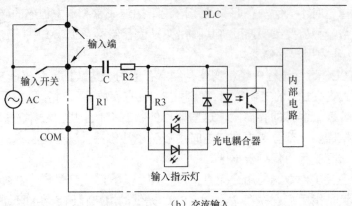

（b）交流输入

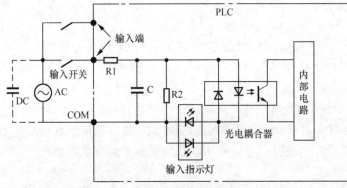

（c）交/直流输入

图 2-4　开关量输入接口（续）

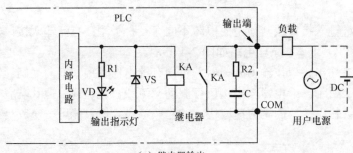

（a）继电器输出

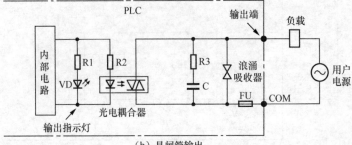

（b）晶闸管输出

图 2-5　开关量输出接口

　　PLC 的 I/O 接口所能接受的输入信号个数和输出信号个数称为 PLC 输入/输出（I/O）点

数。I/O 点数是选择 PLC 的重要依据之一。当系统的 I/O 点数不够时，可通过 PLC 的 I/O 扩展接口对系统进行扩展。

4）通信接口

PLC 配有各种通信接口，这些通信接口一般都带有通信处理器。PLC 通过这些通信接口可与监视器、打印机、其他 PLC、计算机等设备实现通信。PLC 与打印机连接，可将过程信息、系统参数等输出打印；与监视器连接，可将控制过程图像显示出来；与其他 PLC 连接，可组成多机系统或连成网络，实现更大规模控制。与计算机连接，可组成多级分布式控制系统，实现控制与管理相结合。

远程 I/O 系统也必须配备相应的通信接口模块。

5）智能接口模块

智能接口模块是一独立的计算机系统，它有自己的 CPU、系统程序、存储器以及与 PLC 系统总线相连的接口。它作为 PLC 系统的一个模块，通过总线与 PLC 相连，进行数据交换，并在 PLC 的协调管理下独立地进行工作。

PLC 的智能接口模块种类很多，如高速计数模块、闭环控制模块、运动控制模块、中断控制模块等。

6）编程装置

编程装置的作用是编辑、调试、输入用户程序，也可在线监控 PLC 内部状态和参数，与 PLC 进行人机对话。它是开发、应用、维护 PLC 不可缺少的工具。编程装置可以是专用编程器，也可以是配有专用编程软件包的通用计算机系统。专用编程器由 PLC 厂家生产，专供该厂家生产的某些 PLC 产品使用，它主要由键盘、显示器和外存储器接插口等部件组成。专用编程器有简易编程器和智能编程器两类。

简易型编程器只能联机编程，而且不能直接输入和编辑梯形图程序，需将梯形图程序转化为指令表程序才能输入。简易编程器体积小、价格便宜，它可以直接插在 PLC 的编程插座上，或者用专用电缆与 PLC 相连，以方便编程和调试。有些简易编程器带有存储盒，可用来储存用户程序，如三菱的 FX-20P-E 简易编程器。

智能编程器又称图形编程器，本质上它是一台专用便携式计算机，如三菱的 GP-80FX-E 智能型编程器。它既可联机编程，又可脱机编程。可直接输入和编辑梯形图程序，使用更加直观、方便，但价格较高，操作也比较复杂。大多数智能编程器带有磁盘驱动器，提供录音机接口和打印机接口。

专用编程器只能对指定厂家的几种 PLC 进行编程，使用范围有限，价格较高。同时，由于 PLC 产品不断更新换代，所以专用编程器的生命周期也十分有限。因此，现在的趋势是使用以个人计算机为基础的编程装置，用户只要购买 PLC 厂家提供的编程软件和相应的硬件接口装置。这样，用户只用较少的投资即可得到高性能的 PLC 程序开发系统。

基于个人计算机的程序开发系统功能强大。它既可以编制、修改 PLC 的梯形图程序，又可以监视系统运行、打印文件、进行系统仿真等。配上相应的软件还可实现数据采集和分析等多种功能。

7）电源

PLC 配有开关电源，以供内部电路使用。与普通电源相比，PLC 开关电源的稳定性好、抗干扰能力强。对电网提供电源的稳定度要求不高，一般允许电源电压在其额定值±15%的范围内波动。许多 PLC 还向外提供直流 24V 稳压电源，用于对外部传感器供电。

8）其他外部设备

除了以上所述的部件和设备外，PLC 还有许多外部设备，如 EPROM 写入器、外存储器、人/机接口装置等。

EPROM 写入器是用来将用户程序固化到 EPROM 存储器中的一种 PLC 外部设备。为了使调试好的用户程序不易丢失，经常用 EPROM 写入器将 PLC 内 RAM 保存到 EPROM 中。

PLC 内部的半导体存储器称为内存储器。有时可用外部的磁带、磁盘和用半导体存储器作成的存储盒等来存储 PLC 的用户程序，这些存储器件称为外存储器。外存储器一般是通过编程器或其它智能模块提供的接口，实现与内存储器之间相互传送用户程序。

人/机接口装置用来实现操作人员与 PLC 控制系统的对话。最简单、最普遍的人/机接口装置由安装在控制台上的按钮、转换开关、拨码开关、指示灯、LED 显示器、声光报警器等器件构成。对于 PLC 系统，还可采用半智能型 CRT 人/机接口装置和智能型终端人/机接口装置。半智能型 CRT 人/机接口装置可长期安装在控制台上，通过通信接口接收来自 PLC 的信息并在 CRT 上显示出来；而智能型终端人/机接口装置有自己的微处理器和存储器，能够与操作人员快速交换信息，并通过通信接口与 PLC 相连，也可作为独立的节点接入 PLC 网络。

（2）FX 系列 PLC 硬件规格

FX1 基本单元的型号规格如表 2-3 所示，扩展单元或扩展模块只可以使用 FX0N 和 FX2N 系列，其主要型号如表 2-4、表 2-5 所示。用 FX1N 的基本单元与 FX0N 和 FX2N 系列扩展单元或扩展模块可构成 I/O 点为 16～128 点的 PLC 系统。

表 2-3　　　　　　　　　　　　　**FX1N 基本单元型号规格**

型号		输入点数 （24V DC）	输出点数	I/O 总点数
继电器输出	晶体管输出			
FX1N-24MR	FX1N-24M	14	10	24
FX1N-40MR	FX1N-40MT	24	16	40
FX1N-60MR	FX1N-60MT	36	24	60

表 2-4　　　　　　　**FX2N 扩展单元型号规格（AC 100～240V 电源）**

型号	输入点数（24V DC）	输出点数	I/O 总点数
FX2N-32ER	16	16（继电器）	32
FX2N-48ER	24	24（继电器）	48
FX2N-32ET	16	16（晶体管）	32
FX2N-48ET	24	24（晶体管）	48

表 2-5　　　　　　　　　**FX0N、FX2N 扩展模块型号规格**

型号	输入点数	输出点数	型号	输入点数（24V DC）	输出点数
FX0N-8ER	（24V DC）	4（8）	FX0N-8EYT	—	8（晶体管）
FX0N-8EX	4（8）	—	FX2N-16EYR	—	16（继电器）
FX0N-16EX	8	—	FX2N-16EYT	—	16（晶体管）
FX0N-8EYR	16	8（继电器）	FX2N-16EYS	—	16（晶闸管）

FX1N 系列 PLC 的环境规格、输入规格、输出规格、电源规格、性能规格等，如表 2-6、表 2-7、表 2-8、表 2-9 及表 2-10 所示。

表 2-6   **FX1N 环境规格**

环境温度	0～55℃	
环境湿度	35%～85%RH	
抗振性	JIS C0040 标准，频率 10～57Hz，振幅 0.075mm，3 轴方向各 80min	
抗冲击性	JIS C0041 标准，3 轴方向各 3 次	
接地	D 种接地（不能与强电部分共同接地）	
抗噪声干扰性	用噪声仿真器产生电压为 1 000Vpp，噪声脉冲宽度为 1μs，周期为 0～100Hz 的噪声，在此噪声干扰下 PLC 工作正常	
耐压性	1 500V AC 1min	符合 JEM-1021 标准，电源端子与接地端之间绝缘抗阻
绝缘电阻	5MΩ 以上 500V DC	
使用环境	无腐蚀性可燃性气体，无大量导电性尘埃	

表 2-7   **FX1N 输入技术指标**

输入电压	24V DC	隔离	光电隔离
输入电流	7mA	响应时间	10 ms

注：输入端 X0～X7 内置数字滤波器，响应时间可变为 0～15ms。

表 2-8   **FX1N 输出技术指标**

项目		继电器	SSR 输出	晶体管输出
外部电源		250V DC，30V DC 以下	85～242V AC	5～30V DC
开路漏电流		—	1mA/AC 100V 2mA/AC 200V	0.1mA/30V DC
最小负载		DC 5V 2mA	0.4V A/AC 100V 1.6V A/AC 200V	—
最大负载	电阻负载	2A/1 点 8A/4 点	0.3A/1 点 0.8A/4 点	0.5A/1 点 0.8A/4 点
	感性负载	80VA	15 V A/AC 100V 30V A/AC 200V	12W DC 24V
	灯负载	100W	30W	1.5W DC 24V
回路隔离		继电器隔离	光电晶闸管隔离	光电耦合器隔离
响应时间	OFF 到 ON	约 10ms	1ms 以下	0.2ms 以下
	ON 到 OFF	约 10ms	10ms 以下	0.2ms 以下
动作显示		继电器线圈通电时 LED 灯亮	光电晶闸管驱动时 LED 灯亮	光电耦合器驱动时 LED 灯亮

① 当外接电源电压小于等于 24V 时，尽量保持 5mA 以上电流。

② 响应时间 0.2ms 是在条件为 24V、200mA 时，实际所需时间为电路切断负载电流到

电流为 0 的时间，可用并接续流二极管的方法改善响应时间。若希望响应时间短于 0.5ms，应保证电源 24V、60mA。

表 2-9   **FX1N 电源部分技术指标**

项目	FX1N-14M	FX1N-24M	FX1N-40M	FX1N-60M
额定电压	AC100～240V			
电压允许范围	AC85～264V			
额定频率	50/60Hz			
瞬间断电允许时间	对于 10ms 以下的瞬时断电，控制动作不受影响			
电源熔断丝	250V 1A		250V 3.15A	
电力消耗/（V.A）	29	30	35	40
传感器电源	DC 24V 400mA（与扩展模块连接无关）			

表 2-10   **FX1N 性能规格**

项目		规格	备注
运转控制方法		通过存储的程序运转周期	
I/O 控制方法		批次处理方法（当执行 END 指令时）	I/O 指令可以刷新
运转处理时间		基本指令：0.55～0.77μs 应用指令：几至几百微秒	
编程语言		逻辑梯形图和指令清单	使用步进梯形图能生成 SFC 类型程序
程式容量		内置 8K 步 EEPROM	存储盒（FX1N-EEPROM-8L）可选
I/O 配置		最大硬件 I/O 配置 128 点，依赖于用户的选择（最大软件可设定地址输入 128 点、输出 128 点）	
辅助继电器（M 线圈）	一般	384 点	M0～M383
	锁定	1 152 点（子系统）	M384～M1535
	特殊	256 点	M8000～M8255
状态继电器（S 线圈）	一般	1 000 点	S0～S999
	初始	10 点（子系统）	S0～S9
指针（P）	用于CALL、JAMP	128 点	P0～P127
	用于中断	6 点	I0*～I5*
定时器（T）	100ms	范围：0.1～3 276.7 秒 200 点	T0～T199
	10ms	范围：0.01～327.67 秒 46 点	T200～T245
	1ms	范围：0.001～32.767 秒 4 点	T246～T249
	100ms 积算	范围：0.1～3 276.7 秒 6 点	T250～T255
计数器（C）	一般	范围：0～32 767 秒 16 点	C0～C15 类型：16 位上计算机
	锁定	184 点（子系统）	C16～C199 类型：16 位上计算机
	一般	范围：1～32 767 数 20 点	C200～C219 类型：31 位双向计数器
	锁定	15 点（子系统）	C220～C239 类型：31 位双向计数器

续表

项目		规格	备注
高速计数器（C）	1 相	范围：–2 147 483 648～–2 147 483 648 选择多达 3 个单相计数器，组合计数频率不大于 60kHz；或选择一个 2 相计数频率不大于 10kHz 或 1 相计数器，组合计数频率不大于 10kHz，注意所有的计数器都锁定	C235，C236，C246 点
	2 相		C251
	1 相		C237～C245、C247～C258
数据寄存器（D）	一般	128 点	D0～D127 类型：32 位元件的 16 位数据寄存器
	锁定	7 872 点	D128～D7999 类型：32 位元件的 16 位数据寄存器
	文件	7 000 点	D100～D7999 通过 3 块 500 程式步的参数设置 类型：16 位数据寄存器
	特殊	256 点（包含 D8013、D8030T 和 D8031）	从 D8000～D8255 类型：16 位数据寄存器
	变址	16 点	V 和 Z 类型：16 位数据寄存器
嵌套层次		用于 MC 和 MCR 时 8 点	N0～N7
常数	十进制 K	16 位：–32 768～+32 768　32 位：–2 147 483 648～+2 147 483 648	
	十六进制 H	16 位：0 000～F FFF　32 位：00 000 000～FF FFF FFF	

2.2.3　FX 系列 PLC 技术指标

PLC 的性能指标比较多，不同的使用情况可以比较不同的指标，通常用以下几种性能指标进行比较筛选。

1. 输入/输出点数

输入/输出点数是指可编程控制器组成控制系统时所能接入的输入/输出信号的最大数量，即可编程控制器外部输入/输出端数量。它表示可编程控制器组成控制系统时可能的最大规模。通常，在总点数中，输入点数大于输出点数，且输入与输出点不能相互替代。

2. 指令运算处理速度

指令的运算处理速度，一般分为基本指令处理速度和应用指令处理速度。对 FX 系列的 PLC 而言，基本指令的处理时间都会比应用指令的处理时间短，即处理速度更快。如表 2-11 以 FX1S、FX1N、FX2N 为例。

表 2-11　　　　　　　　　　FX1S、FX1N、FX2N 运算处理速度

	指令类型	FX1S	FX1N	FX2N
运算处理速度	基本指令	0.55～0.7μs/指令	0.55～0.7μs/指令	0.08μs/指令
	应用指令	3.7～数百 μs/指令	3.7～数百 μs/指令	1.52μs/指令～数百 μs/指令

3．存储器容量

可编程控制器的存储器包括系统程序存储器、用户程序存储器和数据存储器三部分。可编程控制器产品中可供用户使用的是用户程序存储器和数据存储器。

可编程控制器中程序指令是按"步"存放的，一"步"占用一个地址单元，一个地址单元一般占用两个字节。如存储容量为 1 000 步的可编程控制器，其存储容量为 2 000 字节。

4．指令功能

可编程控制器的指令种类越多，则其软件的功能就越强，使用这些指令完成一定的控制目标就越容易。

此外，可编程控制器的可扩展性、使用条件、可靠性、易操作性、经济性等指标也是用户在选择可编程控制器时须注意的指标。

2.3　FX 系列 PLC 特点

本节重点介绍 FX2N 和 FX3U 等系列产品的特点。

（1）FX1S 系列

三菱 FX1S 系列 PLC 是一种集成型小型单元式 PLC，具有完整的性能和通讯功能等扩展性。如果考虑安装空间和成本，FX1S 是一种理想的选择。

特点如下所示。

① 定位和脉冲输出功能：一个 PLC 单元中每相能同时输出 2 点 100kHz 脉冲。PLC 配备有 7 条特殊的定位指令，包括零返回、绝对或相对地址表达方式及特殊脉冲输出控制。

② 能通过 FX1N-2AD-BD，FX1N-1DA-BD 实现模拟量输入、输出。

③ 能安装显示模块 FX1N-5DM，能监控和编辑定时器、计数器和数据寄存器。

④ 网络和数据通信功能：可连接通讯板：FX1N-232-BD、FX1N-485-BD、FX1N-422-BD。

（2）FX1N 系列

是三菱电机推出的功能强大的普及型 PLC。具有扩展输入输出功能，可扩展到多达 128 I/O 点；具有模拟量控制和通信、链接功能等扩展性。通信和数据链接功能选项使得 FX1N 在体积、通信和特殊功能模块等重要的应用方面非常完美，是一款广泛应用于一般顺序控制的三菱 PLC。

特点：一个 PLC 单元能同时输出 2 点 100kHz 脉冲，PLC 配备有 7 条特殊的定位指令，包括零返回、绝对位置读出、绝对或相对驱动以及特殊脉冲输出控制。

（3）FX2N 系列

FX2N 系列是小型化、高速度、高性能且所有方面都相当于 FX 系列中最高档次的超小型 PLC。在当时，是三菱 PLC FX 家族中最先进的系列。具有高速处理及可扩展大量满足单个需要的特殊功能模块等特点，为工厂自动化应用提供了最大的灵活性和控制能力。其特点有如下所示。

① 系统配置，固定灵活：可进行 16～256 点的灵活输入输出组合。可连接扩展模块，

包括 FX0N 系列扩展模块。

② 编程简单，指令丰富：功能指令种类多，有高速处理指令如便利指令、数据处理、特殊用途指令等。

③ 品种丰富，特殊用途：可选用 16/32/48/64/80/128 点的主机，可以采用最小 8 点的扩展模块进行扩展。也可根据电源及输出形式，自由选择。

④ 高性能，高速度：内置程序容量 8000 步，最大可扩充至 16K 步，可输入注释，还有丰富的软组件。1 个指令运行时间，基本指令只需 0.08μs，应用指令在 1.52μs～几百微秒。

⑤ 共享外部设备：可以共享 FX 系列的外部设备，如便携式简易编程器 FX-10P-E、FX-20P-E（需使用 FX-20P-CAB）。用 SC-09 电缆线与微机连接，可使用 FX-PCS/WIN 编程软件。

（4）FX3U 系列

是三菱电机公司新近推出的新型第三代三菱 PLC，可以称得上是小型至尊产品。基本性能大幅提升，晶体管输出型的基本单元内置了 3 轴独立最高 100kHz 的定位功能，并且增加了新的定位指令，从而使得定位控制功能更加强大，使用更为方便。其特点如下所示。

① I/O 点数更多：主机控制的 I/O 点数可达 256 点，其最大 I/O 点数可达 384 点。

② 编程功能更强：强化了应用指令，内部继电器可达 7680 点、状态继电器可达 4096 点、定时器达到 512 点。FX3U 系列 PLC 的编程软件是 GX Developer，目前最新为 V8.52。

③ 速度更快，存储器容量更大：执行指令的速度，基本指令只需 0.065μs/指令，应用指令在 0.642μs/指令。用户程序存储器的容量可达 64K 步，还可以使用闪存卡。

④ 通信功能更强：内置的编程口可以达到 115.2kbit/s 的高速通信，最多可以同时使用 3 个通信口。增加了 RS-422 标准接口与网络连接的通信模块，以适合网络连接的需要。

⑤ 高速计数与定位控制：内置 6 点 100kHz 的高速计数功能，双相计数时可以进行 4 倍频计数。晶体管输出型的基本单元内置了 3 轴独立最高 100kHz 的定位功能，并且增加了新的定位指令。

⑥ 节多种特殊适配器：新增了高速输入/输出、模拟量输入/输出、温度输入适配器（不占用系统点数），提高了高速计数和定位控制的速度，可选装高性能显示模块（FX3U-7DM）。

（5）FX3G 系列

是三菱电机公司新近推出的新型第三代三菱 PLC，基本单元自带两路高速通讯接口（RS422&USB，内置高达 32K 步大容量存储器，标准模式时基本指令处理速度可达 0.21μs，控制规模：14～256 点（包括 CC-LINK 网络 I/O），定位功能设置简便（最多三轴），基本单元左侧最多可连接 4 台 FX3U 特殊适配器，可实现浮点数运算，可设置两级密码，每级 16 字符，增强密码保护功能。

2.4　本章小结

本章主要介绍了 FX 系列 PLC 的基础知识和 FX 系列 PLC 硬件配置及接口。通过本章学习，读者应该掌握三菱 FX 系列 PLC 的命名方式、基本构成和技术指标，了解三菱 FX 系列 PLC 的特点。

第 3 章　Q 系列 PLC 基础知识

3.1　Q 系列 PLC 概述

Q 系列 PLC 是三菱公司从原 A 系列 PLC 的基础上发展过来的中、大型 PLC 系列产品，是一个品种繁多的产品系列，能广泛适应用户的不同系统。

3.1.1　Q 系列 PLC 的发展

Q 系列 PLC 采用了模块化的结构形式，如图 3-1 所示，系列产品的组成与规模灵活可变，最大输入输出点数达到 4096 点；最大程序存储器容量可达 252K 步，采用扩展存储器后可以达到 32M 步；基本指令的处理速度可以达到 34ns/指令；其性能水平居世界领先地位，可以适合各种中等复杂机械、自动生产线的控制场合。

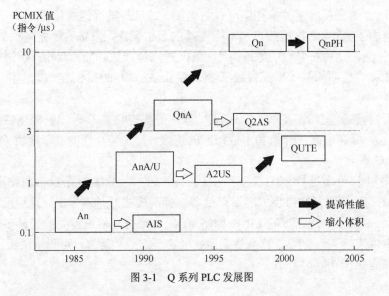

图 3-1　Q 系列 PLC 发展图

Q 系列 PLC 配备有各种类型的网络通信模块，可以组成最快速度达 100Mbit/s 的工业以太网（Ethernet 网）、25Mbit/s 的 MELSEC NET/H 局域网、10Mbit/s 的 CC-Link 现场总线网与 CC-Link/LT 执行传感器网，其强大的网络通信功能为构成工厂自动化系统提供了可能。

3.1.2　Q 系列 PLC 的简介

Q 系列可实现在同一个主基板上安装多个高性能 CPU 的多 PLC 系统，它可以由控制系统中一个 CPU 对 I/O 模块和智能功能模块进行管理。在多 PLC 系统中，您可以根据您的应用要求来选择 CPU。

Q 系列提供适用于 PLC 控制、处理控制、双工控制、运动控制和个人计算机控制的 CPU，可以为各种控制场合提供支持。

1）PC CPU：拥有阵容庞大的小容量或大容量 CPU 应用程序，用于处理梯形图程序等，如图 3-2 所示。

该 CPU 组成的 PLC 具有以下特点。

① 采用安装在 PLC 底板总线上的 PC CPU。

② 可在有效地利用 PLC 特长的同时活用 IT 技术。

③ 支持 SEMI 标准协议；SECS/GEM 通信；WEB 服务器。

④ 支持 VB，VC++，VBA，VBScript 语言。

⑤ 提高 PLC 的数据处理能力，将数据记录存储至硬盘。

⑥ 大规模 ASIC 集成电路、0.35μm 技术的高速 MPU。

2）过程 CPU：Q 系列过程控制 CPU 包括 Q12PH、Q25PH 两种基本型号，该 CPU 可实现具体的仪表控制，可兼容简单回路控制与复杂回路控制，可以用于小型 DCS 系统的控制，如图 3-3 所示。

图 3-2 基于 PC CPU 的 PLC 示意图

图 3-3 基于过程 CPU 的 PLC 示意图

以过程控制 CPU（Q12PH、Q25PH）为核心构成的 PLC 系统主要有以下特点。

① 具备常用的顺序控制指令与多种过程控制应用指令，总指令由 Q12PH、Q25PH 的 318 条增加到 415 条（不包括特殊模块专用指令），并可使用过程控制专用语言（FBD）进行编程。

② 增强了 PID 调节功能。PID 调节是过程控制系统的重要功能，Q12PH、Q25PH 具备了 PID 自动计算、测试等功能，可以方便实现回路的高速 PID 控制。

③ 增加了自动调谐功能。Q12PH、Q25PH 通过自动调谐指令，可以实现控制对象参数的自动调整。

④ 系统采用了通道间相互隔离、高分辨率 A/D、D/A 转换模块，可以满足绝大部分过程控制的需要。

⑤ 模块的在线更换功能。过程控制 PLC 更换模拟量 I/O 模块、温度测量/控制模块等均可以在 PLC 工作时进行，而不必停止 PLC 工作。

3）冗余 CPU：该 CPU 可通过双联基础系统（由 CPU 模块、电源模块、主基板单元和网络模块组成）来增强系统可靠性，如图 3-4 所示。

该 CPU 构成的冗余系统用于对控制系统可靠性要求极高、不允许控制系统出现停机的控制场合。冗余系统的两套 PLC 间采用"跟踪电缆"进行连接，并能过 PLC 的切换指令实现工作系统与备用系统间的切换。冗余系统中的工作系统与待机系统，可采用并行或垂直的布置方式。

对于大型、复杂控制系统，为了提高可靠性，可在系统中多层次、重复使用"冗余"设计的方式，如同时对系统中的网络通信 PLC、现场控制 PLC、现场控制 PLC 中的关键模块（如 CPU 模块、电源模块）等进行冗余设计。

4）运动控制 CPU：Q 系列运动控制 CPU 包括 Q172、Q173 两种，分别可以运用于 8 轴与 32 轴的定位控制，如图 3-5 所示。

以运动控制 CPU（Q172、Q173）为核心构成的 PLC 系统主要有以下特点。

① 具备常用的顺序控制指令与多种运动控制应用指令，并可用运动控制 SFC 编程、专业语言（SV22）进行编程。

② 增强了位置控制功能。系统可以实现点定位、回原点、直线插补、圆弧插补、螺旋线插补，并可实现速度、位置的同步控制。

③ 提高了操作性能。PLC 可以连接 3 台手轮与多种外部接口（如 PC/AT 兼容接口、USB 接口、SSCNET 接口等），并且可以进行手动、自动、回原点、示教等多种操作。

④ 具有高速定位功能。位置控制的最小周期可以达到 0.88ms，且具有 S 型加速、高速振动控制等多种功能。

图 3-4　基于冗余 CPU 的 PLC 示意图

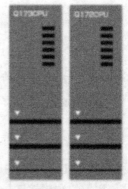

图 3-5　基于运动控制 CPU 的 PLC 示意图

3.1.3　Q 系列 PLC 的性能比较

PLC 性能主要取决于 CPU 模块的型号。按照不同的性能，Q 系列 PLC 的 CPU 可以分为基本型、高性能型、过程控制型、运动控制型、计算机型、冗余型等多系列产品，以适合不同的控制要求。其中，基本型和高性能型、过程控制型为常用控制系列产品；运动控制型、计算机型、冗余型一般用于特殊的控制场合。

基本型 CPU 包括 Q00J、Q00、Q01 3 种基本型号。其中 Q00J 型为结构紧凑、功能精简型，最大 I/O 点数为 256 点，程序存储器容量为 8K 步，可以适用于小规模控制系统；在基本型中 Q01 型功能最强，最大 I/O 点数可以达到 1 024 点，程序存储器容量为 14K 步，是一种为中、小规模控制系统而设计的常用 PLC 产品。

高性能型 CPU 包括 Q02、Q02H、Q06H、Q12H、Q25H 等品种，Q25H 系列的功能最强，最大 I/O 点数为 4096 点，程序存储容量为 252K 步，可以适用于中、大规模控制系统。

以上两种类型 CPU 模块的基本性能如图 3-6 所示（图中的 PCMIX 值是 1ms 内 PLC 执行

的平均指令数）。

Q 系列过程控制 CPU 包括 Q12PH、Q25PH 两种基本型号，可以用于小型 DCS 系统的控制。过程控制 CPU 构成的 PLC 系统，使用的 PLC 编程软件与通用 PLC 系统 DX Develop 不同，在 Q 系列过程控制 PLC 上应使用 PX Develop 软件，并且可以使用过程控制专用编程语言（FBD）进行编程。过程控制 CPU 增强了 PID 调节功能，可以实现 PID 自动计量、测试，对回路进行高速 PID 运算与控制，并且通过自动调谐还可以实现控制对象参数的自动调整。

Q 系列运动控制 CPU 包括 Q172、Q173 两种基本型号，分别可以用于 8 轴与 32 轴的定位控制。运动控制 CPU 具备多种运动控制应用指令，并可使用运动控制 SFC 编程、专用语言（SV22）进行编程。系统可以实现点定位、回原点、直线插补、圆弧插补、螺旋线插补，并且可以进行速度、位置的同步控制。位置控制的最小周期可以达到 0.88ms，且具有 S 形加速、高速振动控制等多种功能。

Q 系列冗余 CPU 目前有 Q12PRH 与 Q25PRH 两种规格，冗余系统用于对控制系统可靠性要求极高、不允许控制系统出现停机的控制场合。在冗余系统中，备用系统始终处于待机状态，只要工作控制系统发生故障，备用系统可以立即投入工作，成为工作控制系统，以保证控制系统的连续运行。

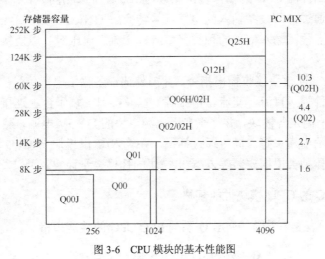

图 3-6 CPU 模块的基本性能图

3.2 Q 系列 PLC 硬件及接口

3.2.1 Q 系列 PLC 的基本构成

1. Q 系列 PLC 的组成

Q 系列 PLC 的基本组成包括电源模块、CPU 模块、基板、I/O 模块等，如图 3-7 所示。通过扩展基板与 I/O 模块可以增加 I/O 点数，通过扩展储存器卡可增加程序储存器容量，通过扩展各种特殊功能模块可提高 PLC 的性能，扩大 PLC 的应用范围。

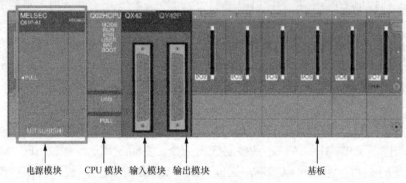

电源模块　　　CPU 模块　输入模块　输出模块　　　　　　　　　基板

图 3-7　Q 系列 PLC 功能模块构成图

电源模块：将从外部输入的电源经基板提供给其他模块，具体种类根据输入类型（直流、交流以及电压）和输出容量 DC 5V 而定。

CPU 模块：运算顺控程序，并对信号的输入/输出进行处理；具体种类根据能够控制的输入输出信号的点数（输入/输出点数），存储器能够容纳的程序容量、运算处理速度以及可执行的指令而定。（高性能 CPU 的输入输出点数与指令频全部相同）

输入模块：将通过外部设备输入的电气信号转换成 ON/OFF 数据后传送给 CPU 模块。具体种类根据输入点数、输入信号的种类（直流、交流、电压等）以及接口（端子台、连接器而定。

输出模块：从 CPU 模块接收输出指令，并向外部设备输出电气信号。具体种类根据输出点数、输出信号的种类（直流、交流、电压等）以及接口（端子台、连接器）而定。

基板：通过插槽固定各模块，并将来自于电源模块的 DC 5V 电源，经由插槽提供给 CPU 模块、输入模块、输出模块等。同时通过插槽，在输入/输出模块与 CPU 模块之间传递控制信号（数据）。具体种类根据安装输入/输出模块的插槽数量而定。

2．Q 系列 PLC 的 CPU 模块性能规格

（1）如表 3-1、表 3-2 所示，列出 Q 系列 PLC CPU 的性能规格。

表 3-1　　　　　　　　　　　**Q 系列 PLC CPU（基本型）性能规格**

项目		基本型		
		Q00JCPU	Q00CPU	Q01CPU
控制方式		顺序程序控制方式		
输入输出方式		刷新方式		
编程语言		① 继电器符号语言（梯形图）② 逻辑符号语言（列表）③ MELSAP3（SFC）、MELSAP-L ④ 结构文本（ST）		
处理速度（顺序指令）[注1]	LD 指令	200ns	160ns	100ns
	MOV 指令	700s	560ns	350ns
	PC MIX（指令/μs）[注2]	1.6	2.0	2.7
	浮点加法运算	65.5μs	60.5μs	49.5μs

续表

项目	基本型		
	Q00JCPU	Q00CPU	Q01CPU
总指令数[注3]	318	327	
实数运算（浮点运算）指令	有		
字符串处理指令	有[注6]		
PID 指令	有		
特殊函数指令（三角函数、平方根等）	有		
恒定扫描（时间）	1～2 000ms（以 1ms 为设定单位）		
程序容量	8K 步		14K 步
输入输出设备点数（X/Y）	2048 点		
输入输出点数（X/Y）	256 点	1024 点	
内部继电器[M]		8 192 点	
定时器[T]	[注4]	512 点	
计数器[C]		512 点	
数据寄存器[D]		11 136 点	
指针[P]	300 点		
特殊寄存器[SD]	1 024 点		
软元件初始值	有		

表 3-2　　　　　　　　**Q 系列 PLC CPU（高性能型）性能规格**

项目		高性能型				
		Q02CPU	Q02HCPU	Q06HCPU	Q12HCPU	Q25HCPU
控制方式		顺序控制				
输入/输出控制方式		刷新方式				
编程语言		①继电器符号语言（梯形图）②逻辑符号语言（列表）③MELSAP3（SFC）、MELSAP -L④结构文本（ST）				
处理速度（顺序指令）[注1]	LD 指令	79ns	34ns			
	MOV 指令	237ns	102ns			
	PC MIX（指令/μs）[注2]	4.4	10.3			
	浮点加法运算	1 815ns	782ns			
总指令数[注3]		381				
字符串处理指令		有[注6]				
PID 指令		有				
内部继电器[M]		8 192 点				
定时器[T]	[注4]	2 048 点				
计数器[C]		1 024 点				

项目		高性能型				
		Q02CPU	Q02HCPU	Q06HCPU	Q12HCPU	Q25HCPU
数据寄存器[D]		12 288 点				
文件寄存器[R, ZR]		32 768 点[注5]	65 536 点[注5]		131 072 点[注5]	
指针[P]		4 096 点				
特殊寄存器[SD]		2 048 点				
软元件初始值		有				

注 1: 对软元件进行变址操作的情况下, 不会发生处理时间的延迟。

注 2: PC MIX 值就是 1μs 执行的基本指令和数据处理指令等的平均指令数。数值越大表示处理速度越快。

注 3: 不包含特殊功能模块专用指令。

注 4: 表示缺省时的数据点数, 可以通过参数更改。

注 5: 表示使用内置存储器(标准 RAM)时的点数。可以通过使用 SRAM 卡、Flash 卡来扩展。使用 Flash 卡时, 不通过程序写入。使用 SRAM 卡的时候, 最大可以使用到 1 041 408 点。

注 6: 字符串只能使用字符串数据的传送指令($MOV)。

(2) 如表 3-3 所示, 列出 Q 系列过程控制 CPU 的性能规格。

表 3-3 **Q 系列过程控制 CPU 性能规格**

项目		过程控制 CPU	
		Q12PHCPU	Q25PHCPU
控制方式		顺序控制	
输入输出控制方式		刷新方式	
编程语言	顺序控制专用语言	①继电器符号语言(梯形图)②逻辑符号语言(列表)③MELSAP3(SFC)、MELSAP-L④结构文本(ST)	
	过程控制专用语言	过程控制 FBD	
处理速度(顺序指令)[注1]	LD 指令	34ns	
	MOV 指令	102ns	
	PC MIX(指令/μs)[注2]	10.3	
	浮点加法运算	782ns	
总指令数[注3]		415	
字符串处理指令		有	
过程控制指令		有	
回路控制规格	过程控制指令	52 种	
	控制回路数	无限制[注4]	
	控制周期	10ms 及更高控制回路, 每个回路可以变化设定	
	主要功能	2 个自由度 PID 控制, 级联控制, 自动调谐功能, 前馈控制	
程序容量		124K 步	252K 步

项目		过程控制CPU	
		Q12PHCPU	Q25PHCPU
内部继电器[M]	(注5)	8 192 点	
定时器[T]		2 048 点	
计数器[C]		1 024 点	
数据寄存器[D]		12 288 点	
文件寄存器[R, ZR]		131 072 点(注6)	
指针[P]		4 096 点	
特殊寄存器[SD]		2 048 点	
软元件初始值		有	

注1：对软元件进行了变址操作的情况下，不会发生处理时间的延迟。

注2：PC MIX 值就是1μs执行的基本指令和数据处理指令等的平均指令数。数值越大表示处理速度越快。

注3：不包含特殊功能模块专用指令。

注4：控制回路的数量，根据软元件存储器数量（可以使用128个字/1回路）和控制周期，可能有一定制约。

注5：表示缺省时的数据点数，可以通过参数更改。

注6：表示使用内置存储器（标准RAM）时的点数。可以通过使用SRAM卡、Flash卡来扩展。使用Flash卡时，不通过程序写入。使用SRAM卡的时候，最大可以使用到1 041 408点。

（3）如表3-4所示，列出Q系列冗余CPU的性能规格。

表3-4 　　　　　　　　　　Q系列冗余CPU性能规格

项目		冗余CPU	
		Q12PRHCPU	Q25PRHCPU
控制系统		周期程序扫描	
输入/输出控制		刷新方式	
编程语言	顺控专用语言	①继电器符号语言（梯形图）②逻辑符号语言（列表）③MELSAP3（SFC）④结构文本（ST）	
	过程控制语言	过程控制FBD(注1)	
指令类型		顺序、基础、应用及过程控制指令（过程控制指令类型：控制/运行指令、输入/输出控制指令、补偿操作指令、算术操作指令、比较操作指令以及自动调谐指令）	
回路控制规格	控制周期	10ms	
	控制回路数	无限制(注2)	
	主功能	2个自由度PID控制、级联控制、自动调谐控制及前馈控制	
RAS	在线模块置换	可置换I/O、模拟、温度输入、温控模块（在远程I/O站）	
	因故障停止时进行输出	为每个模块指定清除或输出保存	
兼容冗余系统的功能		①整个系统的冗余配置：在线模块更改的控制和备用系统的增强型备用系统包括CPU、电源和基板②大容量数据追踪：可选择备用和隔离模式大容量设备数据从控制系统转换至备用系统（100K字）	

项目		冗余 CPU	
		Q12PRHCPU	Q25PRHCPU
通信端口		USB、RS-232	
可安装于主基板的模块		Q 系列网络模块（仅指以太网、MELSENET/H、CC-Link）和输入/输出模块	
编程软件		GX Developer	
		PX Developer	
程序容量	步数	124 步	252 步
	程序数	124	252 (注3)
软元件存储容量 (注4)		元件内存：29K 字/文件寄存器（内部）128 字（增加内存卡（2MB），可扩展为 1 017K 字）	
输入/输出软元件点数 (注5)		8 192 点	
输入/输出点数 (注6)		4 096 点	
安装的 CPU 数		1 个（不能进行多 CPU 配置）	
可安装模块数		主基板上共 11 个（冗余型时为 7 个）	
扩展基板数		0 个（所有分冗余模块均可安装在远程输入输出站上，一个远程站最多可安装 64 个模块）	
远程输入/输出点数		8 192（每站最多 2 048 点）	

注 1：PX Developer 要求 FBD 编程。

注 2：控制回路数受组合设备内存容量（128K 字/使用回路）和控制周期的限制。

注 3：可扩展文件最多为 124 个。无法执行 125 或更多个文件。可使用两个 SFC/MELSAP-Ls，其中一个为程序执行控制 SFC。

注 4：数据存储器中的软元件数可在 9K 字的范围内根据参数进行更改。

注 5：主基板上的总输入/输出点数由 CPU 模块直接控制，作为远程输入/输出网络控制。

注 6：基板上的总输入/输出点数由 CPU 模块直接控制。

（4）如表 3-5 所示，列出 Q 系列运动控制 CPU 的性能规格。

表 3-5 　　　　　　　　　　Q 系列运动 CPU 性能规格

项目		Q173CPUN	Q172CPUN
控制轴数		32 轴	8 轴
运算周期 (注1)（缺省时）	SV13	0.88ms/1～8 轴 1.77ms/9～16 轴 3.55ms/17～32 轴	0.88ms/1～8 轴
	SV22	0.88ms/1～4 轴 1.77ms/5～12 轴 3.55ms/13～24 轴 7.11ms/25～32 轴	0.88ms/1～4 轴 1.77ms/5～8 轴
插补功能		直线插补（最大 4 轴），弧线插补（2 轴），螺旋状插补（3 轴）	
控制方式		PTP（点到点）、速度控制、速度/位置切换控制、固定进给、等速度控制、位置追踪控制、速度切换控制、高速振动控制、同步控制（SV22）	

续表

项目		Q173CPUN	Q172CPUN
加减速控制		自动梯形加减速、S型加减速	
校正功能		偏移校正、电子齿轮	
编程语言		运动SFC、专用指令、支持机械的语言（SV22）	
伺服程序（专用指令）容量		14K步	
定位点数		3 200点（可以间接指定）	
编程工具		PC/AT兼容机	
外围装置接口		USB/RS-232/SSCNET	
返回原点功能		近点dog方式（2种），计数方式（3种），数据设定方式（2种），dog方式，制动器停止方式（2种），兼用限位开关方式	
JOG操作功能		有	
M代码功能		有M代码输出功能，有M代码结束等待功能	
程序容量	代码总数（运动SFC图+操作控制+转移）	287K字	
	文本总数（操作控制+转移）	224K字	
输入输出点数（X/Y）		8192点	
软元件数	内部继电器 （M）	（M+L）总计，8192点	
	锁存继电器 （L）		
	链接继电器 （B）	8 192点	
	信号器 （F）	2 048点	
	数据寄存器 （D）	8 192点	
	链接寄存器 （W）	8 192点	
	运动寄存器 （#）	8 192点	
	自由运行定时器（FT）	1点（888μs）	

注：使用型号为MR-HBN的伺服放大器时的运算周期为1.77μs或更大。

3.2.2 CPU的选择要点

Q系列由3种不同类型的CPU模块构成：一种是为想设计以小规模系统为对象的简单小型系统的客户提供的基本型；一种是为重视高速处理和系统扩展性的客户提供的高性能型；还有一种是为想构建计量系统的客户提供的过程CPU。3种类型CPU的构成如图3-8所示。

注1：可用存储卡进行扩展。参考使用2M字节SRAM卡时最大1 017K点。

注2：表示在主基板和扩展基板上可安装的输入/输出点数不包括远程I/O。

注3：表示执行LD指令时的处理时间。

选择要点①：控制和监视时使用的输入输出点数

可编程控制器系统的规模由实际控制和监视的输入/输出点数和数据处理时使用的内部软元件点数决定。控制和监视的输入/输出除了基板和扩展基板上的输入/输出以外，还有经由网络输入/输出的远程 I/O 用输入/输出链接软元件和模拟输入输出等与智能功能模块连接的输入/输出。

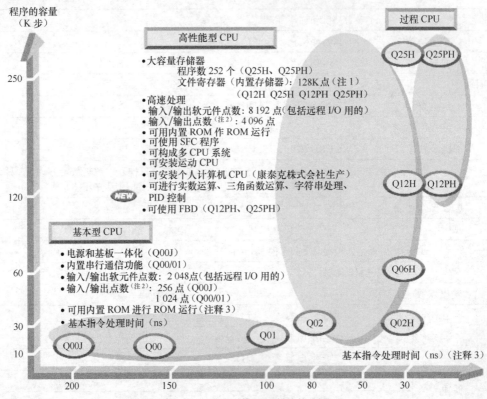

图 3-8 三种类型的 CPU 模块构成图

要点①-1：输入/输出点数

这是指在基板和扩展基板上安装的输入和输出模块及智能功能模块上使用的输入/输出 X/Y 软元件的点数，各模块所使用的输入/输出点数由各模块决定。安装时自动占用输入/输出 X/Y 软元件，将传感器和开关等外部设备发出的 ON/OFF 信号输入和可编程控制器的运算结果当作 ON/OFF 指令向制动器和连接器等外部设备输出。另外 还有作为与智能功能模块的接口信号使用的点数。在要点①-3 的表中列出了可使用的输入/输出点数。图 3-9 所示为输入/输出点示意图。

Q00JCPU	QX41	QX41	Q62 DA	Q64 AD	QJ61 BT11
	32 点	32 点	16 点	16 点	32 点
输入/输出编号[注1.1]	X000 ~ 01F	X020 ~ 03F	X/Y040 ~ 04F	X/Y050 ~ 05F	X/Y060 ~ 07F

所使用的合计输入/输出点数
32+32+16+16+32=
128 点

图 3-9 输入/输出点示意图

注 1.1：各插槽的输入/输出编号可用参数更改。

要点①-2：远程 I/O 用输入/输出点数

通过使用 CC-Link MELSECNET/H 远程 I/O 网络[注1.2]，可控制远离 CPU 处的输入/输出，如图 3-10 所示。在高性能型 CPU 和过程 CPU 上作为远程 I/O 用输入/输出，与实际输入/输出一起最多可使用 8 192 点输入/输出软元件（X/Y）（基本型 CPU 最多可使用 2 048 点）。

注 1.2：MELSECNET/H 远程 I/O 网络可使用高性能型 CPU 和过程 CPU。

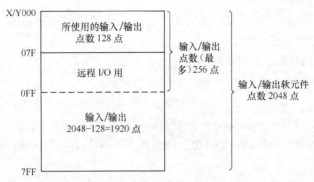

图 3-10　远程 I/O 用输入/输出点示意图

要点①-3：链接软元件点数

这是指 MELSECNET/H 上使用的链接继电器（B）、链接软元件（W）。

表 3-6 中列出了基本型、高性能型、过程型等 CPU 可使用的链接软元件点数。

另外，因为网络构成等的不同，可使用的链接软元件点数有制约，请加以注意。

表 3-6

PLC CPU

项目		PLC CPU							
		基本型			高性能型				
		Q00J	Q00	Q01	Q02	Q02H	Q06H	Q012H	Q25H
输入/输出软元件点数		2 048			8 192				
输入/输出点数（最多）①-1		256	1 024		4 096				
链接软元件点数 ①-3 (注1.3)	链接继电器	2 048			8 192				
	链接寄存器	2 048			8 192				

项目		过程 CPU	
		Q12PH	Q25PH
输入/输出软元件点数		8 192	
输入/输出点数（最多）①-1		4 096	
链接软元件点数 ①-3 (注1.3)	链接继电器	8 192	
	链接寄存器	8 192	

注 1.3：表示默认的点数。

选择要点②：存储容量

要点②-1：程序和注释的容量

程序和注释存储在程序存储器、标准 ROM、存储卡(注2.1)三种存储器中的任一个存储器中。可使用的存储容量因 CPU 型号不同而不同。

选择要点②-2 的表中列出了几种不同 CPU 使用程序存储器或标准 ROM 时的存储容量。

所列出的存储容量是指参数、程序、注释、智能功能模块参数和软元件初始值(注2.2)的合计容量。

另外，使用标准 ROM、存储卡可扩展高性能型 CPU 和过程 CPU 的存储容量，而标准型

CPU 的存储容量不能扩展^(注2.3)。

在选择 CPU 及存储卡^(注2.1)时，我们建议计算所需使用的存储器的容量和存储单位的存储容量，选择有一定余量的型号。

注 2.1：高性能型 CPU 和过程 CPU 可使用存储卡。

注 2.2：高性能型 CPU 和过程 CPU 可使用软元件的初始值。

注 2.3：标准型 CPU 可采用把存储在程序存储器中的数据传送到标准 ROM 的方法进行 ROM 化。这时，因为标准 ROM 和程序存储器中不能存储各自不同的数据，所以不能扩展存储容量。除了从程序存储器向标准 ROM、存储卡传送数据的方法以外，高性能型 CPU 和过程 CPU 可以用 GX Developer 直接对标准 ROM 和存储卡进行数据写入。

要点②-2：软元件点数

图 3-11 中列出了几种不同 CPU 可使用的软元件点数。

项目			PLC CPU							过程 CPU	
			基本型			高性能型					
			Q00J	Q00	Q01	Q02	Q02H	Q06H	Q12H	Q25H	Q12PH	Q25PH
程序容量（步）②-1			8K		14K	28K		60K	124K	252K	124K	252K
参数/程序/注释的容量（字节）②-1^(注2.4)			58K	94K		112K		240K	496K	1 008K	496K	1 008K
软元件点数（默认值）②-2^(注2.5)	输入	X	2 048			8 192					8 192	
	输出	Y	2 048			8 192					8 192	
	内部继电器	M	8 192			8 192					8 192	
	锁存继电器	L	2 048			8 192					8 192	
	报警器	F	1 024			2 048					2 048	
	边沿继电器	V	1 024			2 048					2 048	
	步进继电器	S	2 048^(注2.6)			8 192					8 192	
	链接特殊继电器	SB	1 024			2 048					2 048	
	链接继电器	B	2 048			8 192					8 192	
	定时器	T	512			2 048					2 048	
	累计定时器	ST	0			0					0	
	计数器	C	512			1 024					1 024	
	数据寄存器	D	11 136			12 288					12 288	
	链接寄存器	W	2 048			8 192					8 192	
	链接特殊寄存器	SW	1 024			2 048					2 048	
文件寄存器点数②-3	使用 CPU 内置存储器（标准 RAM）时		无	32K		32K	32K/64K^(注2.8)		128K		128K	
	使用 SRAM 卡时		无（不可使用存储卡）			1 017K^(注2.8)					1 017K^(注2.8)	

图 3-11　可用软元件电点数示意图

注 2.4：基本型 CPU 时，表示参数、程序、注释、智能功能模块参数的合计容量。

高性能型和过程 CPU 时，表示参数、程序、注释、智能功能模块参数、软元件初始值的合计容量。

注 2.5：各软元件的点数可用参数在下列范围内变更（X、Y、S、SB、SW 固定）。

基本型 CPU 时：可以在软元件总容量 16.4K 字范围内设置。

高性能型 CPU 和过程 CPU：可以在软元件总容量 28.8K 字节的范围内设置。但是，最多可使用的位软元件合计为 64K 位。

注 2.6：因为不支持 SFC 程序，所以不能使用。

注 2.7：功能版本 B 或更高版本。系列号的前 5 位数字为 "04012" 或更大的 Q02HCPU、Q06HCPU 为 64K 点。

注 2.8：使用 Q2MEM-2MBS 时，最多为 1 017K 点。

要点②-3：文件寄存器点数

用户大容量数据的文件寄存器可用于控制数据的扩展。（例：如果用于记录监视数据等，十分方便）

文件寄存器存储在 CPU 内置的标准 RAM 或存储卡[注2.9]。

注 2.9：高性能型 CPU 和过程 CPU 可使用存储卡。因为 Q00、Q01CPU 不能使用存储卡，请使用标准 RAM。Q00JCPU 不能使用文件寄存器。

选择要点③：高级控制

可用 Q 系列运动 CPU 和个人计算机 CPU 组合构成多 CPU 系统，如图 3-12 所示。灵活应用各种 CPU 的特点可构成各种行业的系统。

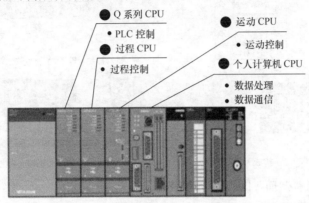

图 3-12　高级控制 CPU 系统结构图

注：使用运动 CPU 和个人计算机 CPU 等消耗电流大的 CPU 模块时，必须在计算消耗电流的基础上进行系统设计。

要点③-1：与运动 CPU 的统一

通过用运动 CPU 与 Q 系列 CPU 构成多 CPU 系统，可使运动控制与顺序控制和过程控制融合在一起，实现运动的高级控制系统，如图 3-13 所示。

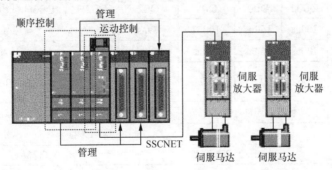

图 3-13　多 CPU 系统（运动 CPU 与 Q 系列 CPU 构成）结构图

要点③-2：个人计算机 CPU 系统

通过使用个人计算机 CPU 模块，可用 C 语言或 BASIC 语言进行输入输出控制和智能功能模块的控制。

另外，通过与 Q 系列 CPU 构成多 CPU 系统，由 Q 系列 CPU 处理机械控制和过程控制，而由个人计算机 CPU 处理个人计算机擅长的数据通信和大容量数据处理。通过顺序控制，过程控制和个人计算机应用程序的协调运行，可实现高速、高灵活性系统。如图 3-14 所示。

要点③-3：PLC CPU 的多块并合

按照设备控制、数据处理等用途的控制需求让模块分离、独立，可实现不受数据处理等影响的高速化设备控制。如图 3-15 所示。

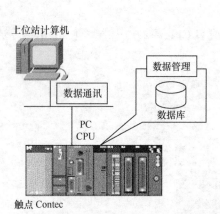

图 3-14　多 CPU 系统（QCPU 构成）结构图　　　　图 3-15　PLC CPU 的多块合并结构图

选择要点④：缩短扫描时间、提高响应性

要点④-1：指令处理速度

CPU 的指令处理速度直接影响 CPU 的扫描时间，表 3-7 中列出了表征各 CPU 的目标处理速度的基本指令处理时间。另外，变址修饰软元件时，不发生处理时间的延迟。

表 3-7　　　　　　　　　　　　　　　　PLC CPU

项目	PLC CPU							
	基本型			高性能型				
	Q00J	Q00	Q01	Q02	Q02H	Q06H	Q012H	Q25H
LD 指令	200ns	160ns	100ns	79ns	34ns			
MOV 指令	700ns	560ns	350ns	237ns	102ns			
PC MIX 值（指令/μs）	1.6	2.0	2.7	4.4	10.3			
浮点加法运算	不使用浮动小数点			1 815ns	782ns			

项目	过程 CPU	
	Q12PH	Q25PH
LD 指令	34ns	
MOV 指令	102ns	
PC MIX 值（指令/μs）	10.3	
浮点加法运算	782ns	

注：PC MIX 值是 1μs 中执行的基本指令或数据处理指令等的平均指令数，该数值越大，表示处理速度越快。

指令处理时间因执行的指令而异，详见编程手册的公共指令篇。

要点④-2：程序的分割及优先执行

程序按目的或功能分割并制作，可以对各种程序分别定义执行类型（扫描待机、固定周期、低速、初始）。通过优先执行希望高速处理的程序，可缩短顺控程序的扫描时间（程序的执行类型用 PC 参数设置）。

要点④-3：中断程序

所谓中断程序 就是当下列中断条件成立时使子程序的执行暂时中断、从中断指针（I）起至 IRET 指令为止执行的程序。

中断程序可在主程序的后面（FEND 指令以后）制作，也可作为待机指令另外汇集制作一个程序。

中断条件：

a. 中断模块（QI60）

b. 内部定时器

c. 发生错误[注4.1]

d. 智能功能模块[注4.1]

中断效果：

a. 因为中断条件一成立就立即执行中断程序，所以可实现不影响扫描时间的高速响应。

b. 因为只在发生中断因素时才执行的程序不编在主程序中，可缩短扫描时间。

注 4.1：可用于高性能型号

3.3 Q 系列 PLC 特点

Q 系列 PLC 可以实现多 CPU 模块在同一基板上的安装，CPU 模块间可以通过自动刷新进行定期通信或通过特殊指令进行瞬时通信，以提高系统的处理速度。特殊设计的过程控制 CPU 模块与高分辨率的模拟量输入/输出模块，可以适合各类过程控制的需要。最大可以控制 32 轴的高速运动控制 CPU 模块，可以满足各种运动控制的需要。

（1）高速系统总线，如图 3-16 所示。

① 系统总线的传输效率提高了 4 到 8 倍

② 大容量的高速数据传输

③ 快速访问 I/O 及网络模块，系统性能提高

（2）有不同的编程口，允许两人同时调试一个 PLC，如图 3-17 所示。

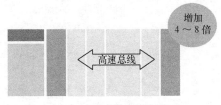

图 3-16 高速总线示意图

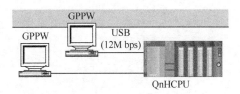

图 3-17 多编程口 PLC 调试示意图

（3）先进的多 CPU，如图 3-18 所示。

① FA、Motion、IT、PA 的融合

② 可根据控制精度、速度、不同的控制处理来分配 CPU

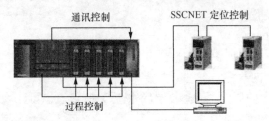

图 3-18　多 CPU 控制示意图

③ 一个 CPU 模块中有 MSP 和 RISC 两个 32 位的处理器，如图 3-19 所示。

④ 浮点演算、过程控制功能大大提高（34ns/位）

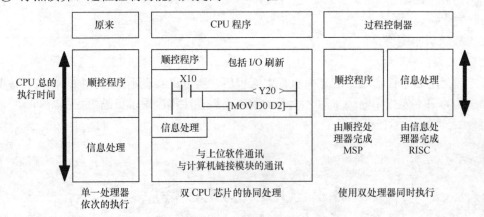

图 3-19　双 CPU 芯片协同处理架构图

3.4　本章小结

本章主要介绍了 Q 系列 PLC 的基础知识和 Q 系列 PLC 硬件配置及接口。通过本章学习，读者应该掌握三菱 Q 系列 PLC 的命名方式，基本构成和技术指标，了解三菱 Q 系列 PLC 的特点。

第 4 章　三菱 PLC 编程与软件操作

4.1　GX Developer 编程软件

三菱 PLC 编程软件有多种，包括早期的 FXGP/DOS、FXGP/WIN-C，现在常用的 GPP For Windows 和最近的 GX Developer（GX）。实际上 GX Developer 是 GPP For Windows 的升级版本，二者相互兼容，但 GX Developer 界面更友好、功能更强大、使用更方便。

4.1.1　GX Developer 软件

GX Developer，适用于 Q、QnU、QS、QnA、AnS、AnA、FX 等全系列可编程控制器，支持梯形图、指令表、SFC、ST、FB、Label 等语言程序设计，支持在线和离线编程功能，并具有软元件注释、声明、注解及程序监视、测试、故障诊断、程序检查等功能。此外，具有突出的运行写入功能，不需要频繁操作 STOP/RUN 开关，方便程序调试。

目前 GX Developer 的最新版本为 Gx Developer 8103h。该编程软件简单易学，具有丰富的工具箱和直观形象的视窗界面。此外，GX 编程软件可直接设定 CC-link 及其他三菱网络的参数，能方便地实现监控、故障诊断、程序的传送、程序的复制、删除、打印等功能。

4.1.2　GX Developer 特点

1. 软件的共通化

GX Developer 能够制作 Q 系列、QnA 系列、A 系列和 FX 系列的数据，能够转换成 GPPQ 和 GPPA 格式的文档。此外，选择 FX 系列的情况下，还能变换成 FXGP（DOS）和 FXGP（WIN）格式的文档。

2. 使用方便

能够将 Excel 和 Word 中的说明数据进行复制，粘贴。

3. 程序的标准化

（1）标号编程
用标号编程制作可编程控制器程序，不需要认识软元件的号码就能够根据标示制作成标准程序。用标号编程做成的程序能够依据汇编作为实际的程序来使用。

（2）功能块（以下略称作 FB）
FB 是以提高顺序程序的开发效率为目的而开发的一种功能。把开发顺序程序时反复使用的顺序程序回路块零件化，使得顺序程序的开发变得容易。此外，零件化后，能够防止将其运用到别的顺序程序时的输入错误。

（3）宏

在任意的回路模式上加上名字（宏定义名）登录（宏登录）到文档，然后输入简单的命令就能够读出登录过的回路模式，使得软元件变得更加灵活。

4．能够简单设定和其他站点的连接。即使在由于连接对象的指定被图形化而构筑成复杂的系统中，也能够简单的设定。

5．能够用各种方法和可编程控制器的 CPU 连接

（1）通过串行通讯接口；

（2）通过 USB；

（3）通过 MELSECNET/10（H）计算机插板；

（4）通过 MELSECNET（Ⅱ）计算机插板；

（5）通过 CC-Link 计算机插板；

（6）通过 Ethernet 计算机插板；

（7）通过 CPU 计算机插板；

（8） 通过 AF 计算机插板。

6．丰富的调试功能

（1）由于运用了梯形图逻辑测试功能，能够更加简单地进行调试作业，没有必要再和可编程控制器连接，也没有必要制作调试用的顺序程序。

（2）在帮助中有 CPU 错误、特殊继电器/特殊寄存器的说明，为发现在线错误或者程序制作中查看特殊继电器/特殊寄存器的内容提供非常大的便利。

（3）数据制作中发生错误时，会显示错误原因或提示消息，大幅度缩短数据制作时间。

4.2　GX Developer 软件操作

4.2.1　GX Developer 软件安装

在供应商提供的软件文件夹中，找到 SETUP 文件并双击，会弹出提示信息，即可进行软件的安装，按照安装向导就可以完成安装过程。在安装过程中，软件的安装路径可以选择默认，也可以单击"浏览"按钮进行选择。

4.2.2　GX Developer 软件运行

在计算机上安装好 GX 编程软件后，运行 GX 软件，其界面如图 4-1 所示。

单击图 4-1 中的 按钮，或执行"工程"菜单中的"创建新工程"命令，可创建一个新工程，出现如图 4-2 所示画面。

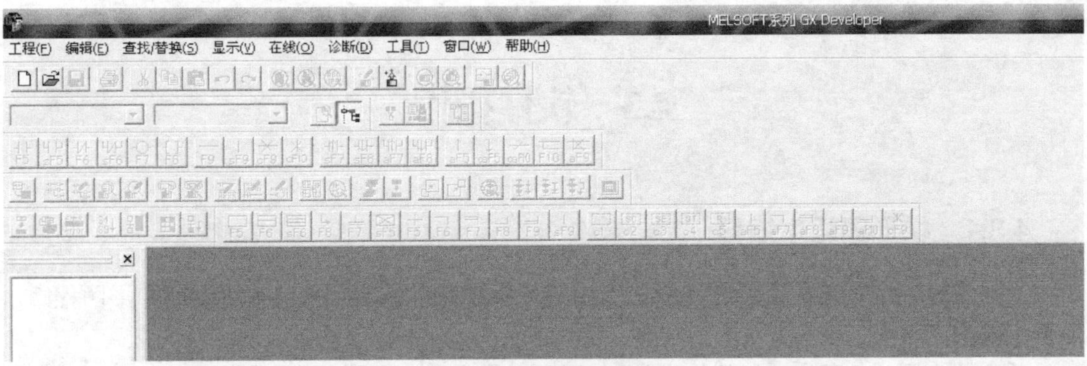

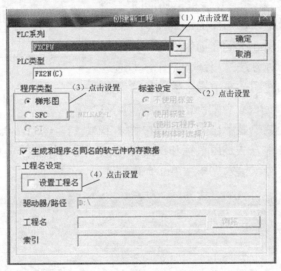

图 4-1　运行 GX 后的界面

图 4-2　新建工程界面

选择 PLC 所属系列和型号。此外，设置项还包括程序的类型，即梯形图或 SFC（顺控程序），设置文件的保存路径和工程名等。其中的 PLC 系列和 PLC 型号两项是必须设置项，且须与所连接的 PLC 一致，否则程序将无法写入 PLC。设置好上述各项并点击"确定"按钮后出现图 4-3 所示窗口，即可进行编程。

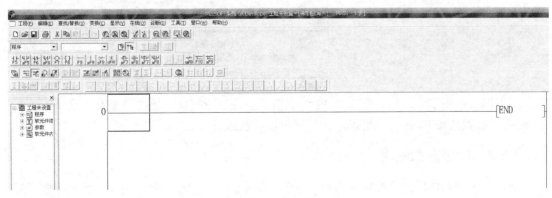

图 4-3　编程界面

4.3 软件操作

4.3.1 梯形图程序编程

下面通过一个具体例子，在计算机上用 GX 编程软件编制如图 4-4 所示的梯形图程序，操作步骤如下。

首先单击图 4-5 程序编制界面中的写入状态按钮或按 F2 键，使其为写入模式，然后单击梯形图/指令按钮，程序在编程区域中以梯形图的形式显示。然后选择当前编辑的区域如图 5 中的当前编辑区。梯形图的绘制有两种方法，一种方法是用键盘操作，即通过键盘输入完成指令。如在图 4-5 中指令输入的位置输入 L-D-空格-X-0-按 Enter 键（或单击确定），则 X0

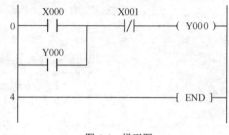

图 4-4 梯形图

的常开触点就在编辑区域中显示出来，然后再输入 LDI X1、OUT Y0、OR Y0，即绘制出如图 4-5 所示图形。另一种方法是用鼠标和键盘操作，即用鼠标选择工具栏中的图形符号，再键入其软元件和软元件号，输入完毕按 Enter 键即可。

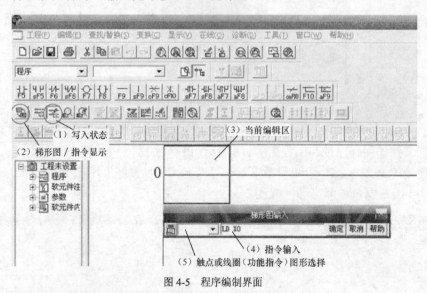

图 4-5 程序编制界面

梯形图程序编制完成后，在写入 PLC 之前，必须进行变换，单击"变换"菜单下的"变换"命令，或直接按 F4 键完成变换，然后就可以存盘或传送。

4.3.2 指令方式编程

指令方式编制程序即直接输入指令，程序以指令的形式显示。对于图 4-5 所示的梯形图，对应的指令表程序如图 4-6 所示。输入指令的操作与上述介绍的用键盘输入指令的方法完全相同，只是显示不同，且指令表程序不需要变换。

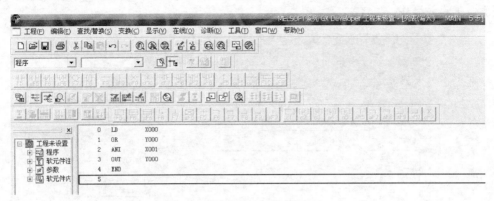

图 4-6　指令方式编制程序的界面

4.3.3　程序的传输

在计算机上把 GX 编好的程序写入到 PLC 中的 CPU，或将 PLC 中 CPU 的程序读到计算机中，步骤如下。

（1）连接 PLC 与计算机

利用专用电缆正确连接 GX 编程环境所在的计算机和 PLC，特别是 PLC 接口方向不要弄错，否则容易造成损坏。

（2）设置通信

程序编制完成后，单击"在线"菜单中的"传输设置"后，出现如图 4-7 所示的窗口，设置好 PC/F 和 PLC/F 的各项设置，其他项保持默认，单击"确定"按钮。

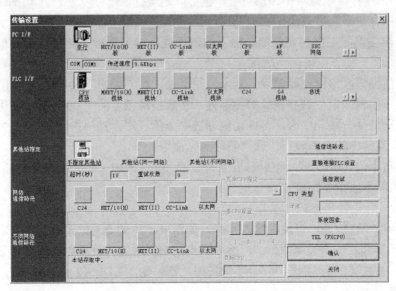

图 4-7　通信设置画面

（3）程序写入、读出

单击"在线"菜单中的"写入 PLC"，可以将编制好的程序写入 PLC，出现如图 4-8 所示窗口，根据出现的对话框进行操作。选中主程序，再单击"开始执行"即可。读出程序的操作类似于写入操作。

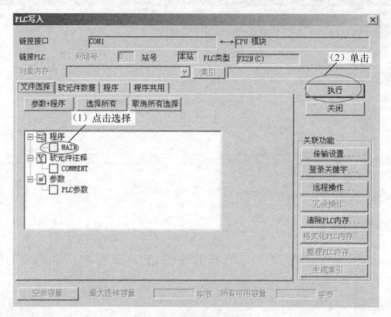

图 4-8　程序写入界面

4.3.4　其他操作

（1）删除、插入

删除、插入操作可以是一个图形符号，也可以是一行，还可以是一列（END 指令不能被删除），其操作有如下几种方法。

① 将当前编辑区定位到要删除、插入的图形处，右击鼠标，再在快捷菜单中选择需要的操作；

② 将当前编辑区定位到要删除、插入的图形处，在"编辑"菜单中执行相应的命令；

③ 将当前编辑区定位到要删除的图形处，然后按键盘上的"Del"键，即可；

④ 若要删除某一段程序时，可拖动鼠标选中该段程序，然后按键盘上的"Del"键，或执行"编辑"菜单中的"删除行"或"删除列"命令；

⑤ 按键盘上的"Ins"键，使屏幕右下角显示"插入"，然后将光标移到要插入的图形处，输入要插入的图形或指令即可。

（2）修改

若发现梯形图有错误，可进行修改操作，如图 4-4 中的 X1 常闭改为常开。首先按键盘的"Ins"键，使屏幕右下角显示"写入"，然后将当前编辑区定位到要修改的图形处，输入正确的指令即可。若在 X1 常开后再改成 X2 的常闭，则可输入 LDI X2 或 ANI X2，即将原来错误的程序覆盖。

（3）删除

首先拖动鼠标选中需要删除的区域对象，单击 🔲 命令，再按"Enter"键即删除对象。

（4）复制、粘贴

首先拖动鼠标选中需要复制的区域，右击鼠标执行"复制"命令（或"编辑"菜单中复制命令），再将当前编辑区定位到要粘贴的区域，执行"粘贴"命令即可。

（5）打印

如果要将编制好的程序打印出来，可按以下几步进行。

① 单击"工程"菜单中的"打印机设置"，根据对话框设置打印机；

② 执行"工程"菜单中的"打印"命令；

③ 在选项卡中选择梯形图或指令列表；

④ 设置要打印的内容，如主程序、注释、声明；

⑤ 设置好后，可以进行打印预览，如符合打印要求，则执行"打印"。

（6）保存、打开工程

当程序编制完毕后，必须先进行变换（即单击"变换"菜单中的"变换"），然后单击执行"工程"菜单中的"保存"或"另存为"命令。系统会提示（如果新建时未设置）保存的路径和工程名称，设置好路径和键入工程名称再单击"保存"即可。但需要打开保存在计算机中的程序时，单击"打开文件"按钮，在弹出的窗口中选择保存的驱动器和工程名称再单击"打开"即可。

（7）其他功能

如要执行单步执行功能，即单击"在线"—"调试"—"单步执行"，即可使PLC一步一步依程序向前执行，从而判断程序是否正确。又如在线修改功能，即单击"工具"—"选项"—"运行时写入"，然后根据对话框进行操作，可在线修改程序的任何部分。还有，如改变PLC的型号、梯形图逻辑测试等功能。

4.4　本章小结

本章主要介绍了三菱PLC编程软件GX Developer的安装和运行，以及软件的操作方法。通过本章学习，读者应该掌握三菱PLC软件的基本操作方法。

第 5 章　PLC 运料小车控制系统

本章首先介绍 PLC 的工程设计方法，包括控制系统设计步骤、PLC 硬件系统设计和软件设计；然后以三菱 FX$_{2N}$ 系列 PLC 为例，设计一个含有 6 个作业点的运料小车控制系统，同时介绍电动机正反转控制方法以及电动机制动方法。

5.1　工程设计方法

在 PLC 广泛应用于工业控制领域的今天，掌握 PLC 控制系统设计显得尤为重要。本节将介绍 PLC 控制系统的工程设计方法和步骤。

5.1.1　控制系统设计步骤

使用 PLC 设计一个控制系统，一般可以依照下面的步骤进行。

（1）分析工艺流程和控制要求。首先按照工艺流程及工作特点，确定被控对象；然后根据被控对象机电之间的配合，确定 PLC 控制系统的控制要求、基本控制方式、功能目标、必要保护以及故障报警处理等环节。

（2）确定输入/输出（I/O）设备。根据第一步确定的控制要求等确定 PLC 控制系统所需的输入设备（按钮、行程开关、传感器等）和输出设备（接触器、继电器、电磁阀、指示灯等），并在此基础上确定 I/O 类型及点数。

（3）PLC 型号的选择。在确定 I/O 设备的基础上，根据系统的 I/O 信号的特点，即模拟量或者数字量、I/O 电压高低、功率大小、点数、有无远程通信等，选择满足要求的 PLC 机型和容量。

（4）I/O 地址分配。根据选定的 PLC 型号和各个信号的特点，分配合适的 I/O 端口和内部继电器，制作 I/O 端口分配表。

（5）PLC 系统设计。PLC 系统设计包括硬件系统设计和软件系统设计。硬件系统设计主要包括 PLC 及外围线路的设计、硬件的选型、电气线路的设计和抗干扰措施的设计等。所谓 PLC 软件设计，实质上是运用 PLC 特殊的编程语言，将对象的控制条件与动作要求转化为 PLC 可以识别的指令的过程，这些指令被称为"PLC 用户程序"，简称 PLC 程序。PLC 程序经 PLC 的内部运算与处理后，即可获得执行元件所需要的动作。

（6）离线模拟调试。程序编写完成后，将程序读入 PLC，用按钮和开关模拟数字量，对电压源和电流源代替模拟量进行调试，观察控制程序是否满足要求。

（7）现场调试及整理技术文件。待硬件施工完成后，将程序和现场设备联机调试，发现并解决问题；整理技术说明书、电气原理图、PLC 梯形图等技术资料。

PLC 控制系统的设计流程如图 5-1 所示。

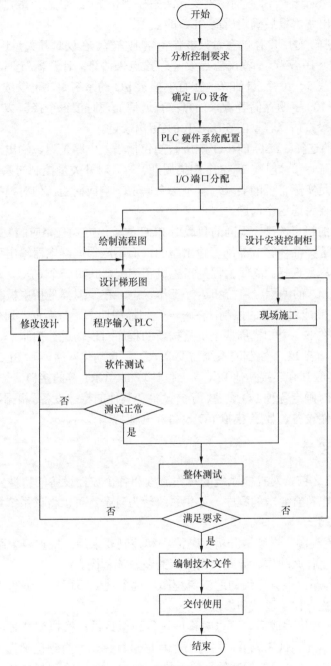

图 5-1　PLC 控制系统设计流程图

5.1.2　PLC 硬件系统设计

PLC 型号的选择。在做出系统控制方案的决策之前，要详细了解被控对象的控制要求，从而决定选用何种型号的 PLC 进行控制。机型的选择可从 I/O 点数、结构形式、响应时间、系统的可靠性、机型统一等方面来考虑。

I/O 点的选择。设计一个系统时，先要弄清楚控制系统的 I/O 总点数，再按实际所需总点数的 15%～20%留出备用量后确定所需 PLC 的点数。

存储容量的选择。对用户存储容量只能作粗略地估算。在仅对开关量进行控制的系统中，可以用输入总点数×10 字/点＋输出总点数×5 字/点来估算；计数器/定时器按 3～5 字/个估算，有运算处理时按 5～10 字/量估算；在有模拟量 I/O 的系统中，可以按每输入（或输出）一路模拟量需 80～100 字的存储容量来估算；有通信处理时按每个接口 200 字以上的数量粗略估算。最后，一般按估算容量的 50%～100%留出余量。

I/O 响应时间的选择。PLC 的 I/O 响应时间包括输入电路延迟、输出电路延迟和扫描工作方式引起的时间延迟（一般在 2～3 个扫描周期）等。对开关量控制的系统，PLC 和 I/O 响应时间一般都能满足实际工程的要求，可不必考虑 I/O 响应问题。但对模拟量控制的系统，特别是闭环系统就要考虑这个问题。

根据输出负载的特点选型。不同的负载对 PLC 的输出方式有相应的要求。例如，频繁通断的感性负载，应选择晶体管或晶闸管输出型的，而不应选用继电器输出型的。

在线和离线编程的选择。离线编程是指主机和编程器共用一个 CPU，通过编程器的方式选择开关来选择 PLC 的编程、监控和运行工作状态。在线编程是指主机和编程器各有一个 CPU，主机的 CPU 完成对现场的控制，在每一个扫描周期末尾与编程器通信，编程器把修改的程序发给主机，在下一个扫描周期主机将按新的程序对现场进行控制。

联网通信选型。若 PLC 控制的系统需要联入工厂自动化网络，则 PLC 需要有通信联网功能，即要求 PLC 应具有连接其他 PLC、上位计算机、CRT 等的接口。

上述过程中同时确定各种 I/O 设备、存储设备和其他的特殊设备。根据选定的 PLC 型号，配置符合要求的存储设备、数字/模拟 I/O 设备和其他特殊设备。

5.1.3　软件设计

1）在软件设计之前，对控制系统的工作流程和各个被控设备的特性要有深入细致的了解，这样才能编写出符合要求的程序。如果系统较为复杂，可以将该系统划分为若干个小系统，便于程序的编写。

2）绘制逻辑流程图。详细地分析工艺流程和控制要求后，根据要求画出能反映某一过程有什么条件、产生什么动作、导致什么后果的逻辑流程图。

3）编写具体程序。根据详细的逻辑流程图，逐条地编写程序。编写程序要注意程序应简单可靠，简洁易懂，便于调试和修改。

4）模拟调试。程序完成后，可以对程序进行模拟调试。模拟调试时，以每个单元模块为单位进行调试，单元调试完成后，再对整个程序进行调试，直到正确为止。

5）现场调试。将经过模拟调试的程序下载到 PLC 中，联合现场的各种设备，进行现场调试，以确定整个系统的软件设计是正确无误的。

6）整理技术文件。通过现场调试以后，硬件电路和程序都已经确定，这时候就要全面地整理技术文件，对整个程序设计进行总结。对于软件部分来说，技术文件主要包括 PLC 程序、功能图、使用说明书、帮助文件等。

PLC 用户程序设计的关键是要保证能实现控制目的与要求，且程序简洁、明了，便于检查与阅读。因此，不管采用何种设计方法、使用何种编程语言，都需要设计者具备熟悉 PLC 编程语言、灵活运用编程指令的能力。

PLC 的常用编程语言主要有指令表（LIST）、梯形图（LAD）、逻辑功能图（CSF）、功能块图（FBD）、结构化文本（ST）、顺序功能图（SFC）等，部分 PLC 还可以使用 Basic、Pascal、C 语言等其他编程语言。

梯形图（Ladder Diagram，LAD）是一种沿用了继电器的触点、线圈、连线等图形与符号的图形编程语言，其程序形式与继电器控制系统十分相似，其特点是程序直观、形象，在 PLC 编程中使用最广，成为了主流的编程语言。

梯形图编程语言是在继电器触点控制电路图基础上发展起来的一种编程语言，两者的结构非常类似，但其程序执行过程存在本质的区别。因此，同样是继电器触点控制系统与梯形图的基本组成三要素——触点、线圈、连线，但两者之间有着本质的不同。

（1）触点的性质与特点

梯形图中所使用的输入、输出和内部继电器等编程元件的"常开""常闭"触点，其本质是 PLC 内部某一存储器的数据"位"状态。程序中的"常开"触点是直接使用该位的状态进行逻辑运算处理，"常闭"触点是使用该位的"逻辑非"状态进行处理。它与继电器控制电路的区别如下。

1）梯形图中的触点可以在程序中无限次使用，它不像物理继电器那样受到实际安装触点数量的限制。

2）在任何时刻，梯形图中的"常开""常闭"触点的状态都是唯一的，不可能出现两者同时为"1"的情况，"常开""常闭"触点存在严格的"非"关系。

（2）线圈的性质与特点

梯形图编程所使用的"内部继电器""输出线圈"等编程元件，虽然采用了与继电器控制电路同样的图形符号，但它们并非实际存在的物理继电器。程序对以上线圈的输出控制，只是将 PLC 内部某一存储器的数据"位"的状态进行赋值而已。数据"位"置"1"对应于线圈的"得电"，数据"位"置"0"对应于"断电"。它与继电器控制电路的区别如下。

1）如果需要，梯形图中的"输出线圈"可以在程序中进行多次赋值，即在梯形图中可以使用所谓的"重复线圈"。

2）PLC 程序的执行，严格按照梯形图"从上至下""从左至右"的时序；在同一 PLC 程序执行循环内，不能改变已经执行完成的指令输出状态（已经执行完成的指令输出状态，只能在下一循环中予以改变）。有效利用 PLC 的这一程序执行特点，可以设计出许多区别于继电器控制电路的特殊逻辑，如"边沿"处理信号等。

（3）连线的性质与特点

梯形图中的"连线"仅代表指令在 PLC 中的处理顺序关系（"从上至下""从左至右"），它不像继电器控制电路那样存在实际电流，因此，在梯形图中的每一"输出线圈"应有各自独立的逻辑控制"电路"（即明确的逻辑控制关系），不同"输出线圈"间不能采用继电器控制电路中经常使用的"电桥型连接"方式，试图通过后面的执行条件改变已经执行完成的指令输出。

5.2 控制系统工艺要求

某生产线上用运料小车将生产原料运送到 6 个作业点上，供设备与生产人员使用。要求小车能响应生产作业点的呼叫并迅速准确地停靠各个生产作业点，使生产过程顺利进行。运料小车系统的简化示意图如图 5-2 所示。

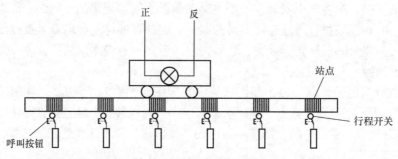

图 5-2 运料小车系统示意图

小车的控制机构有启动按钮和停止按钮。小车由一台三相异步电动机驱动，电动机正转，小车右行，反转则左行。生产作业点分别编号为 0～5，每个点对应配备呼叫按钮 B0～B5 和用于监视小车是否准确停靠的行程开关。

运料小车应能满足下面的控制要求。

（1）按下启动按钮，系统开始工作；按下停止按钮，小车立即停止动作。

（2）呼叫按钮有互锁功能，当一个或多个呼叫按钮被按下后，系统能准确识别出按钮位置，响应最先按下的按钮。

（3）若小车停靠的位置编号小于呼叫按钮 B 的编码值，电动机正转，小车向右运动到作业点停靠；反之，则向左运动到作业点停靠。

（4）若小车停靠的位置编号等于呼叫按钮 B 的编码值，小车保持不动。

（5）若行程开关和电动机正反转继电器出现故障，小车能及时停机，防止事故的发生。

5.3 相关知识点

在明确系统控制要求后，需要应用相关技术实现这些要求。下面将简单介绍运料小车控制系统需要用到的电动机正反转和三菱 PLC 指令等相关知识点。

5.3.1 电动机正反转控制方法

在运料小车控制系统中，小车的左右运动由电动机正反转来实现，下面将介绍如何使用 PLC 来控制电动机的正反转。

一个 PLC 来控制电动机正反转的简单系统有 3 个开关量输入信号：停止 SB1，正转启动 SB2，反转启动 SB3；两个开关量输出信号：电动机正转继电器和电动机反转继电器。电动机正反转控制电路及接线图如图 5-3 所示，其控制梯形图如图 5-4 所示。

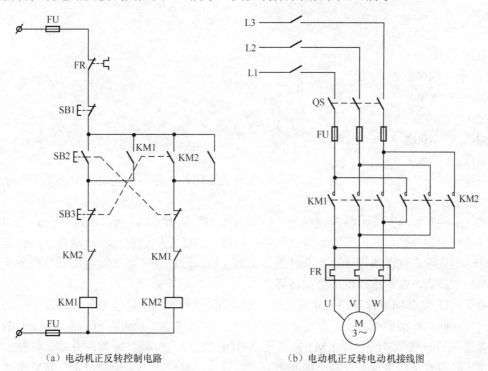

（a）电动机正反转控制电路　　　　　　（b）电动机正反转电动机接线图

图 5-3　电动机正反转控制电路及接线图

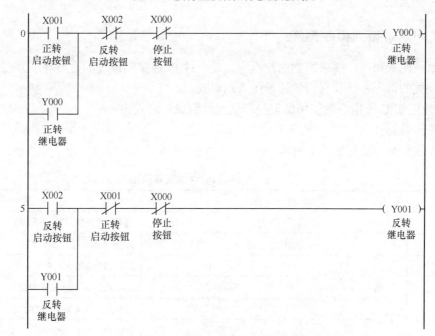

图 5-4　三相异步电动机正反转控制梯形图

指令表如下：

LD	X001
OR	Y000
ANI	X002
ANI	X000
OUT	Y000
LD	X002
OR	Y001
ANI	X001
ANI	X000
OUT	Y001

在设计这个控制系统时，为了保护电动机不被烧坏和电路不出现短路，必须采取软硬件双重互锁的技术。

软件上的互锁就是在反转控制电路中串接 X001 的常闭触点，所以 SB2 不仅是电动机正转的启动按钮，也是电动机反转的停止按钮；同理，SB3 是电动机反转启动按钮，也是电动机正转停止按钮。这样的设计称为软件设计上的互锁，保证了任何时候电动机只有正反序电源中的一个接通，保护电动机不会被烧坏。

由于内部 PLC 的软件互锁只相差一个扫描周期，而外部继电器接触触点的断开时间大于一个扫描周期，外部继电器没有足够的时间响应。例如，Y001 已经断开，而 KM2 的触点还没来得及断开，这个时候如果 KM2 接通就会引起主电路的短路。因此，必须采取外部继电器的常闭触点互锁，也就是硬件上的互锁。本设计中，直接使用了电动机正反转继电器来解决这个问题。

5.3.2　FX₂ₙ 系列指令系统

按照系统配置和用户要求编制用户程序，是设计 PLC 控制系统的重要环节。在这之前，必须掌握相关的指令系统和它们的梯形图表示形式。

FX$_{2N}$ 系列 PLC 的指令系统由助记符和软元件组成，格式为

助记符　软元件

软元件的编号范围如表 5-1 所示。

表 5-1　　　　　　　　　　　　　　　　　软元件的编号范围

记　　号	名　　称		范　　围
X	输入继电器		最多 128 点，X0～X177
Y	输出继电器		最多 128 点，Y0～Y177
M	辅助继电器	普通型	500 点，M0～M499
		保持型	524 点，M500～M1023
		特殊型	256 点，M8000～M8255
S	状态继电器	普通型	500 点，S0～S499
		保持型	500 点，S500～S999

第 5 章 PLC 运料小车控制系统

续表

记　　号	名　　称		范　　围
T	定时器	100 ms	200 点，T0～T199
		10 ms	46 点，T200～T245
		1 ms（积算型）	4 点，T246～T249
		100 ms（积算型）	6 点，T250～T259
C	计数器	普通加计数器	100 点，C0～C99
		保持加计数器	100 点，C100～C199
		普通加/减计数器	20 点，C200～C219
		保持加/减计数器	15 点，C220～C234
		高速计数器	21 点，C235～C255
D	数据寄存器	普通型	200 点，D0～C199
		保持型	312 点，D200～C511
		特殊用	256 点，D8000～C8255
		变址用	2 点，V、Z
P	指针	跳转用	64 点，P0～P63
		中断用	9 点，10××～18××

5.3.3　逻辑取、与、或及输出指令

　　LD、LDI、OUT、AND、ANI、OR、ORI、INV 指令的功能、电路表示、可用编程元件和所占的程序步见表 5-2。

表 5-2　　　　　　　　　　　　逻辑取、与、或及输出指令表

符号、名称	功　　能	电路表示和可用编程元件	程　序　步
LD 取	常开触点逻辑运算开始	X、Y、M、S、T、C	1
LDI 取反	常闭触点逻辑运算开始	X、Y、M、S、T、C	1
OUT 输出	线圈输出	Y、M、S、T、C	Y、M：1；S、M：2；T：3；C：3～5
AND 与	常开触点串联连接	X、Y、M、S、T、C	1
ANI 与非	常闭触点串联连接	X、Y、M、S、T、C	1

53

续表

符号、名称	功 能	电路表示和可用编程元件	程 序 步
OR 或	常开触点并联连接	X、Y、M、S、T、C	1
ORI 或非	常闭触点并联连接	X、Y、M、S、T、C	1
INV 取反	对运算结果取反		1

LD 指令是从母线取用常开触点指令。

LDI 指令是从母线取用常闭触点指令。在分支回路的开头处，它可以与后面介绍的 ANB 指令配合使用。

OUT 指令是对输出继电器、内部继电器、状态继电器、定时器和计数器的线圈进行驱动的指令。在程序中，OUT 指令可以连续使用无数次，它相当于线圈的并联。对于定时器和计数器的线圈，在使用 OUT 指令后，必须设定常数 K 或指定相应的数据寄存器。

AND 指令是用来串联常开触点的指令，它可将前面的逻辑运算结果与该指令所指定的编程元件的内容相"与"。

ANI 指令是用来串联常闭触点的指令，也就是把 ANI 指令所指定的编程元件的内容取反后再与运算前的结果进行逻辑"与"操作。

OR 指令是用来并联常开触点的指令，它可将前面的逻辑运算结果与该指令所指定的编程元件的内容进行逻辑"或"操作。

ORI 指令是用来并联常闭触点的指令，也就是把 ORI 指令所指定的编程元件的内容取反后再与运算前的结果进行逻辑"或"操作。

INV 指令为取反指令，使用该指令可以将 INV 电路之前的运算结果取反。

【例】 在图 5-5 中，当 X0 或 X2 有 1 个为"ON"，且 X1 同时为"ON"时，Y0 有输出；当 X3 或 X5 中有 1 个为"OFF"，且 X4 为"OFF"时，Y1 有输出。

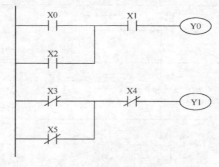

图 5-5 逻辑指令应用实例

5.3.4　堆栈指令 ANB、ORB

（1）ANB 指令

两个或者两个以上的触点并联的电路称为并联电路块。分支电路的并联电路块与前面的电路串联时，使用 ANB 指令。分支的起点用 LD/LDI 指令，并联电路块结束后，使用 ANB 指令与前面的电路串联。该指令是单程序步指令，助记符格式为

ANB

ANB 指令的应用实例如图 5-6 所示。

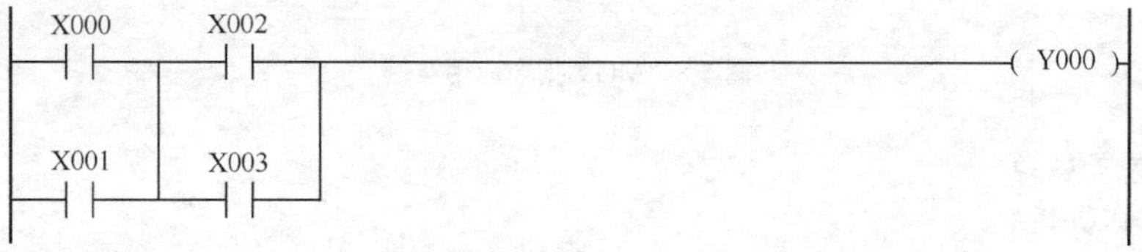

图 5-6　ANB 指令应用实例

对应的指令表为

LD　　X000

OR　　X001

LD　　X002

OR　　X003

ANB

OUT　　Y000

（2）ORB 指令

两个或者两个以上的触点串联的电路称为串联电路块。分支电路的串联电路块与其他电路并联时使用 ORB 指令。分支的起点用 LD/LDI 指令，分支结束用 ORB 指令。该指令和 ANB 指令一样是无目标元件的单程序步指令，助记符格式为

ORB

ORB 指令的应用实例如图 5-7 所示。

对应的指令表为

LD　　X000

AND　　X001

LD　　X002

AND　　X003

ORB

OUT　　Y000

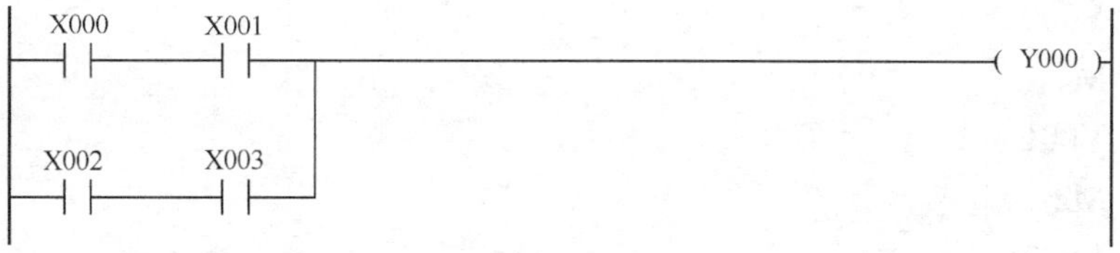

图 5-7　ORB 指令应用实例

5.3.5　指令 MOV 和 CMP

应用指令由 3 个要素组成：功能号、助记符、操作数。

（1）传送指令 MOV

传送指令 MOV 的功能号为 FNC12，它是将源操作数的内容传送到目标操作数，应用实例如图 5-8 所示。

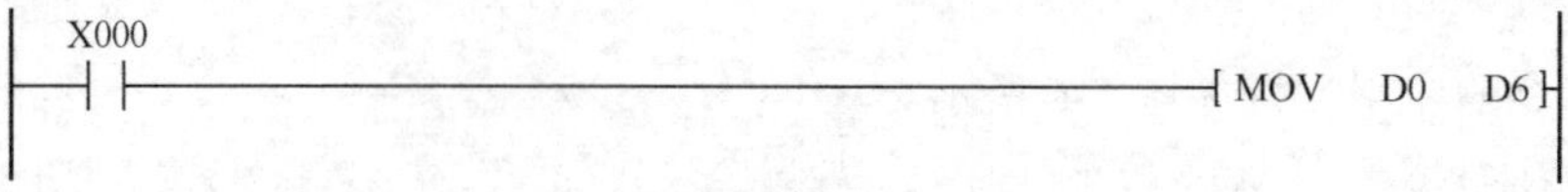

```
    X000
────┤ ├──────────────────────────────────────┤ MOV  D0  D6 ├
```

图 5-8　MOV 指令应用实例

对应的指令表为

LD　　　X000

MOV　　D0　　D6

这段程序的功能是：在 X000 为 ON 时，将源操作数 D0 中的数据传送到目的操作数 D6 中。操作完成后，D0 中的数据保持不变，D6 中的数据为 D0 中的数据。

（2）比较指令 CMP

比较指令 CMP 的功能号是 FNC10，它用来实现两个数据 S1 和 S2 的大小比较。当输入条件满足时，执行比较指令，比较的结果送到目标操作数为首地址的 3 个连续软元件中。它的用法如图 5-9 所示的梯形图。

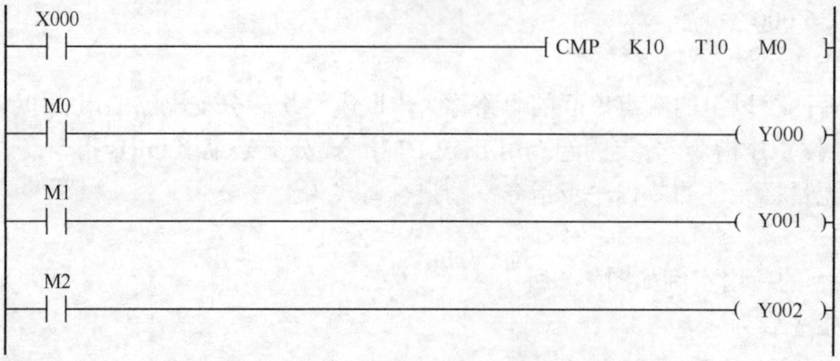

```
    X000
────┤ ├──────────────────────────────────────┤ CMP  K10  T10  M0 ├

    M0
────┤ ├──────────────────────────────────────────────────────( Y000 )

    M1
────┤ ├──────────────────────────────────────────────────────( Y001 )

    M2
────┤ ├──────────────────────────────────────────────────────( Y002 )
```

图 5-9　CMP 指令应用实例

对应的指令表为

LD　　　X000

CMP　　K10　　T10　　M0

LD　　　M0

OUT　　Y000

LD　　　M1

OUT　　Y001

LD　　　M2

OUT　　Y002

本例执行的操作是，当 X000 为 ON 时，比较 K10 和 T10 中的数据，结果存入到 M0、M1 和 M2。如果 K10>T10，则 M0 接通，Y000 输出；如果 K10＝T10，则 M1 接通，Y001 输出；如果 K10<T10，则 M2 接通，Y002 输出。

5.4　控制系统硬件设计

明确了运料小车系统的控制要求和相关的控制技术后，本节将具体介绍如何完成 PLC、三相电动机和其他硬件设备的选型，并完成本系统的硬件设计部分。

5.4.1　控制系统硬件选型

本系统包括 6 个呼叫按钮 B0～B5、6 个行程开关 P0～P5、启动（START）按钮和停止（STOP）按钮共 14 个数字量，共有 14 个数字量输入端口。工作过程中 PLC 只需要控制一个电动机运转的两种运行状态：正转、反转，其控制量分别为 D1 和 D2，这是两个数字量，需要两个数字量输出端口。

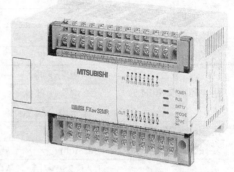

1. PLC 选型

根据系统 I/O 信号的性质和数量，本设计选用 FX$_{2N}$-32MR 主机。该型号的主机由 AC 220V 供电，自带 16 点数字量输入，16 点数字量输出，可以满足系统 I/O 信号数量的要求，完成对运料小车的控制任务。FX$_{2N}$-32MR 的实物图如图 5-10 所示，其参数见表 5-3。

图 5-10　FX$_{2N}$-32MR 实物图

表 5-3　　　　　　　　　　　　　　FX$_{2N}$-32MR 参数表

型号			输入点数	输出点数	拓展模块可用点数
继电器输出	晶闸管输出	晶体管输出			
FX$_{2N}$-32MR-001	FX$_{2N}$-32MS	FX$_{2N}$-32MT	16	16	24-32

2. 三相异步电动机

使用电压：DC 48～600 V；输出功率：2～160kW；转速等级：500～6 000r/min；连续可调输出转矩：10～600 N·m；防护等级：IP54；防爆等级：H 级；绝缘位置传感器是霍尔元件。典型应用：有轨车辆、电动汽车、电动摩托车、电瓶车、电动观光车、电动叉车、机场牵引车。三相异步电动机的实物图如图 5-11 所示。

3. 行程开关

行程开关的实物图如图 5-12 所示。行程开关参数见表 5-4。

图 5-11　三相异步电动机实物图

图 5-12　行程开关实物图

表 5-4　　　　　　　　　　　　　行程开关参数表

防护等级		IP67
寿命	机械的	1 500 次/分
	电气的	5 万次/分
操作速度	1mm/s～1m/s	
操作频率	机械的	120 次/分
	电气的	30 次/分
绝缘能力	100mW/DC 500V	
接触能力	25 mW	
耐电压（50/60Hz）	同极端子间	AC 1 000V（600V）
	充电金属部件	AC 2 200V（1 500V）
	非充电金属部件	AC 2 200V（1 500V）
耐振动（误动作）	10～50Hz	
复振幅	1.5mm	
负荷	AC 250V/10A、AC 380V/10A、DC 125V/5A、DC 250V/5A	
使用环境温度	−10～+80℃	

4．电动机正反转继电器

电动机正反转继电器采用微处理器智能控制，SMT 工艺，除了在输入控制端设置硬件、软件正反互锁外，在强电输出端也设置正反互锁。当撤销 A 路控制信号而 A 路晶闸管该断开却未及时断开时，B 路晶闸管即使有控制信号也不会立即接通，只有待 A 路完全断开后才接通 B 路，反之亦然。继电器内置有输入保护电路，在 AC 380 V 强电未接入的情况下，即使输入端有控制信号也不会触发晶闸管导通。只有在主电路上电完成后，输入端才正式开始接受控制信号的指令。输出端与输入控制端采用光电隔离，内部每一路晶闸管内置 RC 吸收回路，无需外接。模块有两只 LED 显示电动机旋转方向，另有 LED 电源指示。控制电压 DC 12～24V 宽范围，工作电流 25～45mA，其他电压也可定制。输入共阳或共阴极可随意接线，控制电流约 3mA。模块有 380V 上电保护电路，无浪涌冲击，抗干扰能力强。晶闸管采用陶瓷基板（DCB），电流规格为15～90A。电动机正反转继电器的实物图如图 5-13 所示。

图 5-13　电动机正反转继电器实物图

5.4.2　原理图

1. 系统构成示意图

本系统的控制系统构成如图 5-14 所示。

2. 电气原理图

本系统电气原理图（PLC 接线图）如图 5-15 所示。

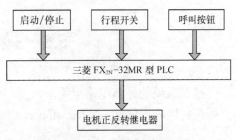

图 5-14　控制系统构成图

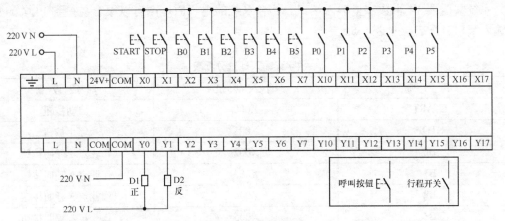

图 5-15　PLC 接线图

3. 电动机正反转继电器接线图

电动机正反转继电器接线图如图 5-16 所示。

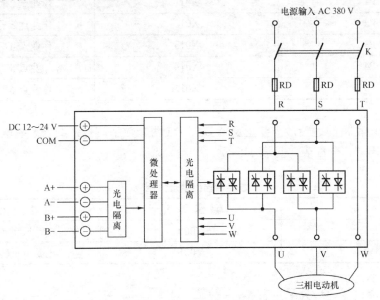

图 5-16　电动机正反转继电器接线图

5.5　控制系统软件设计

控制系统的外部电路很简单，其控制功能主要由软件来实现。本系统的软件设计环境是三菱公司的编程软件 GX Developer。下面将介绍该控制系统软件设计的具体过程。

5.5.1　控制系统 I/O 分配

系统共需要 14 个数字量输入端口，结合系统的电气原理图可以很容易得到 PLC 的数字量输入端口分配表，见表 5-5。

表 5-5　　　　　　　　　　　　　　数字量输入地址分配表

名　称	输 入 地 址	对 应 设 备
START	X000	启动按钮
STOP	X001	停止按钮
B0	X002	作业点 1 呼叫按钮
B1	X003	作业点 2 呼叫按钮
B2	X004	作业点 3 呼叫按钮
B3	X005	作业点 4 呼叫按钮
B4	X006	作业点 5 呼叫按钮
B5	X007	作业点 6 呼叫按钮
P0	X010	作业点 1 行程开关
P1	X011	作业点 2 行程开关
P2	X012	作业点 3 行程开关
P3	X013	作业点 4 行程开关
P4	X014	作业点 5 行程开关
P5	X015	作业点 6 行程开关

PLC 控制电动机的运转，需要正反转 D1、D2 两个数字信号，结合系统电气原理图可以得到数字量输出端口分配表，见表 5-6。

表 5-6　　　　　　　　　　　　　　数字量输出地址分配表

名　称	输 出 地 址	对 应 设 备
D1	Y000	电动机正转继电器
D2	Y001	电动机反转继电器

PLC 内部继电器地址分配见表 5-7。

表 5-7   **PLC 内部继电器地址分配表**

内部继电器地址	对 应 功 能
M0	运料车停止运行
M1	作业点 1 呼叫
M2	作业点 2 呼叫
M3	作业点 3 呼叫
M4	作业点 4 呼叫
M5	作业点 5 呼叫
M6	作业点 6 呼叫
M7	运料车所在作业点编号>呼叫作业点编号
M8	运料车所在作业点编号=呼叫作业点编号
M9	运料车所在作业点编号<呼叫作业点编号

5.5.2 软件流程图

其软件流程图如图 5-17 所示。

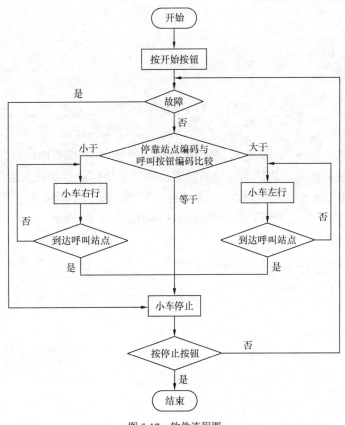

图 5-17 软件流程图

5.5.3 系统软件设计

根据设计好的软件流程图，本小节按照表 5-4、表 5-5 及表 5-6 对 PLC 地址编码的分配，采用三菱 GX Developer 全功能编程软件进行 PLC 控制梯形图设计。按下开始按钮后，小车启停控制程序（程序块一）启动小车，并进行故障判断（程序块七）；在无故障情况下，呼叫按钮（程序块二）和行程开关程序（程序块三）分别读取当前呼叫按钮编码和小车位置编码，交由比较程序（程序块四）比较，得出二者相对关系；据此执行小车向左运行控制程序（程序块五）或者小车向右运行控制程序（程序块六），使小车到达呼叫站点后停车；此时，按停止按钮终止系统运行，否则，循环执行此程序。

程序块一：小车启停控制

当按下小车启动按钮时，常开触点 X000 得电，辅助继电器 M0 得电，小车开始运动；按下停止按钮时，常闭触点 X001 得电，辅助继电器 M0 失电，小车停止运动。该段程序的梯形图如图 5-18 所示。

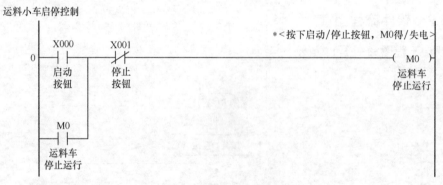

图 5-18 小车启停控制程序梯形图

程序块二：呼叫按钮

在这个系统中，有 6 个作业点，分别分配代码"0~5"。当有呼叫按钮按下时，相应的呼叫按钮开关得电，该站点的辅助继电器得电，同时把该作业点的代码送到数据寄存器 D1 中，以供判断小车下一步行动。例如，1 号作业点呼叫，X002 得电，M1 得电，代码"0"送入数据寄存器 D1 中，以此类推。该段程序的梯形图如图 5-19 所示。

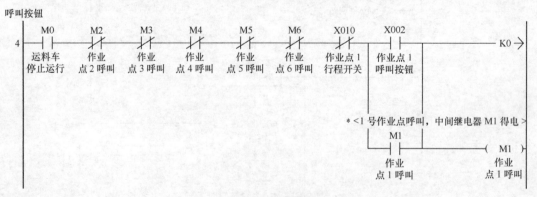

图 5-19 呼叫按钮程序梯形图

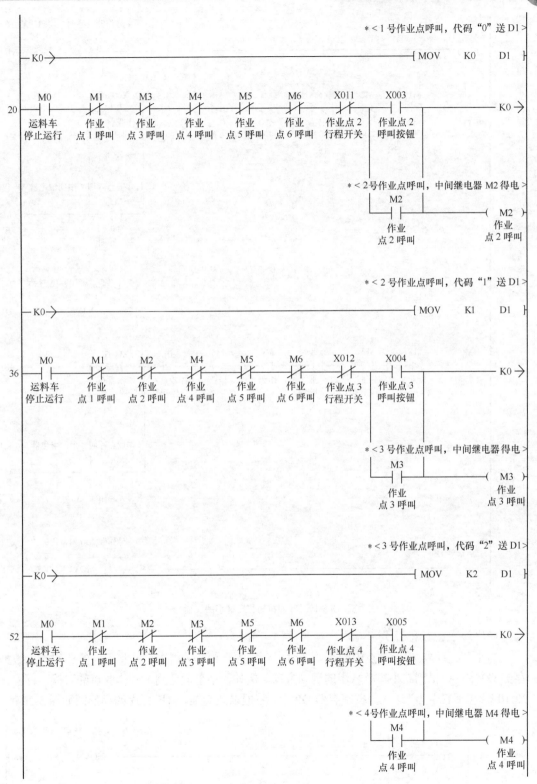

图 5-19　呼叫按钮程序梯形图（续）

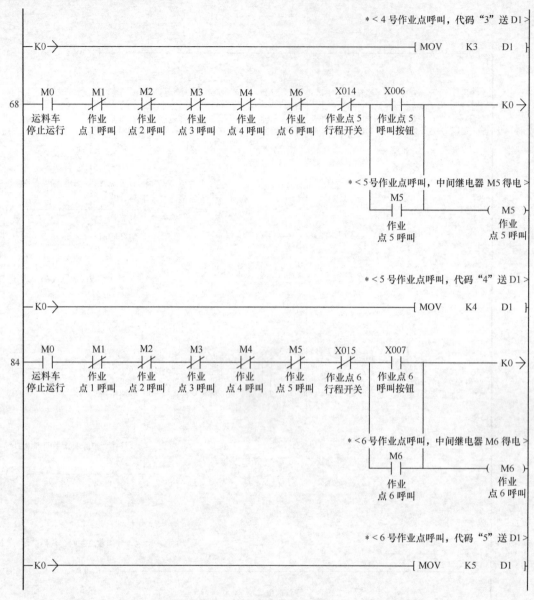

图 5-19　呼叫按钮程序梯形图（续）

程序块三：行程开关

当小车运动到 6 个站点中的某一个时，对应的行程开关得电，并将相应的代码送入数据寄存器 D0 中，以供判断小车下一步的运动方向。例如，小车运动到 1 号作业点的时候，行程开关 X010 得电，代码 "0" 送入数据寄存器 D0 中，其他以此类推。该段程序的梯形图如图 5-20 所示。

图 5-20　行程开关程序梯形图

```
                                                     *〈小车在 2 号站，代码"1"送 D0〉
      X011
106 ─┤├─────────────────────────────────────────┤ MOV    K1    D0 ┤
    作业点 2
    行程开关

                                                     *〈小车在 3 号站，代码"2"送 D0〉
      X012
112 ─┤├─────────────────────────────────────────┤ MOV    K2    D0 ┤
    作业点 3
    行程开关

                                                     *〈小车在 4 号站，代码"3"送 D0〉
      X013
118 ─┤├─────────────────────────────────────────┤ MOV    K3    D0 ┤
    作业点 4
    行程开关

                                                     *〈小车在 5 号站，代码"4"送 D0〉
      X014
124 ─┤├─────────────────────────────────────────┤ MOV    K4    D0 ┤
    作业点 5
    行程开关

                                                     *〈小车在 6 号站，代码"5"送 D0〉
      X015
130 ─┤├─────────────────────────────────────────┤ MOV    K5    D0 ┤
    作业点 6
    行程开关
```

图 5-20 行程开关程序梯形图（续）

程序块四：比较

当按下启动按钮后，如果有呼叫按钮被按下，系统开始比较存有小车当前位置代码的数据寄存器 D0 和存有呼叫按钮代码的数据寄存器 D1 内的代码值，比较结果决定以 M7 开始的 3 个中间继电器的状态。若小车当前位置编码大于呼叫作业站点的编码，即 D0>D1，继电器 M7 得电，小车向左运行；若小车当前位置编码等于呼叫作业站点的编码，即 D0＝D1，继电器 M8 得电，小车停止运行；若小车当前位置编码小于呼叫作业站点的编码，即 D0<D1，继电器 M9 得电，小车向右运行。该段程序的梯形图如图 5-21 所示。

```
代码比较，小车运动方向判断                          *〈小车当前位置与呼叫站点代码比较〉
      M0
136 ─┤├─────────────────────────────────────┤ CMP   D0    D1   M7 ┤
    运料车                                                      小车
    停止运行                                                  向左运动
```

图 5-21 比较程序梯形图

程序块五：小车向左运行控制

若小车当前位置编码大于呼叫作业站点的编码，即 D0>D1，继电器 M7 得电，小车向左运行，直到抵达呼叫的站点为止。该段程序的梯形图如图 5-22 所示。

程序块六：小车向右运行控制

若小车当前位置编码小于呼叫作业站点的编码，即 D0<D1，继电器 M9 得电，小车向右运行。该段程序的梯形图如图 5-23 所示。

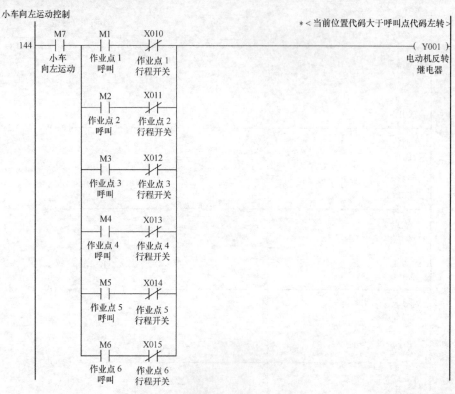

图 5-22 小车向左运动控制程序梯形图

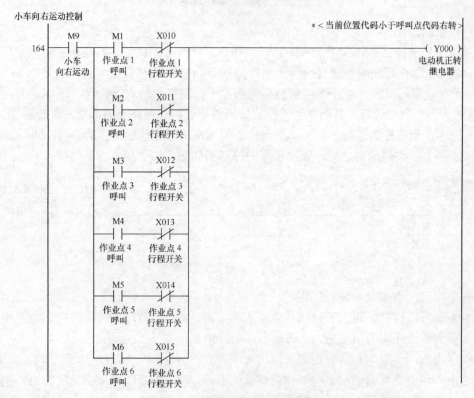

图 5-23 小车向右运动控制程序梯形图

程序块七：故障判断及处理

正常情况下只有一个行程开关得电，电动机正反转继电器由于互锁，也只有一个接通。如果因为某些原因，出现了两个或者两个以上的行程开关得电的情况，或者出现了电动机正反转继电器中的两个继电器同时接通的情况，说明系统出现故障。此时，小车行驶辅助继电器 M0 将被复位，小车停止运动。该段程序的梯形图如图 5-24 所示。

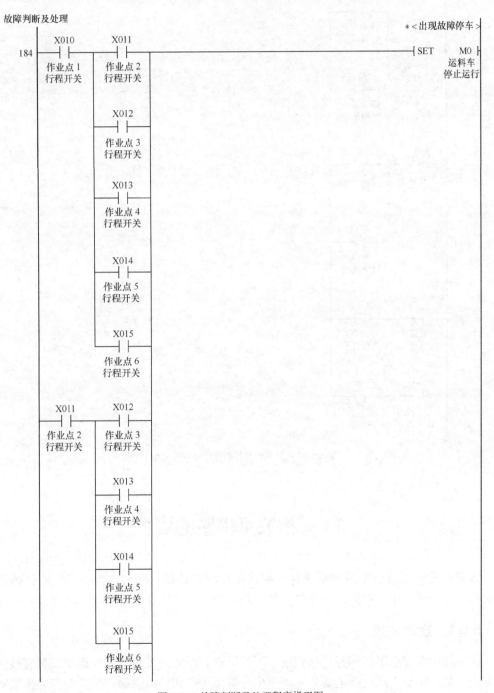

图 5-24　故障判断及处理程序梯形图

图 5-24　故障判断及处理程序梯形图（续）

5.6　相关可借鉴的资料

本章在设计运料小车控制系统时分别使用行程开关和电动机作为小车位置传感器和执行机构。本节将介绍几种经常用作位置传感器的接近开关以及电动机制动的原理。

5.6.1　接近开关

在系统中，使用了行程开关来判断小车的位置。行程开关是一种与运动部件有接触的位置开关，是一种小电流主令电器。它利用生产机械运动部件的碰撞，使其触点动作来实现通断，产生信号，用于一定的控制程序。因为它需要和运动部件碰撞来产生信号，不可避免会产生机械磨损和火花问题，动作频率也会受到限制，不能满足高频率、防爆、重复精度等特殊要求。接近开关作为另外一种位置开关，很好地解决了上述问题，具有无机械磨损、无火花、无噪声、频率响应快、重复精度高和安装调试方便等优点，具有很强的恶劣环境适应能力，广泛应用于冶金、化工机械、自动流水线等场合。

1. 接近开关的分类

按工作原理的不同，接近开关大体分为以下几类：电感式、电容式、光电式、超声波式、霍尔式、磁电式；按输出类型分为直流两线制、直流三线制、直流四线制、交流两线制、交流三线制等。其中直流三线制接近开关的输出类型还有 NPN 和 PNP 两种。PNP 输出型多用于 PLC 或者计算机中作为控制指令，而 NPN 输出型多用于控制直流继电器。实际工作中可以根据控制电路的特点选择输出形式。

2. 接近开关的主要参数

（1）开关距离（S）：被检测物体沿传感器基准轴向感应面靠近时，能引起输出信号变化的距离。

（2）额定开关动作距离（S_n）：用于确定动作距离的定量。不考虑制造公差和外界因素引起的变化量。

（3）有效动作距离（S_r）：在规定的基准环境温度、额定电压和安装条件下所测得的单只接近开关的动作距离，包含了不可避免因素造成的影响，一般情况下 $0.9S_n<S_r<1.1S_n$。

（4）回差（H）：检测物体移近基准感应面，开关动作点和检测物体移开基准感应面接近开关复位点之间的距离。一般回差应该不大于有效动作距离（S_r）的 20%。回差的意义在于避免因为机械和安装原因造成控制器的误动作和继电器的错误吸放。

（5）响应时间：当检测物体进入或者离开检测区后，开关元件动作所需的时间。该参数标识了在检测高速靠近或者高速扫过开关断面的检测物体时，开关能否及时响应。具体是指，当检测物体进入检测范围到输出信号出现的延迟时间 t_1 或可检测物体离开检测范围到输出信号消失的延迟时间 t_2。

（6）操作频率：接近开关在规定的时间内所完成的操作循环次数。具体地讲，就是单位时间内接近开关的翻转次数，反映了开关的响应能力。

3. 几种典型的接近开关

（1）电感式接近开关

电感式接近开关由 LC 主频振荡器、检波、放大、触发及输出等部分组成，实物如图 5-25 所示。振荡器产生一个交变磁场，当金属物体（检测物体）接近这一磁场（开关感应面）、达到相应的距离时，会在金属检测物体内部产生涡流反作用于接近开关，使开关的振荡能力减弱，直到停振。这种变化被后级电路处理成开关信号，触发驱动控制器，达到识别有无物体靠近、进而控制开关通断的目的。

（2）霍尔式接近开关

霍尔式接近开关是以霍尔元件为主要元件，根据霍尔效应而制成的有开关量输出的位置传感器，如图 5-26 所示。它能在磁场作用下，将磁输入信号转换成实际应用信号。当外界磁感应强度达到一定值时，霍尔开关内部触发器翻转，驱动内部晶体管工作，输出电平状态随之翻转。

（3）光电式接近开关

光电式接近开关是利用被检测物体对调制的红外光束的遮光或者反射，由同步回路接通电路，从而检测物体的有或无。当检测物体经过检测区时，红外光电开关的输出状态会翻转，以达到自动检测的目的，如图 5-27 所示。

图 5-25　电感式接近开关　　　　图 5-26　霍尔式接近开关　　　　图 5-27　光电式接近开关

4．接近开关的发展

由于市场需求和性价比等原因，由分布式器件组成的接近开关还有一定的市场空间。随着科技和工业需求的发展，这种一致性差、体积庞大的器件已经不能满足要求。从该领域的发展来看，高精度、高可靠性、微型化、低功耗以及无源化成为接近开关新的发展方向，其最终将向智能化、数字化、集成化方向发展。

5.6.2　电动机制动

在本系统中，使用三相异步电动机驱动运料小车行驶到指定的位置。本设计中对电动机制动的要求不高，并没有使用专门的制动方法。但是，在某些场合，三相电动机的制动是比较重要的，下面作为对设计的扩展，简单地介绍三相电动机的几种制动原理。

三相异步电动机和直流电动机一样，也有再生回馈制动、反接制动和能耗制动 3 种制动方式。它们的共同点是电动机的转矩 M 和转速 n 的方向相反，以实现制动。此时，电动机由轴上吸收机械能，并转换成电能。

1．再生回馈制动

再生回馈制动是在外加转矩的作用下，转子转速超过同步转速，电磁转矩改变方向成为制动转矩的运行状态。再生回馈制动与反接制动和能耗制动不同，不能将电动机制动到停止状态。

当电网的频率突然下降或者电动机的极数突然增多，电动机可能工作在发电状态，此时电动机将机械能转化成电能回馈电网。如图 5-28 所示，电动机在电动状态下运行在 P_1 点，在突然变极或变频时，电动机的工作特性突变到 a 段，

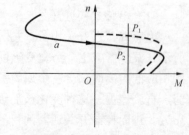

图 5-28　一种再生回馈制动

电动机的转矩突然变负，表现为制动作用，直到最后重新稳定工作在 P_2 点为止，电动机又回到电动状态。

如图 5-29 所示，电动机在位能负载的作用下，其转速高于同步转速时，电动机的输出转矩变成负的，电动机由轴上吸收机械能，直到电动机的转矩和负载位能转矩平衡，电动机稳定运行。此时电动机以高于同步转速的速度运行。在转子电路中接入不同的电阻，可以得到不同的人为机械特性，并可得到不同的稳定转速，串入的电阻越大，稳定转速越高。

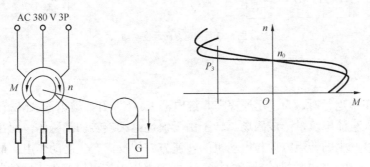

图 5-29　位能负载作用下的再生回馈制动

2．反接制动

反接制动是将电动机定子 3 根电源线中的任意两根对调而使得电动机的输出转矩反向，或者在转子电路上串接较大的附加电阻使转矩反向，产生制动。

（1）电源两相反接制动

如图 5-30 所示，电动机在 P_1 点稳定运行，将电动机定子 3 根电源线中的任意两根对调，使旋转磁场反向、电动机的转矩反向，起制动作用，电动机运行在 a 线段。当电动机制动停止时，应及时将电动机与电网分开，否则电动机反转。这种制动方法的特点是制动效果强，但是能量损耗大，准确度差。

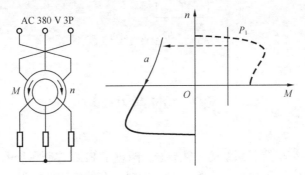

图 5-30　电源两相反接制动

（2）转速方向反接制动

电动机在位能负载的作用下，在电动机的转子电路中串入较大的电阻，此时负载拉着电动机沿与转矩相反的方向旋转，电动机起制动作用，电动机能稳定运行在 P_2 点，如图 5-31 所示。串入的电阻大小不同，取得的制动转速不同。

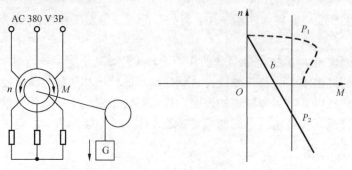

图 5-31 转速方向反接制动

3．能耗制动

电动机在正常运行时，为了迅速停车，继电器 KM1 断开，继电器 KM2 闭合，在电动机定子绕组中通入直流电流，形成磁场。转子由于惯性继续旋转切割磁场，而在转子中形成感应电势和电流，产生的转矩方向与电动机的转速方向相反，产生制动作用，最终使电动机停止，如图 5-32 所示。在电动机的定子中接入不同的直流电流可以产生不同的制动转矩。这种制动方式的特点是电动机的转速下降为零时，制动转矩也将为零，所以能耗制动能使电动机准确停车。

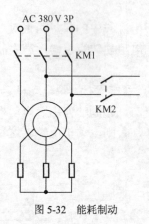

图 5-32 能耗制动

5.7 本章小结

本章介绍了运料小车控制系统的工艺要求，阐述了 PLC 控制系统的工程设计方法，使用三菱 FX_{2N} 系列 PLC 完成了包含 6 个作业点的运料小车控制系统的设计。通过本章的学习，读者应该掌握 PLC 控制系统设计的基本方法和步骤，理解电动机正反转的控制方法，初步熟悉三菱 FX_{2N} 系列 PLC 的指令系统并能设计简单的控制系统。

第6章 PLC过滤流程控制系统

含油污水是石油开采过程中的一种伴生产物,它对环境有很大的影响。为了避免对环境的污染,含油污水必须得到妥善的处理。目前国内各油田对含油污水的处理基本上都包括加药、沉降、过滤、回注等工序。本章将在过滤流程控制系统的模型上,分析该系统的工业控制要求,选取三菱公司的PLC作为控制器,完成该系统的模拟设计。

6.1 控制系统工艺要求

本章所设计的过滤流程控制系统需满足含油污水处理的工艺要求,同时还需满足设备控制的要求。

6.1.1 沉降、过滤过程的工艺流程

沉降和过滤过程:含油污水经过加药处理后,污水中会形成许多絮凝物。加药后的污水进入沉降罐。污水中的杂质在沉降罐中沉淀,上层清液由沉降罐顶部流出,经过加压泵后,进入精细过滤器过滤。经过过滤器过滤的清液可以达到要求的技术指标。沉降罐运行过程中底部的污泥需要定时排出。

沉降罐底部圆周上均匀分布着4个排污阀,在设定的循环周期中,4个排污阀依次打开,将沉降罐底部的污泥排出。精细过滤器是内部填充有多层滤料的承压罐,一级采用6～10个过滤器并联运行。过滤器分时间进行反冲洗操作,这样可以保证整个流程连续不断地运行。过滤器从开始进水过滤开始,到反冲洗完成为一个周期。工艺流程图如图6-1所示。

1. 沉降罐(见图6-2)排污流程

(1)沉降

水进入沉降罐中,将大部分杂质沉淀到罐底,上层清液由顶部的出水口排出,进入下一道处理工序。

(2)排污

沉降过程运行一定的时间后,需要将底部的4个排污阀依次打开,将罐底的污泥排出。排污过程不影响沉降过程。

2. 过滤器(见图6-3)过滤流程

(1)过滤

经过沉降处理的污水进入过滤器中,过滤进水阀和出水阀打开。污水经过加压泵加压后,

由过滤进水阀进入过滤器。经过过滤层过滤后，再经过出水阀流出，进入清水罐储存起来。

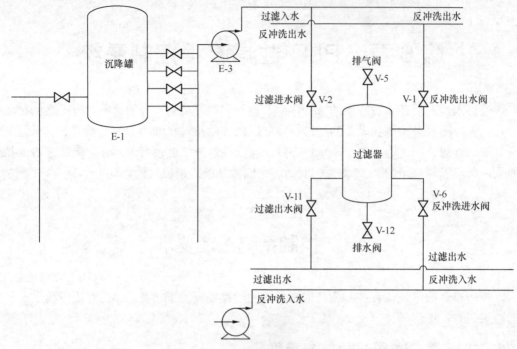

图 6-1　过滤工艺流程图

图 6-2　沉降罐

图 6-3　过滤器

（2）排水

当过滤器运行一段时间后，需要反冲洗。首先需要将过滤器中的水排出。排水时，过滤进水阀和出水阀阀门关闭，然后排水和排气阀打开，将过滤器中的污水排出。

（3）反冲洗

当过滤器中的水排出后，将排水和排气阀关闭，再将反冲洗泵打开，并将过滤器的反冲洗进水阀和出水阀打开，反冲洗过程开始。

6.1.2　设备控制要求

本实例所有设备都具有自动或手动功能。当设备处于自动工作方式时，所有设备按 PLC

程序中设定的时间间隔工作。在设备处于手动工作方式时，操作员可以使用控制盘上的按钮控制设备工作。

1．设备控制原理

（1）沉降罐的控制

沉降罐的控制分为自动和手动两种控制方式。这两种方式都是 PLC 按程序设定好的操作顺序、依次控制沉降罐阀门的开启和关闭。

自动状态：当某一个沉降罐的工作方式选择开关置于自动的位置时，该沉降罐处于自动控制状态。该沉降罐按照定时器设定好的时间间隔自动操作，不需要操作员的干预。

手动状态：当某一个沉降罐的工作方式选择开关置于手动的位置时，该沉降罐处于手动控制状态。该沉降罐不会按照定时器设定好的时间间隔自动操作，而在任何需要的时候，均可中断沉降罐的排污过程。在下一次启动时将从上一次被中断的阀开始。

（2）过滤罐的控制

过滤罐的控制分为自动、手动和差压 3 种控制方式。这 3 种方式都是由 PLC 按程序设定好的操作顺序、控制过滤罐阀门的开启和关闭，不需要操作人员在现场手动开启或关闭阀门。

自动状态：当某一个过滤罐的工作方式选择开关置于自动的位置时，该过滤罐处于自动控制状态。该过滤罐按照定时器设定好的时间间隔自动操作，不需要操作员的干预。

手动状态：当某一个过滤罐的工作方式选择开关置于手动的位置时，该过滤罐处于手动控制状态。该过滤罐需要操作员通过仪表盘上的按钮来启动，使其自动完成反冲洗过程。

差压控制状态：无论过滤罐的方式选择开关处于何种状态，当该过滤罐上的差压开关动作后，仪表盘上的差压报警指示灯点亮，并且自动开始过滤罐的反冲洗过程。

当有过滤罐在反冲洗时，以上的控制都不起作用，只有反冲洗停止后才起作用；在任何时候，均可以中断过滤罐的反冲洗过程。

2．系统组成

在中央控制室设有一面控制盘。控制盘上有用于控制操作的开关、按钮和定时器，以及用于显示工作状态的指示灯等控制设备。控制盘内安装有一套三菱公司的 FX 系列 PLC，PLC 输出节点通过电线和现场的控制设备连接。控制阀门采用气动蝶阀，控制电磁阀采用两位五通单电控电磁阀。

6.2　相关知识点

本节主要介绍实现控制系统软件设计所需的程序流程控制指令、移位指令和求反指令。

6.2.1　指令 CALL、SRET

子程序调用指令：CALL、SRET（FNC01、FNC02）。

（1）指令格式

该指令的指令名称、助记符、功能号、操作数及程序步长见表 6-1。

表 6-1 子程序调用指令表

指 令 名 称	助记符、功能号	操 作 数	程 序 步 长
子程序调用	FNC01 CALL $\boxed{P}$	FX$_{0S}$、FX$_{0N}$、FX$_{1S}$、FX$_{2S}$：指针 P0～P62（允许变址）；FX$_{1N}$、FX$_{2N}$、FX$_{3UC}$：P0～P127；P63 为 END，不作指针	CALL $\boxed{P}$：3 步
子程序返回	FNC02 SRET	无	1 步

（2）指令说明

CALL 指令为子程序调用指令，子程序调用指令 CALL 一般安排在主程序中，子程序的结束用 END 指令。子程序的开始以 P×× 指针标记，最后由 SRET 指令返回主程序。

6.2.2 移位指令

1. 循环右移指令［ROR（FNC30）］

（1）指令格式

该指令的指令名称、助记符、功能号、操作数及程序步长见表 6-2。

表 6-2 循环右移指令表

指令名称	助记符、功能号	操 作 数		程序步长	备 注
		[D.]	n		
循环右移	FNC30 DRORP	KnY、KnM、KnS、T、C、D、V、Z	K、H $n\leqslant16$（16 位） $n\leqslant32$（32 位）	16 位——5 步 32 位——9 步	① 16/32 位指令 ② 脉冲/连续执行 ③ 影 响 标 志：M8022

（2）指令说明

使用循环右移指令时，若执行条件满足，则[D.]内的各位数据向右移 n 位，最后一次从最低位移出的状态存于进位标志 M8022 中。循环右移指令中的[D.]可以是 16 位数据寄存器，也可以是 32 位数据寄存器。RORP 为脉冲型指令，ROR 为连续型指令，其循环移位操作每个周期执行一次。若在目标元件中指定"位"数，则只能用 K4（16 位指令）和 K8（32 位指令）表示。

2. 循环左移指令［ROL（FNC31）］

（1）指令格式

该指令的指令名称、助记符、功能号、操作数及程序步长见表 6-3。

（2）指令说明

使用循环左移指令时，当执行条件满足，则[D.]内的各位数据向左移 n 位，最后一次从最高位移出的状态存于进位标志 M8022 中。和循环右移指令一样，[D.]可以是 16 位数据寄存器，也可以是 32 位数据寄存器，有脉冲型和连续型指令。若目标元件中指定"位"数，则用 K4（16 位指令）和 K8（32 位指令）表示。

表 6-3　　　　　　　　　　　　　循环左移指令表

指令名称	助记符、功能号	操作数		程序步长	备　注
		[D.]	n		
循环左移	FNC31 DROLP	KnY、KnM、 KnS、T、C、 D、V、Z	K、H $n \leqslant 16$（16 位） $n \leqslant 32$（32 位）	16 位——5 步 32 位——9 步	① 16/32 位指令 ② 脉冲/连续执行 ③ 影响标志： M8022

3．带进位的循环右移、左移指令[RCR、RCL（FNC32、FNC33）]

（1）指令格式

这两条指令的指令名称、助记符、功能号、操作数及程序步长见表 6-4。这两条指令仅适用于 FX$_{2N}$、FX$_{3UC}$。

表 6-4　　　　　　　　　　带进位的循环右移、左移指令表

指令名称	助记符、功能号	操作数		程序步长	备　注
		[D.]	n		
带进位循环右移	FNC32 DRCRP	KnY、Kn、 KnS、T、C、 D、V、Z	K、H $n \leqslant 16$（16 位） $n \leqslant 32$（32 位）	16 位——5 步 32 位——9 步	① 16/32 位指令 ② 脉冲/连续执行 ③ 影 响 标 志： M8022
带进位循环左移	FNC33 DRCLP				

（2）指令说明

带进位的循环左移是用来移位的指令，当执行条件满足时，[D.]中的各位数据向左移 n 位，若 n=K4，则向左移动 4 位，此时，是带着进位 M8022 一起移位的。RCL 为连续型指令，而 RCLP 是脉冲型指令。带进位的循环右移指令的功能与左移相似。

操作数[D.]中的数据寄存器可以是 16 位或 32 位。若用位元件表示，则用 K4（16 位）或 K8（32 位）表示，如 K4Y10、K8M0。

4．位右移、位左移指令[SFTR、SFTL（FNC34、FNC35）]

（1）指令格式

这两条指令的指令名称、助记符、功能号、操作数及程序步长见表 6-5。

表 6-5　　　　　　　　　　　　　位移位指令表

指令名称	助记符、功能号	操作数				程序步长	备　注
		[S.]	[D.]	n_1	n_2		
位右移	FNC34 SFTRP	X、Y、M、 S	Y、M、S	K、H $n_2 \leqslant n_1 \leqslant 1\,024$		16 位——7 步	① 32 位指令 ② 脉冲/连续 执行
位左移	FNC35 SFTLP						

（2）指令说明

SFTR 和 SFTL 这两条指令使位元件中的状态向右、向左移位，n_1 指定位元件长度，n_2 指定移位的位数，且 $n_2 \leqslant n_1 \leqslant 1024$。

5. 字右移、字左移指令[WSFR、WSFL（FNC36、FNC37）]

（1）指令格式

这两条指令的指令名称、助记符、功能号、操作数及程序步长见表 6-6。这两个指令仅适用于 FX$_{2N}$、FX$_{3UC}$。

表 6-6　　　　　　　　　　　　字移位指令表

指令名称	助记符、功能号	操作数				程序步长	备　注
		[S.]	[D.]	n_1	n_2		
字右移	FNC36 WSFRP	KnX、KnY、KnM、KnS、T、C、D	KnY、KnM、KnS、T、C、D	K、H $n_2 \leqslant n_1 \leqslant 512$		16位——9步	① 16 位指令 ② 脉冲/连续执行
字左移	FNC37 WSFLP						

（2）指令说明

字左、右移指令的功能与位左、右移指令相似，所不同的是，位的左、右移动指令是指将指定位元件的状态向左或向右移动，而字的左、右移动是以字为单位向左或向右移动。指令说明和使用注意点可以参见位左移或右移指令的说明。

6. 移位写入、移位读出指令[SFWR（FNC38）、SFRD（FNC39）]

（1）指令格式

该指令的指令名称、助记符、功能号、操作数及程序步长见表 6-7。

表 6-7　　　　　　　　　　　移位写入、移位读出指令表

指令名称	助记符、功能号	操作数			程序步长	备　注
		[S.]	[D.]	n		
移位写入（先入先出写入）	FNC38 SFWRP	KnX、KnY、KnM、KnS、K、H、T、C、D、V、Z	KnY、KnM、KnS、T、C、D	K、H $2 \leqslant n \leqslant 512$	16位——7步	① 32 位指令 ② 脉冲/连续指令
移位读出（先入先出读出）	FNC39 SFRDP	KnY、KnM、KnS、T、C、D	KnY、KnM、KnS、T、C、D、V、Z	K、H $2 \leqslant n \leqslant 512$	16位——7步	① 32 位指令 ② 脉冲/连续指令

（2）指令说明

移位写入（先入先出写入）是控制数据写入的指令，其功能说明如图 6-4 所示。当 X0 由 OFF→ON 时，将[S.]所指定的 D0 数据存储在 D2 内，D1 的内容变为 1（执行该指令前预先将 D1 复位成 0）。当 D0 的数据发生变更后，X0 再一次由 OFF→ON 时，又将 D0 的数据

存储在 D3 中，而 D1 指针的内容被置为 2。以此类推，源数据 D0 数据依次写入数据存储器中。D1 内的数为数据存储点数，如超过 $n-1$ 则不处理，同时进位标志 M8022 动作。若连续指令执行时，则在各个扫描周期都执行。

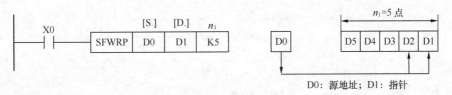

图 6-4 移位写入（先入先出写入）指令功能说明

移位读出（先入先出读出）指令的功能说明如图 6-5 所示。该指令用 SFRD 表示，当 X0 从 OFF→ON 时，将 D2 的内容传送到 D10 中，与此同时指针 D1 的内容减少，左侧的数据逐字向右侧移动。数据的读出通常从 D2 开始。指针的内容为 0 时不处理，同时零点标志 M8020 动作。

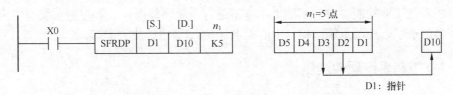

图 6-5 移位读出（先入先出读出）指令功能说明

6.2.3 求反指令 CML

求反传送指令：CML（FNC14）。

（1）指令格式

该指令的指令名称、助记符、功能号、操作数及程序步长见表 6-8。该指令仅适用于 FX_{2N}、FX_{3UC}。

表 6-8　　　　　　　　　　　　　　求反传送指令表

指令名称	助记符、功能号	操作　数		程序步长	备　注
		[S.]	[D.]		
反向传送（或取反传送）	FNC14 DCMLP	K、H、KnX、KnY、KnM、KnS、T、C、D、V、Z、X、Y、M、S	KnY、KnM、KnS、T、C、D、V、Z	16 位——5 步 32 位——9 步	① 16/32 位指令 ② 脉冲/连续执行

（2）指令说明

图 6-6 所示为求反传送指令的功能说明。当 X0 为"ON"时，将[S.]求反后传送到[D.]，即把操作数源数据（二进制数）每位取反后送到目标数据中。若源数据为常数，将自动地转换成二进制数。CML 为连续执行型指令，CMLP 为脉冲执行型指令。当进行 32 位数据传送时，采用 DCML 指令。本指令可作为 PLC 的输入求反或输出求反指令。

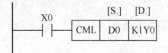
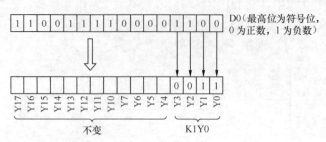

图 6-6　求反传送指令功能说明

6.3　控制系统硬件设计

在分析系统工业控制要求的基础上，本节进行系统硬件设计。本控制系统硬件设计包括中心控制器的选型、控制系统结构、中心控制器输入/输出模块分配等。

6.3.1　控制系统硬件选型

1．中心控制器

由于过滤流程控制系统需要 32 个数字量输入信号端口和 96 个数字量输出信号端口，本系统选择了三菱 FX_{2N}-128MR 作为该系统的核心控制器。其实物图如图 6-7 所示。

2．控制系统结构

控制系统结构图如图 6-8 所示。

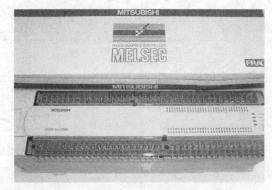

图 6-7　FX2N-128MR

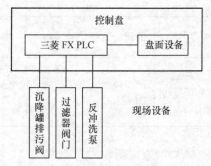

图 6-8　控制系统结构图

3．中心控制器输入/输出模块分配

输入/输出（I/O）模块分配如表 6-9、表 6-10 所示。

表 6-9 输入模块地址分配表

输 入 地 址	对应输入模块
X0～X17	输入模块 1
X20～X37	输入模块 2

表 6-10 输出模块地址分配表

输 出 地 址	对应输出模块
Y0～Y17	输出模块 1
Y20～Y37	输出模块 2
Y40～Y57	输出模块 3
Y60～Y77	输出模块 4
Y80～Y97	输出模块 5
Y100～Y117	输出模块 6

4. 内部继电器分配

内部继电器分配如表 6-11 所示。

表 6-11 内部继电器分配表

内部继电器	对 应 功 能	内部继电器	对 应 功 能
M0	反冲洗罐启动按钮微分位	M21	反冲洗罐启动按钮按下标志
M1	沉降罐启动按钮微分位	M22	反冲洗罐子程序2完成1个罐的操作后定时器复位
M2	右选按钮微分位	M23	反冲洗罐子程序2完成1次操作后定时器复位
M3	左选按钮微分位	M24	冲洗次数完成1次标志
M4	子程序1完成标志微分位	M25	冲洗次数完成2次标志
M5	子程序2完成标志微分位	M26	冲洗次数完成3次标志
M6	停反冲洗罐按钮按下后保持定时器置位	M27	一个罐的反冲洗过程完成标志
M7	自动排污过程启动微分位	M28	停反冲洗罐按钮按下后强迫子程序 2 完成
M8	反冲洗罐标志	M29	反冲洗罐启动、离线，排水标志
M9	沉降罐标志	M30	1号反冲洗罐进水阀控制位
M12	沉降罐自动排污正在进行标志	M31	1号反冲洗罐出水阀控制位
M13	沉降罐手动排污正在进行标志	M32	1号反冲洗罐反洗进水阀控制位
M14	沉降罐子程序1结束标志	M33	1号反冲洗罐反洗出水阀控制位
M15	沉降罐启动按钮按下标志	M34	1号反冲洗罐排水阀控制位
M16	沉降罐操作完成后，定时器复位	M35	1号反冲洗罐排气阀控制位
M17	反冲洗罐自动反冲洗正在进行标志	M36	1号沉降罐1号排污阀控制位
M18	反冲洗罐手动反冲洗正在进行标志	M37	1号沉降罐2号排污阀控制位
M19	反冲洗罐差压控制反冲洗正在进行标志	M38	1号沉降罐3号排污阀控制位
M20	反冲洗罐子程序2结束标志	M39	1号沉降罐4号排污阀控制位

5. 定时器分配

定时器分配如表 6-12 所示。

表 6-12 定时器分配表

定时器	对 应 功 能	定时器	对 应 功 能
T0	反冲洗罐反冲洗周期定时器　复位时间，1s	T7	反冲洗时间定时器，8min
T1	沉降罐排污周期定时器　复位时间，1s	T8	排气、排水阀关闭到进/出水阀打开之间延迟，5s
T2	停反冲洗罐时反冲洗罐进水阀延迟定时器，5s	T9	静置时间，60s
T3	反冲洗罐离线等待时间，30s	T10	1 号排污阀排污时间定时器，5min
T4	反冲洗罐进水阀关闭到排水阀打开延迟时间，30s	T11	2 号排污阀排污时间定时器，5min
T5	反冲洗罐排水时间，8min	T12	3 号排污阀排污时间定时器，5min
T6	反冲洗罐打开到排气阀打开之间延迟时间，5s	T13	4 号排污阀排污时间定时器，5min

6.3.2　电气原理图

电气接线图及 I/O 资源分配如图 6-9 所示。

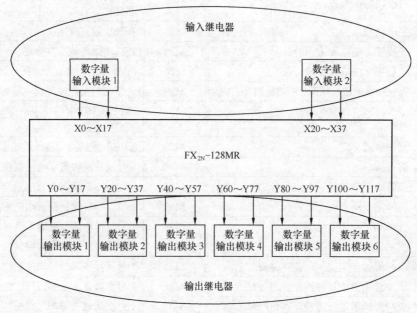

图 6-9　控制系统外部接线图

6.4 控制系统软件设计

在以三菱 PLC 为核心的过滤流程控制系统硬件选型后，为了配合完成该系统的预定功能，本节将重点介绍该系统功能实现的软件流程图及具体的软件实现。

6.4.1 控制系统 I/O 分配

输入地址分配和输出地址分配分别如表 6-13～表 6-20 所示。

表 6-13　　　　　　　　数字量输入模块 1 输入地址分配表

输 入 地 址	对应输入设备	输 入 地 址	对应输入设备
X0	1 号反冲洗罐差压开关	X10	启动过滤罐
X1	2 号反冲洗罐差压开关	X11	启动沉降罐
X2	3 号反冲洗罐差压开关	X12	停止过滤罐
X3	4 号反冲洗罐差压开关	X13	停止沉降罐
X4	5 号反冲洗罐差压开关	X14	M202 自动工作信号
X5	6 号反冲洗罐差压开关	X15	7 号反冲洗罐差压开关
X6	<<选择	X16	8 号反冲洗罐差压开关
X7	>>选择	X17	备用

表 6-14　　　　　　　　数字量输入模块 2 输入地址分配表

输 入 地 址	对应输入设备	输 入 地 址	对应输入设备
X20	1 号罐手动/自动选择开关	X30	冲洗次数选择开关
X21	2 号罐手动/自动选择开关	X31	冲洗次数选择开关
X22	3 号罐手动/自动选择开关	X32	定时器 1 输出（过滤罐）
X23	4 号罐手动/自动选择开关	X33	定时器 2 输出（沉降罐）
X24	5 号罐手动/自动选择开关	X34	7 号罐手动/自动选择开关
X25	6 号罐手动/自动选择开关	X35	8 号罐手动/自动选择开关
X26	1 号沉降罐手动/自动选择开关	X36	3 号沉降罐手动/自动选择开关
X27	2 号沉降罐手动/自动选择开关	X37	4 号沉降罐手动/自动选择开关

表 6-15　　　　　　　　数字量输出模块 1 输出地址分配表

输 出 地 址	对应输出设备	输 出 地 址	对应输出设备
Y0	1 号沉降罐显示	Y10	2 号沉降罐 3 号排污阀
Y1	1 号沉降罐 1 号排污阀	Y11	2 号沉降罐 4 号排污阀
Y2	1 号沉降罐 2 号排污阀	Y12	离线排水

续表

输 出 地 址	对应输出设备	输 出 地 址	对应输出设备
Y3	1 号沉降罐 3 号排污阀	Y13	冲洗过滤
Y4	1 号沉降罐 4 号排污阀	Y14	反冲洗罐定时器
Y5	2 号沉降罐显示	Y15	沉降罐定时器
Y6	2 号沉降罐 1 号排污阀	Y16	排污指示灯
Y7	2 号沉降罐 2 号排污阀	Y17	备用

表 6-16　　　　　　　数字量输出模块 2 输出地址分配表

输 出 地 址	对应输出设备	输 出 地 址	对应输出设备
Y20	1 号反冲洗罐进水阀	Y30	2 号反冲洗罐出水阀
Y21	1 号反冲洗罐出水阀	Y31	2 号反冲洗罐反洗进水阀
Y22	1 号反冲洗罐反洗进水阀	Y32	2 号反冲洗罐反洗出水阀
Y23	1 号反冲洗罐反洗出水阀	Y33	2 号反冲洗罐排水阀
Y24	1 号反冲洗罐排水阀	Y34	2 号反冲洗罐排气阀
Y25	1 号反冲洗罐排气阀	Y35	2 号反冲洗罐指示灯
Y26	1 号反冲洗罐指示灯	Y36	差压报警显示
Y27	2 号反冲洗罐进水阀	Y37	备用

表 6-17　　　　　　　数字量输出模块 3 输出地址分配表

输 出 地 址	对应输出设备	输 出 地 址	对应输出设备
Y40	3 号反冲洗罐进水阀	Y50	4 号反冲洗罐出水阀
Y41	3 号反冲洗罐出水阀	Y51	4 号反冲洗罐反洗进水阀
Y42	3 号反冲洗罐反洗进水阀	Y52	4 号反冲洗罐反洗出水阀
Y43	3 号反冲洗罐反洗出水阀	Y53	4 号反冲洗罐排水阀
Y44	3 号反冲洗罐排水阀	Y54	4 号反冲洗罐排气阀
Y45	3 号反冲洗罐排气阀	Y55	4 号反冲洗罐指示灯
Y46	3 号反冲洗罐指示灯	Y56	启动反冲洗泵
Y47	4 号反冲洗罐进水阀	Y57	备用

表 6-18　　　　　　　数字量输出模块 4 输出地址分配表

输 出 地 址	对应输出设备	输 出 地 址	对应输出设备
Y60	5 号反冲洗罐进水阀	Y70	6 号反冲洗罐出水阀
Y61	5 号反冲洗罐出水阀	Y71	6 号反冲洗罐反洗进水阀
Y62	5 号反冲洗罐反洗进水阀	Y72	6 号反冲洗罐反洗出水阀
Y63	5 号反冲洗罐反洗出水阀	Y73	6 号反冲洗罐排水阀
Y64	5 号反冲洗罐排水阀	Y74	6 号反冲洗罐排气阀
Y65	5 号反冲洗罐排气阀	Y75	6 号反冲洗罐指示灯

续表

输 出 地 址	对应输出设备	输 出 地 址	对应输出设备
Y66	5 号反冲洗罐指示灯	Y76	备用
Y67	6 号反冲洗罐进水阀	Y77	备用

表 6-19　　　　　　　　　　**数字量输出模块 5 输出地址分配表**

输 出 地 址	对应输出设备	输 出 地 址	对应输出设备
Y80	7 号反冲洗罐进水阀	Y90	8 号反冲洗罐出水阀
Y81	7 号反冲洗罐出水阀	Y91	8 号反冲洗罐反洗进水阀
Y82	7 号反冲洗罐反洗进水阀	Y92	8 号反冲洗罐反洗出水阀
Y83	7 号反冲洗罐反洗出水阀	Y93	8 号反冲洗罐排水阀
Y84	7 号反冲洗罐排水阀	Y94	8 号反冲洗罐排气阀
Y85	7 号反冲洗罐排气阀	Y95	8 号反冲洗罐指示灯
Y86	7 号反冲洗罐指示灯	Y96	备用
Y87	8 号反冲洗罐进水阀	Y97	备用

表 6-20　　　　　　　　　　**数字量输出模块 6 输出地址分配表**

输 出 地 址	对应输出设备	输 出 地 址	对应输出设备
Y100	3 号沉降罐显示	Y110	4 号沉降罐 3 号排污阀
Y101	3 号沉降罐 1 号排污阀	Y111	4 号沉降罐 4 号排污阀
Y102	3 号沉降罐 2 号排污阀	Y112	工作指示
Y103	3 号沉降罐 3 号排污阀	Y113	备用
Y104	3 号沉降罐 4 号排污阀	Y114	备用
Y105	4 号沉降罐显示	Y115	备用
Y106	4 号沉降罐 1 号排污阀	Y116	备用
Y107	4 号沉降罐 2 号排污阀	Y117	备用

6.4.2　系统软件设计

1. 流程图

（1）沉降罐排污流程图

根据控制系统要求，设定手动或自动两种状态来启动沉降罐的排污过程，沉降罐的排污流程如图 6-10 所示。

（2）过滤器反冲洗流程图

过滤器反冲洗过程同样分为自动控制和手动控制。自动控制是在 PLC 程序的控制下，过滤器按预先设定的时间间隔开始反冲洗过程；手动控制由操作员通过控制盘上的按钮来启动过滤器的反冲洗过程。过滤器的反冲洗流程如图 6-11 所示。

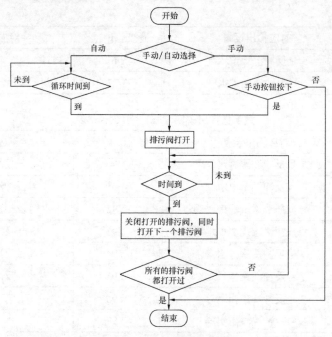

图 6-10　沉降罐排污流程图

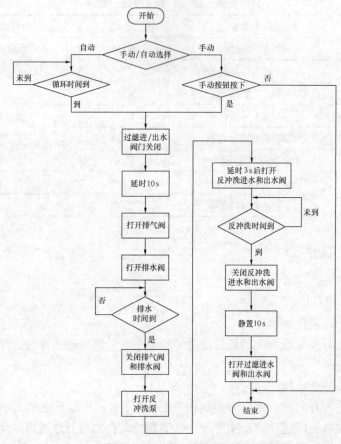

图 6-11　过滤器反冲洗流程图

2．源程序

整个系统程序由一个主程序和两个子程序组成：主程序完成对整个工艺流程的控制，子程序 1 完成沉降罐排污流程，子程序 2 完成反冲洗罐反冲洗过程。

（1）主程序

程序块一：调用子程序 1

控制系统正在进行沉降罐排污流程时，调用子程序 1，其梯形图如图 6-12 所示。

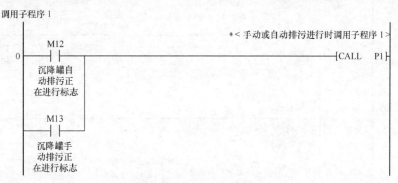

图 6-12　调用子程序 1 梯形图

程序块二：调用子程序 2

当反冲洗罐自动反冲洗、手动反冲洗或反冲洗罐差压控制反冲洗正在进行时，调用子程序 2，其梯形图如图 6-13 所示。

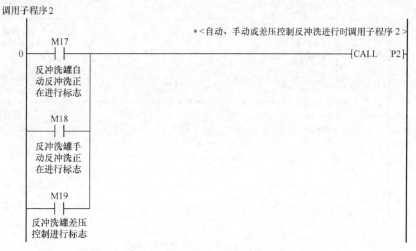

图 6-13　调用子程序 2 梯形图

程序块三：1 号反冲洗罐

当 1 号反冲洗罐标志位和 1 号反冲洗罐进水阀标志位、出水阀标志位、反洗进水阀标志位、反洗出水阀标志位、排水阀标志位或排气阀标志位二者都为"ON"时，其相应的阀门打开（其余反冲洗罐与 1 号反冲洗罐的运行类似），其梯形图如图 6-14 所示。

程序块四：1 号沉降罐

在控制系统的 1 号沉降罐标志位为"ON"且子程序 1 结束后，1 号沉降罐的 1～4 号排污阀标志位分别为"ON"时，其对应的阀门打开（其余沉降罐的运行与1号沉降罐的运行类似），其梯形图如图6-15所示。

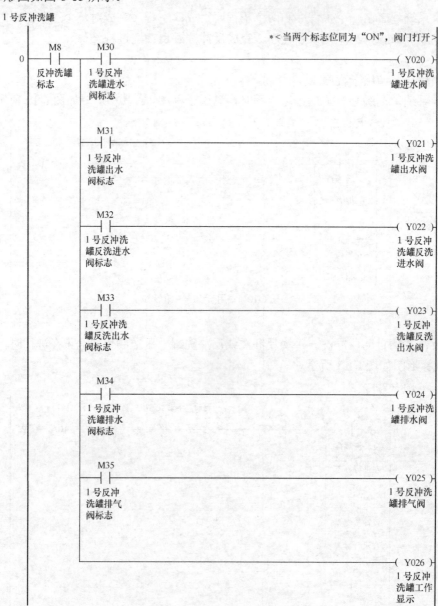

图 6-14　1号反冲洗罐程序梯形图

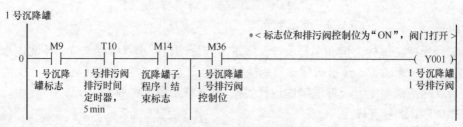

图 6-15　1号沉降罐程序梯形图

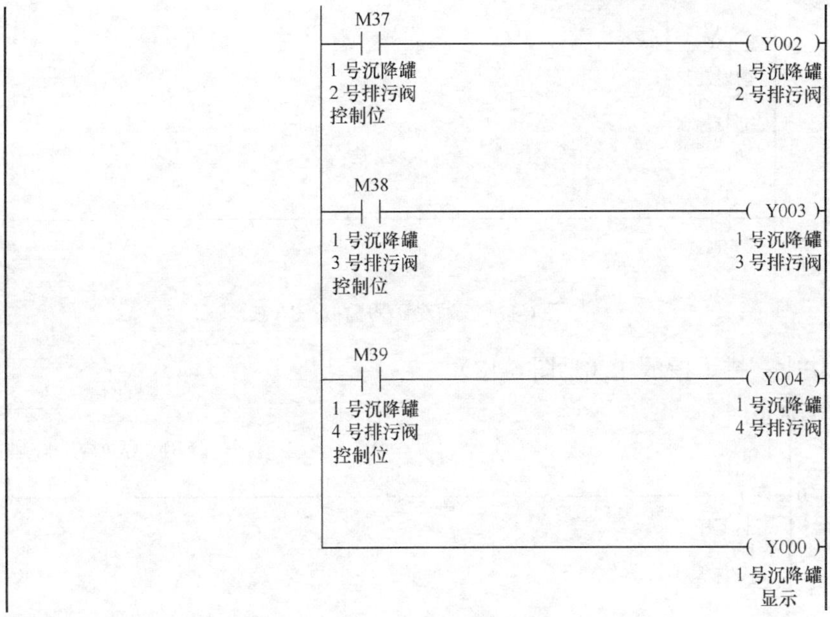

图 6-15　1 号沉降罐程序梯形图（续）

程序块五：冲洗过滤

当子程序 2 中的阀门控制位为"ON"时，冲洗过滤流程开始，其梯形图如图 6-16 所示。

冲洗过滤

```
                                              *<当 M31 为"ON"，开始冲洗过滤>
      M31
0 ──┤├──────────────────────────────────────( Y013 )
    1号反冲                                      冲洗过滤
    洗罐出水
    阀控制位
```

图 6-16　冲洗过滤程序梯形图

程序块六：反冲洗泵

当反冲洗罐在自动控制、手动控制及差压控制 3 种状态下反冲洗运行一段时间后，将启动反冲洗泵，其梯形图如图 6-17 所示。

反冲洗泵

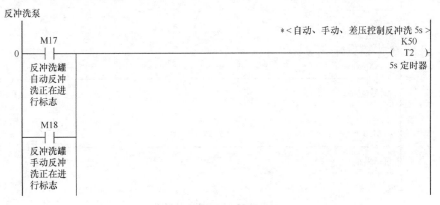

图 6-17　反冲洗泵程序梯形图

図 6-17 反冲洗泵程序梯形图（续）

程序块七：排污指示灯（见图 6-18）

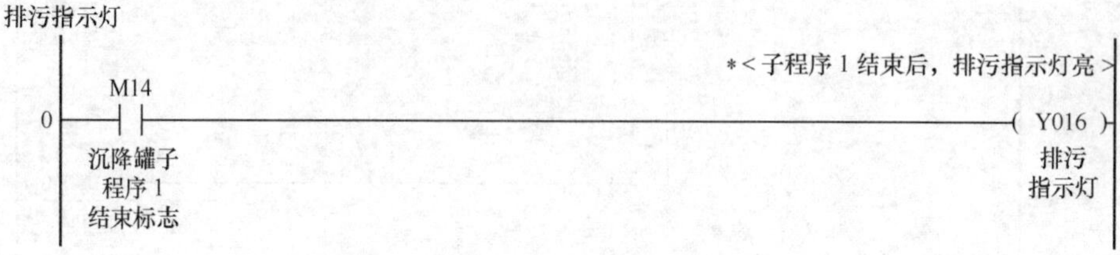

图 6-18 排污指示灯程序梯形图

（2）子程序 1

该程序完成对沉降罐的排污操作，排污时间为 5 min，共 4 次，P1 是子程序指针，其梯形图如图 6-19 所示。

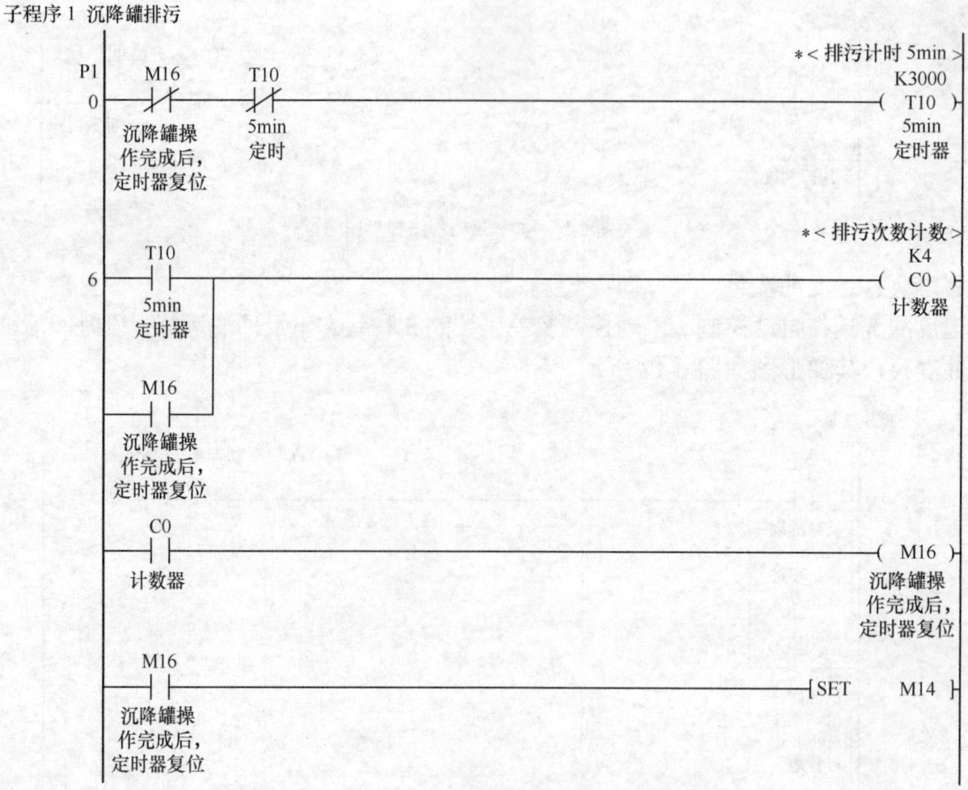

图 6-19 子程序 1 梯形图

（3）子程序2

该程序完成反冲洗罐的反冲洗流程。反冲洗罐离线等待30s后关闭进水阀和出水阀；30s后排水阀打开，排水8min后关闭排水阀；排水阀打开5s后打开排气阀，排水8min后关闭排气阀；排水完毕5s后打开反洗进水阀和出水阀，反洗8min后关闭反洗进水阀和排水阀；反洗完毕后静置60s，完成一次反冲洗，标志位置位，一共进行3次；P2是子程序指针。其梯形图如图6-20所示。

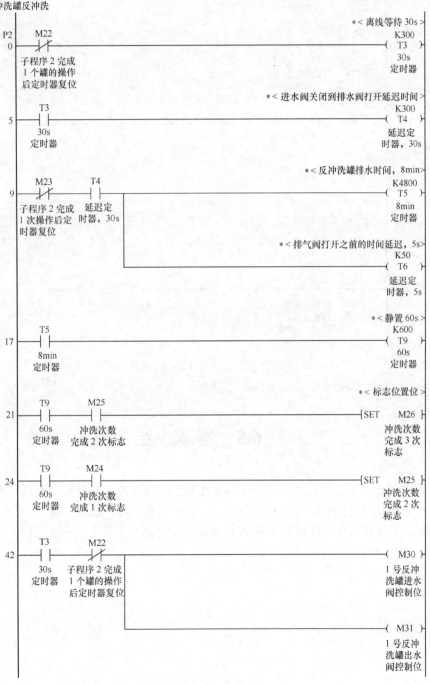

图6-20 子程序2梯形图

```
46   T4        T5                                              ( M34 )
     ┤├───────┤/├─────────────────────────────────────────     1号反冲
   延迟定时    8min                                              洗罐排水
   器，30s    定时器                                             阀控制位

49   T6        T5                                              ( M35 )
     ┤├───────┤/├─────────────────────────────────────────     1号反冲
   延迟定时    8min                                              洗罐排气
   器，5s     定时器                                             阀控制位

52   T8        T7                                              ( M32 )
     ┤├───────┤/├────────────────┬────────────────────────     1号反冲
   延迟定时   反冲洗时            │                              罐反洗进水
   器，5s    间定时器，          │                              阀控制位
            8min                │
                                │                             ( M33 )
                                └────────────────────────      1号反冲
                                                               洗罐反洗出水
                                                               阀控制位

     T5                                                        ( M23 )
     ┤├────────────────────────────────────────────────       子程序2完成
   60s                                                         1次操作后定
   定时器                                                       时器复位

58   T5        M28                                             ( M29 )
     ┤/├──────┤/├─────────────────────────────────────────     反冲洗罐
   8min     停反冲洗罐                                           启动、离
   定时器    按钮按下后                                          线，排水
            子程序2完成                                          标志
```

图 6-20   子程序 2 梯形图（续）

6.5   本章小结

  本章主要介绍了过滤流程控制系统的工艺要求、设计方法以及程序编写等内容，实现了对污水处理控制系统的硬件设计和软件设计。通过本章学习，读者应该掌握三菱 PLC 的 I/O 配置应用，了解如何从系统层面利用 PLC 设计实际控制系统，并进一步总结、归纳使用 PLC 实现实际工程项目的思路与方法。

第7章　PLC工作台自动往返控制系统

在工业生产中，很多机械设备都需要做往复运动。例如平面磨床矩形工作台的往返加工运动，铣床加工中工作台的左右、前后和上下运动，这些都需要电气控制电路对电动机实施自动正反转控制来实现。本章将在自动往返控制系统的模型上，分析该系统的工业控制要求，选取三菱公司的PLC作为控制器并分配PLC的I/O接口，通过三菱公司的编程软件进行编程，实现对该系统的模拟设计。

7.1　控制系统工艺要求

某工作台自动往返循环工作，工作台前进及后退都由电动机通过丝杠拖动，如图7-1所示。该控制系统要求实现如下控制功能：点动控制、自动循环控制、单循环运行（即工作台前进及后退一次为一个循环，每碰到换向行程开关时停止3s后再运行，循环6次后停止在原位，原位在SQ2处）。

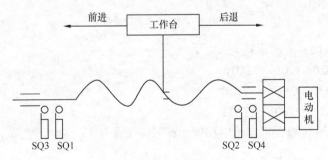

图 7-1　自动往返循环工作台

从工作任务来看，要求有点动控制和自动控制。在自动循环控制中，工作台还有前进、后退、限位、停止等操作，分为单次循环和6次循环计数控制。由于使用基本指令完成控制任务较为困难，本系统将采用功能指令来实现此任务。

7.2　相关知识点

在自动往返控制系统中要用到大量的PLC控制指令，以下将对本章中经常出现的几条指令作简单介绍。

7.2.1　条件跳转指令 CJ

条件跳转指令 CJ（P）的编号为 FNC00，操作数为指针标号 P0～P127，其中 P63 为 END 所在的步序，不需要标记。指针标号允许用变址寄存器修改。CJ 和 CJP 各占 3 个程序步，指针标号占 1 步。CJ 和 CJP 指令用于跳过顺序程序中的某一部分，以减少扫描的时间。CJ 指令助记符、功能、操作数、程序步见表 7-1。

表 7-1　　　　　　　　　　　　条件跳转指令表

助　记　符	功　　能	操　作　数 D（·）	程　序　步
CJ　FNC00 条件跳转	转移到指针所指位置	有效指针范围 0～127	CJ、CJP：3 步跳转指针 P：1 步

条件跳转指令 CJ 的使用说明如图 7-2 所示。X020 为"ON"时，程序跳到标号 P10 处。当 X020 为"OFF"时，跳转不执行，程序按原顺序执行。

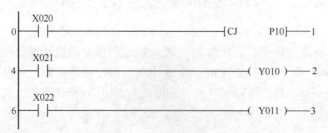

图 7-2　CJ 指令的使用说明

CJ 指令使用说明对应的语句表如下。

1：LD　　　X020；CJ　　　P010

2：LD　　　X021；OUT　　Y010

3：LD　　　X022；OUT　　Y011

在程序中两条跳转指令可以使用相同的标号（见图 7-3），执行情况如下。

图 7-3　CJ 使用相同指针标号

如果 X020 为"ON"，第一条跳转指令生效，从这一步跳转到指针 P9 处。如果 X020 为"OFF"，而 X021 为"ON"，则第二条跳转指令生效，程序从这里开始跳转到指针 P9 处。同一程序中指针标号唯一，若出现多次则会出错。指针 P63 表示程序转移去执行 END 指令。

执行跳转指令 CJ 后，对不被执行的指令，即使输入元件状态发生改变，输出元件的状态也将维持不变。CJ 指令可转移到主程序的任何地方，或 FEND 指令（主程序结束指令，见后文）后的任何地方。该指令可以向前跳转，也可以向后跳转。若执行条件使用 M800，则为无条件跳转。使用跳转指令时应注意以下几方面。

① CJP 指令表示脉冲执行方式。

② 在一个程序中一个标号只能出现一次，否则将会出错；多条跳转指令可以使用相同的指针，但一个指针也只能出现一次，如出现两次或两次以上，也将出错。

③ 在跳转执行期间，即使被跳过程序的驱动条件改变，其线圈（或结果）仍保持跳转前的状态，因为跳转期间根本没有执行这段程序。指针一般设在相应跳转指令之后，也可以出现在跳转指令之前，但是如果反复跳转的时间超过监控定时器的设定时间，监控定时器将会出现错误。

④ 在一个程序中，因为使用跳转而不能同时被执行的程序段中的同一线圈不能看做是双线圈，如处于被跳过程序段中的 Y、M、S。由于该段程序没有被执行，那么即使驱动它们的电路状态改变了，其工作状态仍保持跳转前的状态。同理，T、C 如果被跳过，则跳转期间它们的当前值被冻结。

⑤ 如果在跳转开始时定时器和计数器已经在工作，则在跳转执行期间它们将停止工作，直到跳转条件不满足后才继续工作。但对于正在工作的定时器 T192～T199 和高速计数器 C235～C255 而言，不管有无跳转仍连续工作。高速计数器的工作独立于主程序，其状态不受跳转的影响。

⑥ 若积算定时器和计数器的复位（RST）指令在跳转区外，即使它们的线圈被跳转，它们的复位仍然有效。在编写有跳转指令的程序时，标号要求单独占一行。

7.2.2 INC 指令、DEC 指令

INC、DEC 指令属于算术运算指令，其助记符、功能、操作数和程序步如表 7-2 所示。

表 7-2   **INC、DEC 指令表**

助 记 符	功 能	操 作 数 D（·）	程 序 步
INC FNC24 加 1	把目标元件当前值加 1	KnY、KnM、KnS、	INC、DEC：3 步
DEC FNC25 减 1	把目标元件当前值减 1	T、C、D、V、Z	DINC、DDEC：5 步

INC、DEC 指令的操作数只有一个，但不影响零标志、借位标志和进位标志。图 7-4 中的 X000 每次由"OFF"变为"ON"时，由 D（·）指定的元件中的数增加 1。如果不用脉冲指令，每一个扫描周期都要加 1。在 16 位运算中，32 767 再加 1 就会变成−32 768；32 位运算时，2 147 483 647 再加 1 就会变成−2 147 483 648。DEC 指令与 INC 指令处理方式类似。

图 7-4 INC、DEC 指令的使用说明

7.2.3　数据传送指令 MOV

数据传送指令的使用说明如表 7-3 和图 7-5 所示。

表 7-3　　　　　　　　　　　数据传送指令表

传 送 指 令		操 作 数	
D（32 位）	FNC12 MOV	S（源）	K、H、KnX、KnY、KnM、KnS、T、C、D、V、Z
P（脉冲型）		D（目标）	KnY、KnM、KnS、T、C、D、V、Z

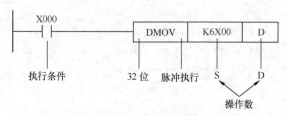

图 7-5　MOV 指令的使用说明

FX_{2N} 系列 PLC 的功能指令编号为 FNC0～FNC246，但实际只有 130 个功能指令。功能指令分为 16 位指令和 32 位指令，功能指令默认是 16 位指令，加上前缀 D 表示是 32 位指令，如 DMOV。

功能指令默认为连续执行方式，加上后缀 P 表示脉冲执行方式，如 MOVP。多数功能指令有操作数，执行指令后其内存不变的称为源操作数，用 S 表示；被刷新内容的称为目标操作数，用 D 表示。

7.2.4　主程序结束指令 FEND

主程序结束指令 FEND 的编号为 FNC06，无操作数，占用 1 个程序步。FEND 表示主程序结束。当执行到 FEND 时，PLC 进行 I/O 处理，监视定时器刷新，完成后返回起始步。FEND 指令助记符、功能、操作数和程序步如表 7-4 所示。

表 7-4　　　　　　　　　　　主程序结束指令表

助 记 符	功 　 能	操 作 数	程 序 步
		D（·）	
FEND（FNC06）主程序结束	指示主程序结束	无	1 步

FEND 指令表示主程序的结束，子程序的开始。程序执行到 FEND 指令时，进行输出处理、输入处理、监视定时器刷新，完成后返回第 0 步。FEND 指令的使用说明如图 7-6 所示。

FEND 指令通常与 CJ-P-FEND、CALL-P-SRET 和 I-IRET 结构一起使用（P 表示程序指针、I 表示中断指针）。CALL 指令的指针及子程序、中断指针及中断子程序都应放在 FEND 指令之后。CALL 指令调用的子程序必须以子程序返回指令 SRET 结束。中断子程序必须以中断返回指令 IRET 结束。

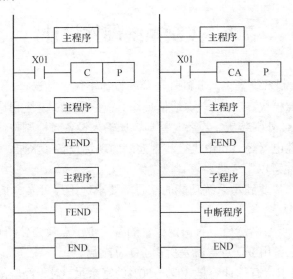

图 7-6 FEND 指令的使用说明

在 CALL 指令执行后，SRET 指令执行前，如果执行了 FEND 指令，则程序将会出错。在使用多个 FEND 指令的情况下，应在最后的 FEND 指令与 END 指令之间编写子程序。

7.2.5 置位/复位指令 SET/RST

SET/RST 指令的功能、电路表示、可用编程元件和所占的程序步见表 7-5。

表 7-5　　　　　　　　　　SET/RST 指令表

符号、名称	功　能	电路表示和可用编程元件	程　序　步
SET 置位	线圈接通保持指令	┤├ SET Y、M、S	Y、M: 1; S、M: 2; T、C: 2; D、Z、V、D: 3
RST 复位	线圈接通消除指令	┤├ RST Y、M、S	

SET 指令为置位指令，当满足 SET 的执行条件时，它所指定的编程元件为"1"。此时，若 SET 的执行条件断开，它所指定的编程元件仍然保持接通状态；直到遇到 RST 指令，其指定的编程元件才会复位。

RST 指令为复位指令，当满足 RST 的执行条件时，它所指定的编程元件为"0"。图 7-7 所示为 SET、RST 指令的应用实例图。

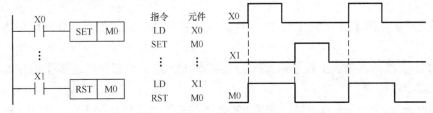

图 7-7 SET、RST 指令的应用实例

7.3 控制系统硬件设计

对于整个 PLC 控制系统来说，其硬件部分的设计不仅包括选择符合控制要求的 PLC 机型、存储器容量、电源模块、I/O 模块、通信模块、模拟量 I/O 模块和特殊功能模块等，还应当包括选择合适的 PLC 外围装置、设备与接口，如输入设备（控制按钮、开关、传感器等）、执行装置（接触器、继电器等）和由执行装置控制的现场设备（水泵、鼓风机、阀门等）。在硬件设计的过程中应注意以下 3 点。

① PLC 机型的选择要满足系统功能的需要，要求选用最可靠、最稳定、使用维护最方便且性价比最优的机型。

② 弄清系统 I/O 点数，然后留有一定数量的备用 I/O 点（为使用点数的 15%~20%）。控制系统 I/O 点数加上备用 I/O 点数就是所需 I/O 总点数。

③ 存储器容量要求留有估计容量 30%~50%的富余量。对于经验缺乏者，留有的富余量应该更大些。

7.3.1 控制系统硬件选型

1. 所需硬件

通过对整个系统的把握，该系统需要的硬件列于表 7-6。

表 7-6　　　　　　　　　　　系统所需硬件

名　称	型　号	数　量	名　称	型　号	数　量
PLC	FX$_{2N}$-16MR	1	热继电器	LRD22KN	1
交流接触器	CJT1	2	熔断器	QX374-RN2	1
按钮	XB2EA135	3	三相异步电动机	IP44Y 系列	1
双位开关	K25-23D	2	接线端子排		
限位开关	A1FZ36A	4	导线	BV	若干
中间继电器	MY4J	1			

2. 设备实物

（1）PLC

FX$_{2N}$ 是模块化的 PLC，它主要由 CPU 模块、特殊适配器、扩展 I/O 模块和特殊功能扩展模块构成。

① CPU 模块。该模块主要包括 CPU、电源和 I/O 点 3 个部分，这 3 个部分的功能和作用基本与 S7-200 相同。

② 特殊适配器。特殊适配器用来将 FX 系列的扩展设备连接到 FX$_{2N}$ 系列的 PLC 上。

③ 扩展模块。由于 CPU 模块本身的 I/O 点十分有限，有时需要数字量 I/O 模块、模拟

量 I/O 模块等一些特殊功能模块。

FX$_{2N}$ 系列 PLC 不需要专用的机架，可以直接安装在导轨上，模块之间通过专用的扩展电缆进行连接。

在进行系统元件选型时应充分考虑设备的控制要求、控制稳定性、控制线路复杂性、价格因素、可维护性等方面。基于以上要求，本设计采用了三菱公司 FX$_{2N}$-16MR 型号的 PLC，其实物图如图 7-8 所示。

产品描述：控制规模为 16～256 点，内置 8 KB 容量的 EEPROM，最大可以扩展到 16KB。CPU 运算处理速度 0.55～0.7 μs/基本指令。在 FX$_{2N}$ 系列右侧可以连接 I/O 扩展模块和特殊功能模块。

图 7-8　FX$_{2N}$-16MR 型 PLC 实物图

（2）交流接触器

交流接触器广泛用于电力电路的开闭和控制电路。它利用主触点来开闭电力电路，用辅助触点来执行控制指令。主触点一般只有常开触点，而辅助触点配有两对具有常开和常闭功能的触点。小型的接触器也经常作为中间继电器配合主电路使用。交流接触器的触点由银钨合金制成，具有良好的导电性和耐高温烧蚀性。

交流接触器主要由 4 个部分组成。

① 电磁系统，包括吸引线圈、动铁芯和静铁芯。

② 触点系统，包括 3 副主触点和 2 个常开、常闭辅助触点。它和动铁芯连在一起，二者互相联动。

③ 灭弧装置，一般容量较大的交流接触器都设有灭弧装置，以便迅速切断电弧，避免主触点被烧坏。

④ 绝缘外壳及附件，包括各种弹簧、传动机构、短路环、接线柱等。

交流接触器的工作原理如图 7-9 所示。当线圈通电时，静铁芯产生电磁吸力，将动铁芯吸合。由于触点系统与动铁芯是联动的，因此动铁芯带动 3 条动触片同时运行，触点闭合，从而接通电源。当线圈断电时，吸力消失，动铁芯联动部分依靠弹簧的反作用力而分离，使主触点断开，切断电源。

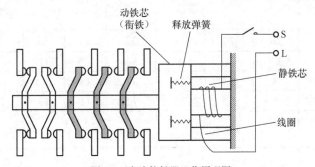

图 7-9　交流接触器工作原理图

线圈得电，衔铁吸合→触点动作：常开触点一合，常闭触点一断；

线圈失电，衔铁释放→触点动作：常开触点一断，常闭触点一合。

使用过程中注意以下两点。

① 一般三相接触器一共有 8 个点，3 个点作为输入点，3 个点作为输出点，另外 2 个点是控制点。输出点和输入点是相对应的。如果要加自锁，则需要从输出点的一个端子将线接到控制点上面。

② 首先应该知道交流接触器的原理。它将外界电源加在线圈上，通过产生电磁场实现功能。加电后触点吸合，断电后触点断开。

本系统使用的交流接触器实物及其技术参数如图 7-10、表 7-7 和表 7-8 所示。

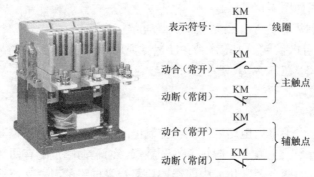

图 7-10　交流接触器实物图

表 7-7　　　　　　　　　　　　SC 系列交流接触器技术参数表 1

型　　号		SC-E02	SC-E03	SC-E04	SC-E05	SC-E1	SC-E2	SC-E2S	SC-E3	SC-E4
质量（kg）		0.33				0.58			1.05	
外形尺寸（宽×高×长）（mm）		43×80×81				54×90×96			67×112×111	
额定工作电压 U_e（V）		AC 220/230V，AC 380/400V，AC 660/690V								
额定工作电流（A）	AC-3 220/230V	9	12	18	25	32	40	50	68	80
	380/400V	9	12	18	25	32	40	50	65	80
	660/690V	5	7	9	9	15	19	26	38	44
	AC-1 ≤400V	20	20	25	32	50	60	65	100	105
额定绝缘电压 U_i（V）		690				1 000				
额定冲击耐受电压 U_{imp}（V）		6 000				8 000				
额定发热电流 I_{th}（A）		20	20	25	32	50	60	65	100	105
额定控制功率 P_e AC-3（kW）	220/230V	2.2	3	4	5.5	7.5	11	15	18.5	22
	380/400V	4	5.5	7.5	11	15	18.5	22	30	40
	660/690V	4	5.5	7.5	7.5	11	15	22	30	37
操作频率（次/小时）（AC-3）		1 800				1 200				
飞弧距离（mm）		2								
耐振动性		10～55Hz，15m/s²								
抗冲击性		50m/s²								
防护等级		IP2X								

表 7-8	SC 系列交流接触器技术参数表 2							
型 号	SC-E1/G	SC-E2/G	SC-E2S/G	SC-E3/G	SC-E4/G	SC-E5	SC-E6	SC-E7
质量（kg）	0.79			1.35		2.04	2.55	2.86
外形尺寸（宽×高×长）（mm）	54×90×121.5			67×112×130		88×155×132	100×169×138	115×175×140
额定工作电压 U_e（V）	AC 220/230V，AC 380/400V，AC 660/690V							
额定工作电流（A） AC-3 220/230V	32	40	50	68	80	105	125	150
额定工作电流（A） AC-3 380/400V	32	40	50	65	80	105	125	150
额定工作电流（A） AC-3 660/690V	15	19	26	38	44	64	72	103
额定工作电流（A） AC-1 ≤400V	50	60	65	100	105	150	150	200
额定绝缘电压 U_i（V）	1 000							
额定冲击耐受电压 U_{imp}（V）	8 000							
额定发热电流 I_{th}（A）	50	60	65	100	105	150	150	200
额定控制功率 P_e AC-3（kW） 220/230 V	7.5	11	15	18.5	22	30	37	45
额定控制功率 P_e AC-3（kW） 380/400 V	15	18.5	22	30	40	55	60	75
额定控制功率 P_e AC-3（kW） 660/690 V	11	15	22	30	37	55	60	90
寿命（万次） 机械	1 500	1 500	1 500	1 000	1 000	1 000	1 000	1 000
寿命（万次） 电气（AC-3 380/400 V）	150	150	150	150	100	100	100	100
操作频率（次/小时）（AC-3）	1 200							
飞弧距离（mm）	2							
耐振动性	10～55Hz，15m/s²							
抗冲击性	50m/s²							

交流接触器常见故障如下所列。

触点过热：接触压力不足，触点表面氧化，触点容量不够等。

触点磨损：电气磨损或机械磨损。

线圈失电后触点不能复位：触点被电弧焊在一起，铁芯剩磁太大，弹簧弹力不足，活动部分被卡住。

（3）按钮、双位开关、限位开关

其实物如图 7-11 所示。

（4）中间继电器

中间继电器是一种用来增加控制电路中信号数量或信号强度的继电器。它本质上是电压继电器。

中间继电器的结构和原理与交流接触器基本相同，与接触器的主要区别在于：接触器的主触点可以通过大电流，而中间继电器的触点只能通过小电流。中间继电器只能用在控制电路中，它一般没有主触点；因为过载能力比较小，所以它用的全部都是辅助触点，数量比较多。中间继电器的符号与实物如图 7-12 所示。

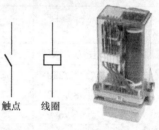

（a）按钮　　　　　　　（b）双位开关　　　　　（c）限位开关　　　　触点　线圈

图 7-11　按钮、双位开关、限位开关实物图　　　　图 7-12　中间继电器的符号与实物图

（5）热继电器

热继电器作为电动机的过载保护元件，以其体积小、结构简单、成本低等优点在生产中得到了广泛应用。热继电器的主要技术参数如下。

额定电压：热继电器能够正常工作的最高电压值，一般为 AC 220/380/600V。

额定电流：热继电器的额定电流主要是指通过热继电器的电流。

额定频率：一般而言，其额定频率按照 45～62Hz 设计。

整定电流范围：整定电流的范围由本身的特性来决定。它描述的是在一定的电流条件下热继电器的动作时间和电流的平方成正比。

热继电器主要用来对异步电动机进行过载保护。其工作原理是过载电流通过热元件后，使双金属片加热弯曲去推动动作机构来带动触点动作，从而将电动机控制电路断开，实现电动机断电停车，起到过载保护的作用。鉴于双金属片受热弯曲过程中，热量的传递需要较长的时间，因此，热继电器不能用作短路保护，而只能用作过载保护。热继电器的实物和结构如图 7-13 所示。

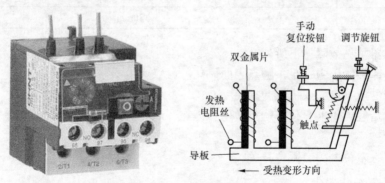

图 7-13　热继电器实物和结构图

（6）熔断器

熔断器也被称为保险丝，IEC127 标准将它定义为"熔断体（fuse-link）"。它是一种安装在电路中保证电路安全运行的电气元件。熔断器其实就是一种短路保护器，广泛用于配电系统和控制系统，主要进行短路保护或严重过载保护。

它主要由熔体和熔管以及外加填料等部分组成。使用时将熔断器串联于被保护电路中，当被保护电路的电流超过规定值并经过一定时间后，由熔体自身产生的热量熔断熔体使电路断开，从而起到保护的作用。其实物如图 7-14 所示。

（7）三相异步电动机

三相异步电动机工作过程：当向三相定子绕组中通入对称的三相交流电时，产生一个以同步转速 n_1 沿定子和转子内圆空间做顺时针方向旋转的旋转磁场。由于旋转磁场以 n_1 转速旋转，转子导体开始是静止的，故转子导体将切割定子旋转磁场，从而产生感应电动

图 7-14　熔断器实物图

势（感应电动势的方向用右手定则判定）。由于转子导体两端被短路环短接，在感应电动势的作用下，转子导体中将产生与感应电动势方向一致的感生电流。转子的载流导体在定子磁场中受到电磁力的作用（力的方向用左手定则判定），电磁力对转子轴产生电磁转矩，驱动转子沿着旋转磁场方向旋转。

通过上述分析可以总结出电动机的工作原理为，当电动机的三相定子绕组（各相差 120°电角度）通入三相交流电后，将产生一个旋转磁场，该旋转磁场切割转子绕组，从而在转子绕组中产生感应电流（转子绕组是闭合通路）。载流的转子导体在定子旋转磁场作用下将产生电磁力，从而在电动机转轴上形成电磁转矩驱动电动机旋转，并且电动机旋转方向与旋转磁场方向相同。

与单相异步电动机相比，三相异步电动机运行性能较好，并可节省各种材料。根据转子结构的不同，三相异步电动机可分为笼式和绕线式两种。笼式转子的异步电动机由于结构简单、运行可靠、重量轻、价格便宜等优点得到了广泛的应用，其主要缺点是调速困难。绕线式三相异步电动机的转子和定子一样也设置了三相绕组，并通过滑环、电刷与外部变阻器连接。调节变阻器电阻可以改善电动机的启动性能和调节电动机的转速。Y 系列三相异步电动机具有高效、节能、性能好、震动小、噪声低、寿命长、可靠性好、维护方便、转动转矩大等优点，其安装尺寸和功率等级完全符合 TEC 标准。

Y 系列三相异步电动机参数见表 7-9，实物如图 7-15 所示。

表 7-9　　　　　　　　Y 系列三相异步电动机参数表

型号	功率（kW）	电流（A）	型号	功率（kW）	电流（A）	型号	功率（kW）	电流（A）
Y160M-2	15	29.4	Y200M-8	18.5	40.7	Y280M-4	132	245.1
Y160M-4	11	22.5	Y200L-2	55	102.6	Y280M-6	90	168.9
Y160M-6	7.5	17	Y200L-4	45	85.9	Y280M-8	75	153.7
Y160M-8	5.5	13.7	Y200L-6	30	59.9			
Y160L1-2	18.5	35.5	Y200L-8	22	48.1	Y315S-2	160	292
Y160L2-2	22	42				Y315S-4	160	297
Y160L1-4	15	30.1	Y225M-2	75	139.9	Y315S-6	110	206.6
Y160L2-4	18.5	36.7	Y225M-4	55	103.8	Y315S-8	90	183.1
Y160L-6	11	24.8	Y225M-6	37	71.4	Y315S-10	55	123.4
Y160L-8	7.5	18.4	Y225M-8	30	62.9	Y315M1-2	185	337.6
						Y315M2-2	200	361.1
Y180M-2	30	57.2	Y250S-2	90	167	Y315M3-2	220	397.2

型号	功率（kW）	电流（A）	型号	功率（kW）	电流（A）	型号	功率（kW）	电流（A）
Y180M-4	22	43.4	Y250S-4	75	140.7	Y315M4-2	250	460.2
Y180M-6	15	32	Y250S-6	45	87.4	Y315M2-4	200	368.1
Y180M-8	11		Y250S-8	37	78.1	Y315M3-4	220	404.1
Y180L-2	37	69.8	Y250M-4	90	168	Y315M4-4	250	457.7
Y180L-4	30	57.9	Y250M-6	55	105.5	Y315M4-6	132	246.5
Y180L-6	18.5	36.1	Y250M-8	45	94.4	Y315M2-6	160	297.9
Y180L-8	15	34.3				Y315M1-8	110	222.3
			Y280S-4	110	205.3	Y315M2-8	132	265.4
Y200M-2	45	84.4	Y280S-6	75	143.1	Y315M1-10	75	165.1
Y200M-4	37	71.4	Y280S-8	55	114.8	Y315M2-10	90	195.6
Y200M-6	22	44.2	Y280M-2	132	240.9			

图 7-15　Y 系列三相异步电动机实物图

7.3.2　电气原理图

三相异步电动机点动控制电路如图 7-16 所示。

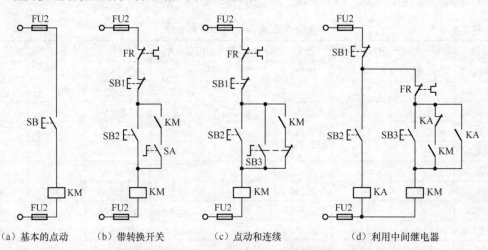

（a）基本的点动　　　（b）带转换开关　　　（c）点动和连续　　　（d）利用中间继电器

图 7-16　三相异步电动机点动控制电路图

　　该控制系统的框图如图 7-17 所示，通过系统框图可以很清楚地理解整个控制系统的运行过程及其执行情况。

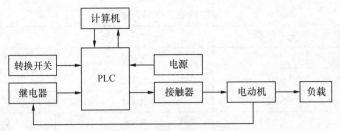

图 7-17　自动往返控制系统框图

图 7-18 所示为该控制系统的 PLC 接线图，通过该图可以更好地理解整个控制系统的内部电路结构。

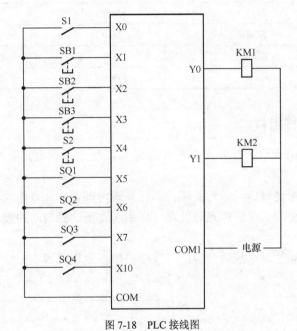

图 7-18　PLC 接线图

7.4　控制系统软件设计

本节主要介绍控制系统软件设计。该系统中，点动控制和自动控制均由 CJ 指令实现，通过选择开关 S1 进行选择。自动循环控制程序中，采用传送指令控制工作台的前进、后退、限位、停止。其中单次循环控制与 6 次循环控制采用选择开关 S2，6 次循环控制的循环次数采用加 1 指令和比较指令配合实现，工作台停在两端处的延时由 T0 完成。

7.4.1　控制系统 I/O 分配

系统共需要 9 个数字量输入端口，结合系统的运行框图以及 PLC 接线图可以很容易得到

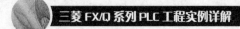

PLC 的 I/O 输入输出端口分配，见表 7-10。

表 7-10　　　　　　　　　　控制系统 I/O 分配表

类　别	元　件	元　件　号	备　注
输入	S1	X000	点动/自动选择开关
	SB1	X001	停止按钮
	SB2	X002	前进点动/启动按钮
	SB3	X003	后退点动按钮
	S2	X004	单次/6 次循环选择开关
	SQ1	X005	前进转后退开关
	SQ2	X006	后退转前进开关
	SQ3	X007	前进限位开关
	SQ4	X010	后退限位开关
输出	KM1	Y001	交流接触器（控制前进）
	KM2	Y002	交流接触器（控制后退）

7.4.2　系统软件设计

根据该控制系统的设计要求，可以将工作台自动往返系统分成几个小系统来进行程序设计。

首先是系统本身需要设定开启与关闭，然后系统内部要控制好电动机的正转与反转。最重要的一点是要对系统的工作进行定时处理，让系统真正达到自动控制的目的，使系统更加完善。

通过对工作台自动往返系统的分析，可以做出以下逻辑流程图，如图 7-19 所示。

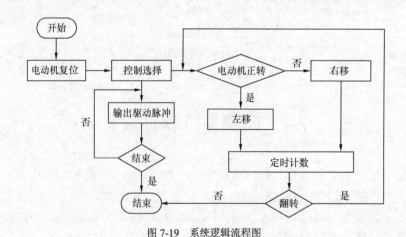

图 7-19　系统逻辑流程图

该流程图可分为启动模块、控制模块、定时模块和结束模块。

根据上面的流程图可以将该控制系统分为点动控制过程、单次循环控制过程、6 次循环控制过程和停止、限位保护过程等几个主要过程。下面分别对这几个过程进行程序设计与分析。

程序块一：点动控制过程

将 S1 合上，X000 常开触点闭合，X000 常闭触点断开，执行程序 0～9 步，本过程称为点动控制。其控制过程梯形图如图 7-20 所示。

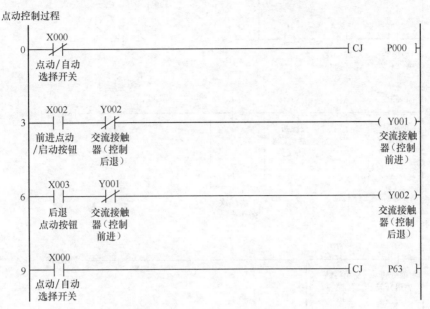

图 7-20　点动控制程序梯形图

程序块二：单次循环控制过程

注意工作台在原位时，压住 SQ2 将 S1 断开，即 X000 常闭触点闭合，程序跳到 P000 处执行。将 S2 闭合，X004 常闭触点断开，点动启动按钮 SB2，X002 常开触点闭合，执行程序 12～17，17～22 步 MOV（P）指令使 M0、M1 全为"0"，故 M1 常闭触点闭合，这个过程为原位启动。程序 22～41 步，MOV（P）指令使 Y001 为"1"而为"ON"，工作台前进。碰到 SQ1 后，MOV（P）指令使 Y001 为"0"，因而 Y001 变为"OFF"，同时 MOV（P）指令使 Y002 置"1"，Y002 变为"ON"，工作台后退。碰到 SQ2 后，MOV（P）指令使 Y002 为"0"，因而 Y002 变为"OFF"，工作台运行一个循环后停止下来。其控制过程梯形图如图 7-21 所示。

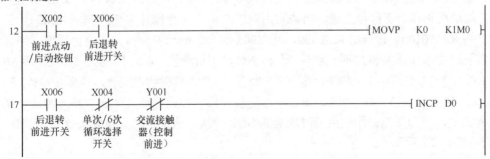

图 7-21　单次循环控制程序梯形图

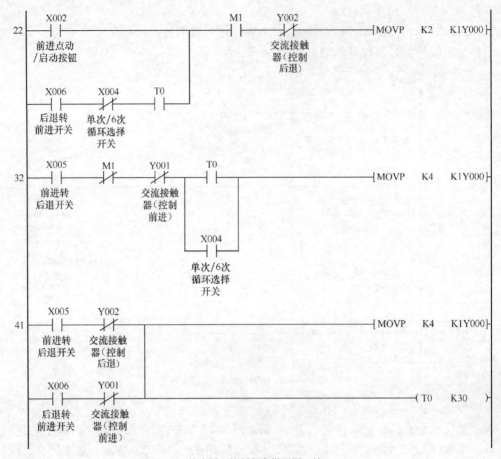

图 7-21　单次循环控制程序梯形图（续）

程序块三：6 次循环控制过程

将 S1、S2 打开，实现自动 6 次循环控制。注意工作台在原位时，压住 SQ2。当 S1 打开时，X000 常闭触点闭合，程序跳到标号 P0 处。按下前进按钮 SB2，X002 闭合，程序 53～58 步将二进制数 0 传送给 M0、M1，于是 M1 常闭触点闭合，Y002 常闭触点是闭合的。MOV（P）指令将十进制数 2 自动转换成二进制数 0010 传送给 Y002、Y001、Y000，于是 Y001 闭合，电动机正转，工作台前进。当碰到由前进转后退的行程开关 SQ1 时，X005 闭合，MOV（P）将 K4（0100）传送给 K1Y000，则 Y002 闭合，电动机反转，工作台后退。当碰到由后退转前进的形成开关 SQ2 时，X006 闭合，NC（P）指令使 D0 加 1。程序 58～89 步 MOV（P）将 K0（0000）传送给 K1Y000，则 Y002 断开，Y002 常闭触点闭合，继而 MOV（P）将 K2（0010）传送给 K1Y000，则 Y1 闭合，电动机正转，如此循环（注意：梯形图比较指令中用的是 7 次，因为要减去原位启动时压着的 SQ2 一次，这次不属于循环次数）。其控制过程梯形图如图 7-22 所示。

6次循环控制过程

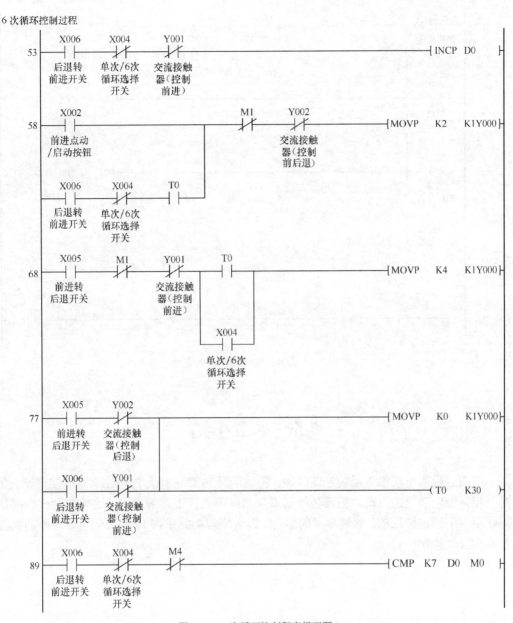

图 7-22　6 次循环控制程序梯形图

程序块四：停止、限位保护过程

对于控制系统需要对其设置保护，所以在编辑程序时也需要注意这一点。

当循环 6 次以后，CMP 指令将 M1 接通，于是 M1 常开触点闭合，程序 94～106 步之间的 MOV 指令使 Y001、Y002 置"0"，故 Y001 和 Y002 失电而停止运动；MOV 指令使 M1 置"1"，常开触点闭合，M1 常闭触点断开，程序第 7、8、10 行均不能执行；由于 M1 常开触点闭合，MOV 指令使 D0 清零，以备下一次计数；将 S1 闭合，X000 常闭触点断开，实现点动操作过程。其控制过程梯形图如图 7-23 所示。

停止、限位保护过程

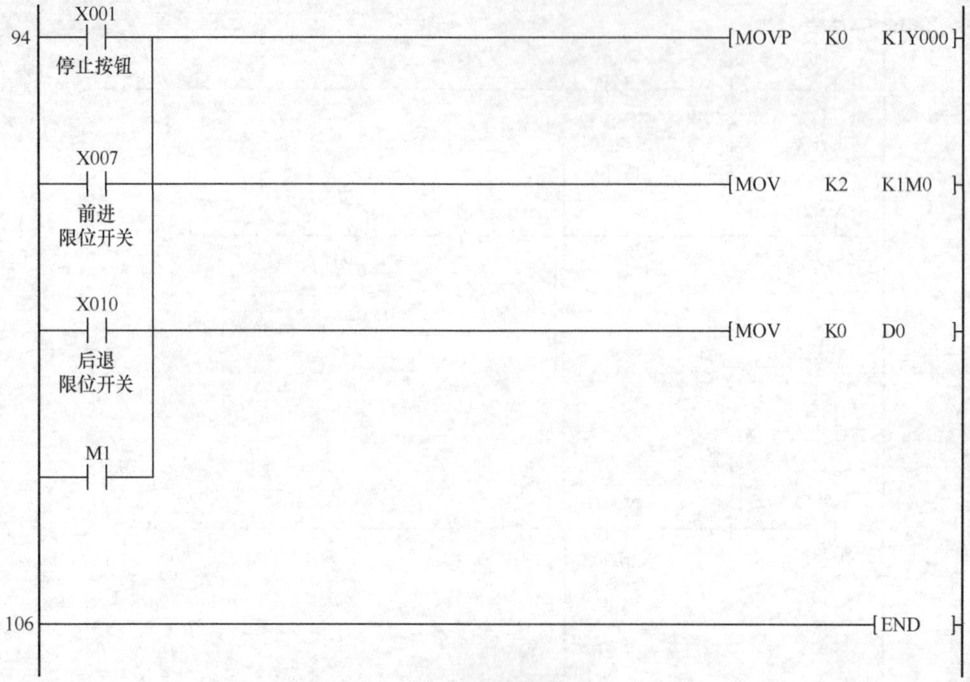

图 7-23　停止、限位保护程序梯形图

7.5　本章小结

　　本章通过运用电动机正反转控制线路，实现了对 PLC 工作台自动往返系统的控制。尤其是对三相异步电动机的点动、正反转等基本控制环节进行了详细讲述，这些控制过程都是在实际使用当中经过验证的。通过本章的学习，读者应理解并掌握 PLC 如何实现对电动机的点动控制和自动控制。

第 8 章　PLC 6 轴机械手控制系统

工业机械手是近几十年发展起来的一种高科技自动化生产设备。它可通过编程来完成各种预期的作业任务，在构造和性能上兼有人和机器各自的优点，尤其体现了人的智能和适应性。机械手作业的准确性和在各种环境中完成作业的能力，使其在国民经济各领域有着广阔的发展前景。PLC 具有通用性好、可靠性高、编程简单、扩展方便，安装灵活和故障率低等诸多特点，因此选择 PLC 作为机械手的控制器。

8.1　控制系统工艺要求

本章所选用的机械手为 6 个自由度的垂直关节型机械手，如图 8-1 所示。它由腰部（以下简称 1 号轴）、大臂（以下简称 2 号轴）、小臂（以下简称 3 号轴）、肘（以下简称 4 号轴）、手腕（以下简称 5 号轴）和手爪（以下简称 6 号轴）组成，全部采用可以正反转的步进电动机作为动力源，其实物如图 8-2 所示。它采用同步带传动及谐波传动等传动方式，采用 PLC 实现机械手 6 个自由度的定位控制。

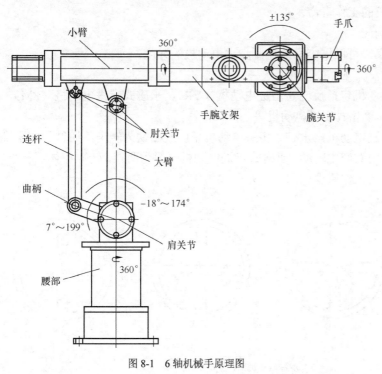

图 8-1　6 轴机械手原理图

图 8-2　6 轴机械手实物图

8.2 相关知识点

本章所涉及的知识点包括步进电动机、步进电动机驱动器和旋转编码器的工作原理。本节也对本章系统设计所需的 PLC 串行通信和常用的 PLC 指令等相关知识作了介绍。

8.2.1 步进电动机、驱动器、旋转编码器概述

1. 步进电动机

步进电动机是将电脉冲信号转变为角位移或线位移的开环控制元件。在非超载的情况下，电动机的转速、停止的位置只取决于脉冲信号的频率和脉冲数，而不受负载变化的影响。当步进电机驱动器接收到一个脉冲信号，它就驱动步进电动机按设定的方向转动一个固定的角度，该角度称为步距角，步进电动机的旋转是以固定的角度一步一步运行的。可以通过控制脉冲个数来控制角位移量，从而达到准确定位的目的；同时可以通过控制脉冲频率来控制电动机转动的速度和加速度，从而达到调速的目的。步进电动机可以作为一种控制用的特种电动机，利用其没有积累误差（精度为 100%）的特点，广泛应用于各种开环控制领域。

（1）步进电动机的特点

① 没有积累误差。一般步进电动机的精度为实际步距角的 3%～5%，且不累积，

② 可工作在超低速状态。

③ 可靠性高，具有很长的工作寿命。

④ 良好地启动和停止响应。

⑤ 改变所加脉冲的频率，可以很容易地控制步进电动机的速度。

（2）步进电动机的分类及其工作原理

现在比较常用的步进电动机包括反应式步进电动机（VR）、永磁式步进电动机（PM）、混合式步进电动机（HB）和单相式步进电动机等。

本章采用的是永磁式步进电动机。永磁式步进电动机是以永磁铁为转子，通过与定子绕组产生的脉冲电磁场相互作用而产生转动。永磁式步进电动机一般为两相，转矩和体积较小，步距角一般为 7.5°或 15°。其工作原理如图 8-3 所示。

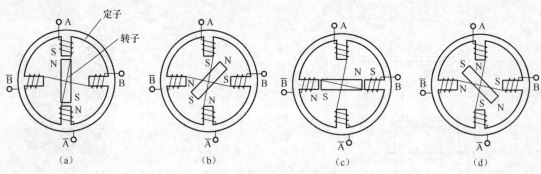

图 8-3　步进电动机工作原理

当一个绕组通电后，其定子磁极产生磁场，将转子吸合到此磁极处。若绕组在控制脉冲的作用下，通电方向、顺序按照 $A\overline{A} \rightarrow B\overline{B} \rightarrow \overline{A}A \rightarrow \overline{B}B$ 这 4 个状态周而复始地进行变化，电动机可顺时针转动；控制脉冲每作用一次，通电方向就变化一次，使电动机转动一步，即 90°。

永磁式步进电动机主要应用于计算机外围设备、摄影系统、光电组合装置、阀门控制、核反应堆、银行终端、数控机床、自动绕线机、电子钟表及医疗设备等领域中。

2. 驱动器

步进电动机不能直接接到工频交流或直流电源上工作，必须使用专用的步进电动机驱动器（见图 8-4）。步进电动机驱动器由脉冲发生控制单元、功率驱动单元、保护单元等组成。图 8-4 中点画线所包围的两个单元可以用微机控制来实现。功率驱动单元与步进电动机直接耦合，同时它也可理解成步进电动机与微机控制器的功率接口。其实物图如图 8-5 所示。

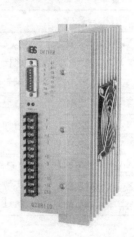

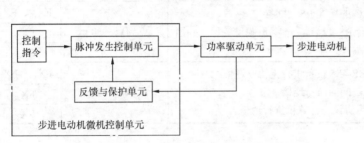

图 8-4 步进电动机驱动器工作原理

图 8-5 步进电动机驱动器实物图

3. 旋转编码器

旋转编码器是用来测量转速的装置。光电式旋转编码器通过光电转换，可将输出轴的角位移、角速度等机械量转换成相应的电脉冲以数字量输出（REP）。它分为单路输出和双路输出两种。其技术参数主要有每转脉冲数（几十个到几千个）和供电电压等。单路输出是指旋转编码器的输出是一组脉冲；而双路输出的旋转编码器输出两组 A/B 相位相差 90°的脉冲，通过这两组脉冲不仅可以测量转速，还可以判断旋转的方向。光电式旋转编码器实物图如图 8-6 所示。

图 8-6 光电式旋转编码器实物图

8.2.2 PLC 串行通信介绍

在三菱 FX 系列 PLC 中，实现串行通信的最经济方法是将 PLC 的各种通信接口以扩展板的形式直接安装于 PLC 的基本单元之上，而无需其他安装位置。这种通信接口被称为"通信扩展板"。

FX 系列 PLC 的通信扩展板主要有以下规格。

FX_{1N}-RS-232-BD/FX_{2N}-RS-232-BD/FX_{3U}-RS-232-BD：内置式 RS-232 通信扩展板；

FX_{1N}-RS-422-BD/FX_{2N}-FS-422-BD/FX_{3U}-RS-422-BD：内置式 RS-422 通信扩展板；

FX_{1N}-RS-485-BD/FX_{2N}-RS-485-BD/FX_{3U}-RS-485-BD：内置式 RS-485 通信扩展板。

以上通信扩展板根据 PLC 的基本型号不同，可以选择 FX_{1N} 系列、FX_{2N} 系列、FX_{3U} 系列等规格，分别适用于 FX_{1S}/FX_{1N} 系列 PLC、FX_{2N} 系列 PLC、FX_{3U} 系列 PLC。通信扩展板的使用和编程方法与连接要求相同。

利用通信扩展板，PLC 可以与带有 RS-232/422/485 接口的外围设备进行通信，每台 PLC 只允许安装任意一块功能扩展板。3 种通信扩展板主要功能与参数的互相比较可以参见表 8-1。

表 8-1   **RS-232/422/485 接口与外围设备的通信**

型　号	用　途	通信方式与距离	适用 PLC
FX_{1N}-RS-232-BD	① PLC 与 RS-232 设备进行无协议通信		FX_{1S}、FX_{1N}
FX_{2N}-RS-232-BD	② 连接 RS-232 编程器、触摸屏等标准外围设备	点到点：15 m	FX_{2N}
FX_{3U}-RS-232-BD	③ 设备通过专用协议与计算机进行通信		FX_{3U}
FX_{1N}-RS-422-BD	① 扩展 PLC 的标准 RS-422 接口		FX_{1S}、FX_{1N}
FX_{2N}-RS-422-BD	② 增加一台 RS-422 编程器、触摸屏等标准外围设备	点到点：50 m	FX_{2N}
FX_{3U}-RS-422-BD			FX_{3U}
FX_{1N}-RS-485-BD	① PLC 与 RS-485 设备进行无协议通信		FX_{1S}、FX_{1N}
FX_{2N}-RS-485-BD	② 实现 PLC 间的简易连接	点到点：50 m	FX_{2N}
FX_{3U}-RS-485-BD	③ 通过专用协议与计算机进行通信		FX_{3U}

1. RS-232 通信扩展板

（1）基本性能

FX_{1N}-RS-232-BD/FX_{2N}-RS-232-BD/FX_{3U}-RS-232-BD（以下简称 232BD）内置式 RS-232 通信扩展板可以连接到 FX_{1S}/FX_{1N}/FX_{2N}/FX_{3U} 的 PLC 基本单元上，并作为如下通信接口使用。

① 与带有 RS-232 接口的通用外围设备（如计算机、打印机、条形码阅读器等）进行无协议数据通信。

② 与带有 RS-232 接口的计算机等外围设备进行专用协议的数据通信。

③ 连接带有 RS-232 编程器、触摸屏等的标准外围设备。

在 FX 系列 PLC 中，每台 PLC 中只能安装一个 232BD 通信扩展板，且不可以与 RS-422-BD、RS-485-BD 同时使用。

232BD 通信扩展板的主要性能参数如表 8-2 所示。

表 8-2   **232BD 通信扩展板主要性能参数**

项　目	性　能　参　数	项　目	性　能　参　数
接口标准	RS-232 标准	通信方式	半双工通信、全双工通信
最大传输距离	15 m	通信协议	无协议通信、编程协议通信、专用协议通信

续表

项　目	性　能　参　数	项　目	性　能　参　数
连接器	9 芯 D-SUB	接口电路	无隔离
模块指示	RXD、TXD 发光二极管	电源能耗	DC 5 V/60 mA，来自 PLC 基本单元

（2）连接要求

232BD 通信扩展板 9 芯连接器的引脚布置、I/O 信号名称和含义与标准 RS-232 接口基本相同，但接口无 RS、CS 连接信号。具体信号名称、作用与功能如表 8-3 所示。

表 8-3　　　　　　　　　　　　　232BD 通信扩展板接口表

PLC 侧引脚	信 号 名 称	信 号 作 用	信 号 功 能
1	CD 或 DCD（Data Carrier Detect）	载波检测	接收到 Modem 载波信号是 ON
2	RD 或 RXD（Receive Data）	数据接收	接收来自 RS-232 设备的信号
3	SD 或 TXD（Transmitted Data）	数据发送	发送数据到 RS-232 设备
4	ER 或 DTR（Data Terminal Ready）	终端准备好（发送请求）	数据发送准备好，可以作为请求发送信号
5	SG 或 GND（Signal Ground）	信号地	
6	DR 或 DSR（Data Set Ready）	接收准备好（发送功能）	数据接收准备好，可以作为发送请求回答信号
7、8、9	空		

232BD 通信扩展板可以与使用 RS、CS 信号的外设进行连接，可以与使用 ER、DR 信号的外设连接，可以与使用 RS、CS 信号的调制解调器连接，也可以与使用 ER、DR 信号的调制解调器连接。因此，有以下 4 种不同的连接方式。

——与使用 RS、CS 信号的外设，无调制解调器的连接。

——与使用 ER、DR 信号的外设，无调制解调器的连接。

——与使用 RS、CS 信号的外设，有调制解调器的连接。

——与使用 ER、DR 信号的外设，有调制解调器的连接。

4 种不同连接方式的外部连接，可以分别参见图 8-7～图 8-10。

```
232BD 扩展板                    9 芯 RS-232 设备    232BD 扩展板                  25 芯 RS-232 设备
  2  RD              SD   2         2  RD              SD    2
  3  SD              RD   3         3  SD              RD    3
  1  CD              CD   1         1  CD              CD    8
  4  ER              CS   8         4  ER              CS    5
  5  SG              SG   5         5  SG              SG    7
  6  DR              RS   7         6  DR              RS    4
  7 （空）           ER   4         7 （空）           ER    6
  8 （空）           DR   6         8 （空）           DR   20
  9 （空）           RI   9         9 （空）           RI   22
```

图 8-7　与使用 RS、CS 信号的外设连接

图 8-8（左） 232BD 扩展板 与 9 芯 RS-232 设备

232BD 扩展板		9 芯 RS-232 设备	
2	RD	SD	2
3	SD	RD	3
1	CD	CD	1
4	ER	CS	8
5	SG	SG	5
6	DR	RS	7
7	（空）	ER	4
8	（空）	DR	6
9	（空）	RI	9

图 8-8（右） 232BD 扩展板 与 25 芯 RS-232 设备

232BD 扩展板		25 芯 RS-232 设备	
2	RD	SD	2
3	SD	RD	3
1	CD	CD	8
4	ER	DR	6
5	SG	SG	7
6	DR	ER	20
7	（空）	RS	4
8	（空）	CS	5
9	（空）	RI	22

图 8-8　与使用 ER、DR 信号的外设连接

图 8-9（左） 232BD 扩展板 与 9 芯 RS-232 设备

232BD 扩展板		9 芯 RS-232 设备	
2	RD	SD	2
3	SD	RD	3
1	CD	CD	1
4	ER	RS	7
5	SG	SG	5
6	DR	CS	8
7	（空）	ER	4
8	（空）	DR	6
9	（空）	RI	9

图 8-9（右） 232BD 扩展板 与 25 芯 RS-232 设备

232BD 扩展板		25 芯 RS-232 设备	
2	RD	RD	3
3	SD	SD	2
1	CD	CD	8
4	ER	RS	4
5	SG	SG	7
6	DR	CS	5
7	（空）	ER	20
8	（空）	DR	6
9	（空）	RI	22

图 8-9　与使用 RS、CS 信号的调制解调器连接

图 8-10（左） 232BD 扩展板 与 9 芯 RS-232 设备

232BD 扩展板		9 芯 RS-232 设备	
2	RD	SD	2
3	SD	RD	3
1	CD	CD	1
4	ER	RS	4
5	SG	SG	5
6	DR	CS	6
7	（空）	ER	7
8	（空）	DR	8
9	（空）	RI	9

图 8-10（右） 232BD 扩展板 与 25 芯 RS-232 设备

232BD 扩展板		25 芯 RS-232 设备	
2	RD	RD	3
3	SD	SD	2
1	CD	CD	8
4	ER	ER	20
5	SG	SG	7
6	DR	DR	6
7	（空）	RS	4
8	（空）	CS	5
9	（空）	RI	22

图 8-10　与使用 ER、DR 信号的调制解调器连接

2．RS-422 通信扩展板

（1）基本性能

FX_{1N}-RS-422-BD/FX_{2N}-RS-422-BD/FX_{3U}-RS-422-BD（以下简称 422BD）内置式 RS-422 通信扩展板可以连接到 FX_{1S}/FX_{1N}/FX_{2N}/FX_{3U} 的 PLC 基本单元上，作为编程器、触摸屏等 PLC 标准外围设备的扩展接口。

在 FX 系列 PLC 中，每台 PLC 中只能安装一个 422BD 通信扩展板，且只能连接一台编程器，不可与 FX$_{1N}$-RS-232-BD、FX$_{2N}$-RS-485-BD 同时使用。

422BD 通信扩展板的主要性能参数如表 8-4 所示。

表 8-4 **422BD 通信扩展板主要性能参数**

项　　目	性 能 参 数	项　　目	性 能 参 数
接口标准	RS-422 标准	通信方式	半双工通信
最大传输距离	50m	通信协议	编程协议通信
连接器	8 芯 MIMI-DIN 型	接口电路	无隔离
模块指示	无指示	电源消耗	DC 5V/60mA，来自 PLC 基本单元

（2）连接要求

422BD 通信扩展板一般通过三菱标准连接电线与 PLC 编程器等设备相连，不需要外部接线与编程。使用时应根据不同的编程器型号，选择相应的连接电线，并注意 PLC 的 5V 电源消耗，具体见表 8-5。

表 8-5 **422BD 通信扩展板连接设备与电缆表**

外 围 设 备	连 接 电 缆	5V 电源消耗
FX-20P-E	FX-20P-CAB0 或 FX-20P-CAB+FX-20P-CADP	180mA
FX-10P-E		120mA
编程计算机	F2-232AB+FX-232AW（C）+（FX-422ACB0 或 FX-422CAB+FX-20P-CADP）	220mA
FX-10DM	FX-20P-CAB0 或 FX-20P-CAB+FX-20P-CADP	220mA
FX-10DU-E	FX-20P-CAB0 或 FX-20P-CAB+FX-20P-CADP	180mA
FX-20DU-E	FX-20DU-CAB0 或 FX—20DU-CAB+FX-20P-CADP	180mA
FX-25DU-E FX-30DU-E FX-40DU-ES FX-40DU-TK-ES FX-50DU-TK（S）-E	FX-50DU-CAB0 或 FX-40DU-CAB+FX-20P-CADP	30mA
F940GOT-SWD（LWD）-E F930GOT-SBD	FX-50DU-CAB0	0
F940GOT-SDB（LBD）-H	F9GT-HCAB2-150+F9GT-HCAB FX-50DU-CAB0+F9GT-HCNB+F9GT-HCAB	0
GOT-A900	F9GT-CAB0	0

使用 422BD 通信扩展板时应注意以下事项。

① 使用 422BD 时，在 PLC 上不需要设定任何参数来确保 PLC 的通信格式，设定内部特殊数据寄存器 D8120 的值为"0"。

② 一台 PLC 只能连接一台编程器。

③ 在 PLC 程序中不可使用 RS、VRRD、VRSC 等指令。

3. RS-485 通信扩展板

（1）基本性能

FX$_{1N}$-RS-485-BD/FX$_{2N}$-RS-485-BD/FX$_{3U}$-RS-485-BD（以下简称 485BD）内置式 RS-485 通信扩展板可以连接到 FX$_{1S}$/FX$_{1N}$/FX$_{2N}$/FX$_{3U}$ 的 PLC 基本单元上，并作为如下通信接口使用。

① 通过 RS-485/232 接口转换器，可以与带有 RS-232 接口的通用外围设备，如计算机、打印机、条形码阅读器等进行无协议数据通信。

② 与外设进行专用协议的数据通信。

③ 进行 PLC 与 PLC 的并行连接。

④ 进行 PLC 的网络链接。

在 FX 系列 PLC 中，每台 PLC 中只能安装一个 485BD 通信扩展板，且不可以与 FX$_{1N}$-RS-232-BD、FX$_{2N}$-RS-422-BD 同时使用。

485BD 通信扩展板的主要性能参数如表 8-6 所示。

表 8-6　　　　　　　　　　　485BD 通信扩展板主要性能参数

项　目	性 能 参 数
接口标准	RS-422/485 标准
最大传输距离	50m
连接器	8 芯 MINI-DIN 型
模块指示	SD、RD 指示灯
通信方式	半双工通信（单对双绞线连接）、全双工通信（2 对双绞线连接）
通信协议	专用协议通信
接口电路	无隔离
电源消耗	DC 5V/60mA，来自 PLC 基本单元

（2）连接要求

485BD 通信扩展板采用接线端的形式与外部连接。其信号名称、含义以及信号的连接要求与标准 RS-485 接口完全相同。

8.2.3　RS 指令控制串行通信

1. 指令格式

FX 系列 PLC 的通信可以使用串行数据传送应用指令 RS 进行编程，指令的格式为：

RS　D200　D0　D500　D1

D200：发送数据寄存器的起始地址编号，只能用寄存器 D。

D0：发送数据点数，可以用寄存器 D 或者数值，其范围是 0～4 096，如果不发送只接收设为 0。

D500：接收数据寄存器的起始地址编号，只能用寄存器 D。

D1：接收数据点数，可以用寄存器 D 或者数值，其范围是 0～4 096，如果不接收只发送设为 0。

注意：

① D0+D1 的和须小于或等于 8 000。

② 通过本指令，对于 FX 系列 PLC 软件版本 V2.00 以下的产品，可以进行半双工通信；对于 V2.00 以上的产品，可以进行全双工通信。数据传输格式由 PLC 的特殊数据寄存器 D8120 设定。

2. 传送格式设定

在串行数据传送时，需要通过特殊数据寄存器 D8120 设定数据通信格式。

D8120 通信格式以二进制位的形式进行设定，各位的含义如下。

bit0：异步通信数据长度设定。"0"为 7 位，"1"为 8 位。

bit2、biti1：异步通信奇偶校验设定。对应校验方式为：

　　00：无校验；

　　01：奇校验；

　　11：偶校验。

bit3：异步通信最小位设定。"0"为 1 位，"1"为 2 位。

bit4～bit7：传输速率设定。对应速率为：

　　0011：300 bit/s；

　　0100：600 bit/s；

　　0101：1 200 bit/s；

　　0110：2 400 bit/s；

　　0111：4 800 bit/s；

　　1001：19 200 bit/s。

bit8：起始符设定。"0"：无；"1"：由 D8124 设定起始符，初始值为 02H（STX）。

bit9：终止符设定。"0"：无；"1"：由 D8125 设定终止符，初始值为 03H（ETX）。

bit10、bit11：控制线设定。对于无协议通信设定为（通信控制时序见后述）：

　　00：不使用控制线的 RS-232 接口通信；

　　01：使用控制线的普通 RS-232 通信模式（单独发送与接收）；

　　10：RS-232 互锁模式通信；

　　11：RS-232、RS-485 调制解调器通信。

在不使用 RS 指令通信（计算机连接方式）时，该两位设定的是计算机连接接口的形式，对应为：

　　00：RS-485 接口通信；

　　01：RS-232 接口通信；

bit12：不使用。

bit13："1"为计算机连接方式时附加求和校验，"0"为不附加。

bit14："1"为计算机连接方式时附加通信协议，"0"为不附加。

bit15："1"为计算机连接方式时的控制顺序为方式 4，"0"为控制顺序为方式 1。

注意：使用 RS 通信指令时，应将 bit13～bit15 设定为"0"。例如，对于数据长度为 7 位，停止位为 1 位，奇校验，传输速度为 19 200 bit/s，无起始符/终止符的 RS-232 数据传送，应设定 D8120 为 92H（0000 0000 1001 0010）。

3. 特殊内部继电器与数据寄存器

在通信扩展板的通信编程中，需要使用特殊内部继电器与特殊内部数据寄存器，如表 8-7、表 8-8 所示。

表 8-7　　　　　　　　　　　　通信用特殊内部继电器

内部继电器	信号名称	作用
M8121	发送等待	当 PLC 处于"发送等待"状态时，M8121 为"1"
M8122	发送请求	当 PLC 处于"接收等待"、"接收完成"状态时，利用脉冲上升沿对 M8122 进行置位，开始发送数据；发送完成后自动复位
M8123	接收完成	当 PLC 完成数据接收后，M8123 自动置为"1"；如果需要再次传送，在接收完成后应通过 PLC 程序对 M8123 进行复位
M8124	载波检测	当调制解调器工作正常，PLC 接收到来自调制解调器的 CD 信号后，M8124 自动置为"1"，PLC 可以进行正常的数据传送
M8129	超时判断	当数据传送出现中断后，如果在规定的时间里（D8129 设定）不能重新开始接收，则 M8129 自动置为"1"，M8129 的复位需要由 PLC 程序进行
M8161	数据格式	"0"：16 位数据；"1"：8 位数据

表 8-8　　　　　　　　　　　　通信用特殊内部数据寄存器

内部寄存器	信号名称	作用
D8120	通信格式	见上
D8121	站号设定	网络链接时的站号设定
D8122	剩余数据	RS-232 尚未传送的剩余数据
D8123	接收数据	RS-232 已经接收的数据
D8124	起始符	8 位起始符设定
D8125	终止符	8 位终止符设定
D8129	超时时间	超时判定时间设定（单位：10ms）

4. RS 指令的执行过程

（1）不使用控制线的全双工通信模式

当采用 FX$_{2N}$ V2.00 以上版本时，全双工数据传送（同时发送与接收）的动作时序如图 8-11 所示。

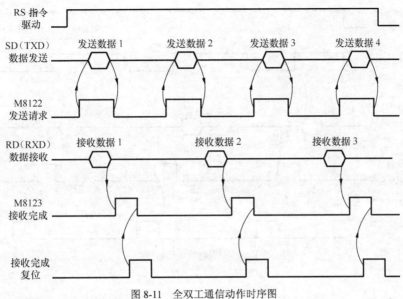

图 8-11　全双工通信动作时序图

数据传送时应注意以下几点。

① 采用全双工工作时，发送等待标志 M8121 不为 "1"。

② 接收数据完成后，需要在 PLC 程序中将接收完成标志 M8123 复位。

（2）单独发送、接收通信模式

单独发送与接收通信方式（普通模式）时，数据发送、接收的动作时序如图 8-12、图 8-13 所示。

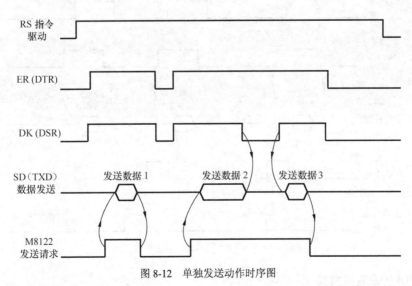

图 8-12　单独发送动作时序图

（3）使用调制解调器通信模式

采用调制解调器进行数据传送（同时发送与接收）的动作时序如图 8-14 所示。

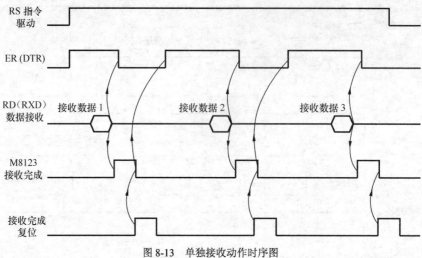

图 8-13　单独接收动作时序图

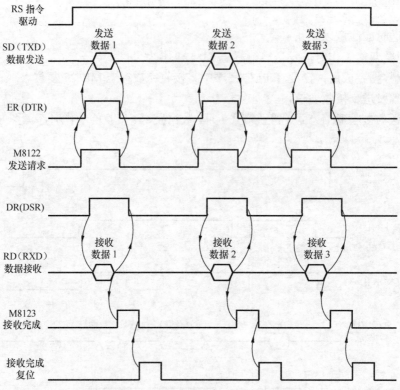

图 8-14　采用调制解调器通信动作时序图

（4）使用互锁通信模式

采用互锁通信进行数据传送（同时发送与接收）的动作时序如图 8-15 所示。

使用互锁通信模式时，仅发送方"发送请求"为"1"，不能进行数据发送。只有当接收方准备好（信号 DR 为"1"），且发送方"发送请求"为"1"时，才能进行数据发送。

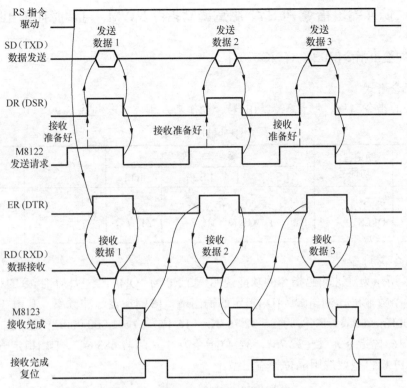

图 8-15 采用互锁模式通信动作时序图

当接收数据量较大，接收缓冲器将满（剩余 30 字）时，通信 ER（接收终端准备好）信号自动清 "0"，请求发送方停止数据发送。数据停止发送后，通过超时标志 M8129 产生接收完成标志 M8123 信号。接收数据处理结束后，利用 PLC 程序清除接收完成标志 M8123，ER信号再次为 "1"，发送方进行剩余数据的发送，如图 8-16 所示。

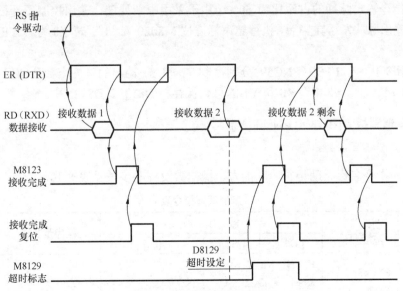

图 8-16 接收数据量大时的处理

8.2.4 脉冲输出指令 PLSY、脉宽调制指令 PWM、可调脉冲输出指令 PLSR

1. 脉冲输出指令[PLSY（FNC57）]

（1）指令格式

该指令的指令名称、助记符、功能号、操作数及程序步长见表 8-9。

表 8-9　　　　　　　　　　　　　脉冲输出指令表

指令名称	助记符、功能号	操作数			程序步长	备注
		[S1.]	[S2.]	[D.]		
脉冲输出	FNC57 DPLSY	K、H、KnY、KnX、KnM、KnS、T、C、D、V、Z		仅 Y0 或 Y1 有效	16 位——7 步 32 位——13 步	① 16/32 位指令 ② 连续执行

（2）指令说明

图 8-17 所示为脉冲输出指令的功能说明。当 X0 为 "ON" 时，以[S1.]指令的频率，按[S2.]指定的脉冲个数输出，输出端为[D.]指定的输出端。[S1.]指定脉冲频率，其中 FX_{2N}、FX_{3UC} 为 2～20 000Hz，FX_{1S}、FX_{1N} 为 1～32 767Hz（16 位）、1～1 000 000Hz（32 位）。[S2.]指定脉冲个数，16 位指令为 1～32 767，32 位指令为 1～2 147 483 647。[D.]指定输出口仅可为 Y0 和 Y1，PLC 机型要选用晶体管输出型。

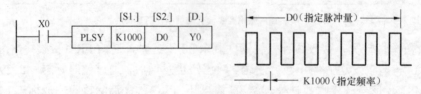

图 8-17　脉冲输出指令功能说明

PLSY 指令输出脉冲的占空比为 50%。由于采用中断处理，输出控制不受扫描周期的影响。设定的输出脉冲发送完毕后，执行结束标志位 M8029 置 "1"。若 X0 为 "OFF"，则 M8029 复位。

另外，指令 PLSY、PLSR（FNC59）分别控制 Y0 和 Y1 输出的脉冲个数分别保存在 D8141、D8140 和 D8143、D8142 中，Y0 和 Y1 的总数保存在 D8137、D8136 中。

2. 脉宽调制指令[PWM（FNC58）]

（1）指令格式

该指令的指令名称、助记符、功能号、操作数及程序步长见表 8-10。

表 8-10　　　　　　　　　　　　　脉宽调制指令表

指令名称	助记符、功能号	操作数			程序步长	备注
		[S1.]	[S2.]	[D.]		
脉宽调制	FNC58 PWM	K、H、KnY、KnX KnM、KnS、T、C、D、V、Z		仅 Y0 或 Y1 有效	16 位——7 步	① 16 位指令 ② 连续执行

（2）指令说明

脉宽调制指令产生的脉冲宽度和周期是可以控制的，其功能说明如图 8-18 所示。X0 为 "1" 时，Y0 有脉冲信号输出。其中[S1.]是指定脉宽，[S2.]是指定周期，[D.]是指定脉冲输出口。要求[S1.]≤ [S2.]，S2 的范围为 0～32 767 ms，[S2.]在 1～32 767 ms 内，[D.]只能指定 Y0、Y1。PWM 指令仅适用于晶体管方式输出的 PLC。

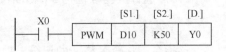

图 8-18　脉宽调制指令功能说明

在工程实践中，经常通过 PWM 指令来实现变频器的控制，从而实现电动机的速度控制。

3．可调脉冲输出指令[PLSR（FNC59）]

（1）指令格式

该指令的指令名称、助记符、功能号、操作数及程序步长见表 8-11。

表 8-11　　　　　　　　带加减功能脉冲输出指令功能表

指令名称	助记符、功能号	操　作　数				程序步长	备　注
		[S1.]	[S2.]	[S3.]	[D.]		
加减功能脉冲输出	FNC59 DPLSR	K、H、KnY、KnX KnM、KnS、T、C、D、V、Z			仅 Y0 或 Y1 有效	16 位——7 步 32 位——17 步	① 16/32 位指令 ② 连续执行

（2）指令说明

该指令（D）PLSR 的编号为 FNC59。该指令可以对输出脉冲进行加速，也可进行减速调整。源操作数和目标操作数的类型与 PLSY 指令相同，只能用于晶体管型 PLC 的 Y0 和 Y1。可进行 16 位操作也可进行 32 位操作，分别占 7 个和 17 个程序步。该指令只能用一次。

8.2.5　高速计数器置位指令 HSCS、高速计数器复位指令 HSCR

1．高速计数器置位指令[HSCS（FNC53）]

（1）指令格式

该指令的指令名称、助记符、功能号、操作数及程序步长见表 8-12。

表 8-12　　　　　　　　高速计数器置位指令表

指令名称	助记符、功能号	操　作　数			程序步长	备　注
		[S1.]	[S2.]	[D.]		
高速计数器置位	FNC53 DHSCS	K、H、KnY、KnX KnM、KnS、T、C、D、V、Z	C （ C235 ～ C255）	Y、M、S	32 位——13 步	① 32 位指令 ② 连续执行

（2）指令说明

图 8-19 所示为高速计数器置位指令的功能说明。X0 为 "1" 时，高速计数器 C255 的当前值由 99 变为

```
       X0              [S1.]   [S2.]   [D.]
   ┤ ├────┤ DHSCS │ K100 │ C255 │ Y10 │
```

图 8-19　高速计数器置位指令功能说明

100，或由 101 变为 100，Y10 立即置"1"。该指令仅有 32 位指令操作，即 DHSCS 操作。

2. 高速计数器复位指令[HSCR（FNC54）]

（1）指令格式

该指令的指令名称、助记符、功能号、操作数及程序步长见表 8-13。

表 8-13 高速计数器复位指令表

指令名称	助记符、功能号	操 作 数			程序步长	备 注
		[S1.]	[S2.]	[D.]		
高速计数器复位	FNC54 DHSCR	K、H、KnY、KnX、KnM、KnS、T、C、D、V、Z	C（C235~C255）	Y、M、S	32 位——13 步	①32 位指令 ② 连续执行

（2）指令说明

图 8-20 所示为高速计数器复位指令的功能说明。当 M8000 为"ON"时，外部输出采用中断处理，C255 的当前值变为 200，Y10 立即复位。

图 8-20　高速计数器复位指令功能说明

8.2.6　中断返回指令 IRET、中断允许指令 EI、中断禁止指令 DI

中断指令：IRET、EI、DI（FNC03、FNC04、FNC05）。

（1）指令格式

中断指令的指令名称、助记符、功能号、操作数及程序步长见表 8-14。

表 8-14 中断指令表

指 令 名 称	助记符、功能号	操 作 数	程 序 步 长
中断返回	FNC03 IRET	无	1 步
中断允许	FNC04 EI	无	1 步
中断禁止	FNC05 DI	无	1 步

（2）指令说明

中断指令在程序中的应用如图 8-21 所示。EI~FEND 为允许中断区间，I001、I101 分别为中断子程序 I 和中断子程序 II 的指针标号。FX 系列 PLC 有 3 类中断，一是外部输入中断，二是内部定时器中断，三是计数器中断。中断是计算机特有的一种工作方式，是指在执行主程序的过程中，停止主程序的执行而去执行中断子程序。中断子程序的功能和子程序的功能一样，也是完成某一特定的控制功能。但中断子程序又和子程序有所区别，即中断响应（执行中断子程序）的时间应小于机器的扫描周期。因此，中断子程序的条件不能由程序内部安排的条件引出，而是直接将外部输入端子或内部定时器作为中断的信号源。

中断标号共有 15 个，其中外部输入中断标号 6 个，内部定时器中断标号 3 个，计数器中断标号 6 个，分别见表 8-15、表 8-16、表 8-17。

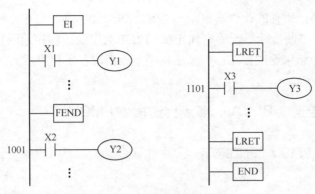

图 8-21　中断指令的使用说明

从表 8-15 中可以看出，对应外部中断信号的输入端子有 X0～X5（6 个）。每个输入只能用一次，这些中断信号可用于一些突发事件的场合。

表 8-15　　　　　　　　　　　　　输入中断标号指针表

输 入 编 号	指 针 编 号		中断禁止特殊内部继电器
	上升中断	下降中断	
X0	1001	1000	M8050
X1	1101	1100	M8051
X2	1201	1200	M8052
X3	1301	1300	M8053
X4	1401	1400	M8054
X5	1501	1500	M8055

表 8-16　　　　　　　　　　　　　定时器中断指针表

指 针 编 号	中 断 周 期	中断禁止特殊内部继电器
16××	在指针名称的××部分中，输入 10～99 的整数。1610 为每 10 ms 执行一次定时器中断	M8056
17××		M8057
18××		M8058

表 8-17　　　　　　　　　　　　　计数器中断标号指针表

指 针 编 号	中断禁止继电器	指 针 编 号	中断禁止继电器
1010	M8059="0" 允许 M8059="1" 禁止	1040	M8059="0" 允许 M8059="1" 禁止
1020		1050	
1030		1060	

定时器中断有 3 个中断标号（适用于 FX$_{2N}$、FX$_{3UC}$，见表 8-16），分别为 16××～18××。××分别为 10～99 的整数，时间单位为 ms。如 1610 意味着每 10 ms 执行一次中断。若在程序中要禁止某一中断信号源，将对应的某一特殊内部继电器（M8050～M8058）置"1"即可。计数器的中断信号源仅适用于 FX$_{2N}$、FX$_{3UC}$，其中断标号指针如表 8-17 所示。当

M8059= "1" 时，禁止所有的计数器中断。当 M8059= "0" 时，允许计数器中断。当多个中断信号同时出现时，中断指针号低的有优先权。IRET 为中断子程序返回指令。每个中断子程序后均有 IRET 作为结束返回标志。中断子程序一般出现在主程序后面，可以进行嵌套，最多为二级。

8.2.7　块传送指令 BMOV、多点传送指令 FMOV

1. 块传送指令[BMOV（FNC15）]

（1）指令格式

该指令的指令名称、助记符、功能号、操作数及程序步长见表 8-18。

表 8-18　　　　　　　　　　　　块传送指令表

指令名称	助记符、功能号	操 作 数		程序步长	备 注
		[S.]	[D.]		
块传送（或成批传送）	FNC15 BMOVP	K、H、KnX、KnY、KnM、KnS、T、C、D、	KnY、KnM、KnS、T、C、D、	16 位——7 步	① 16 位指令 ② 脉冲/连续执行 $n \leqslant$ 512

（2）指令说明

块传送指令可以成批传送数据，将操作数中的源数据[S.]传送到目标数据[D.]中，传送的长度由 n 指定。如图 8-22 所示，当 X0 为 "ON" 时，将 D7、D6、D5 的内容传送到 D12、D11、D10 中。在指令格式中操作数只写指定元件的最低位地址，如 D5、D10。BMOVP 为脉冲执行型指令。当进行 32 位数据传送时，采用 DBMOV 指令。

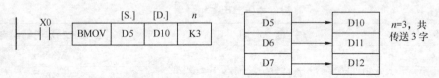

图 8-22　块传送指令功能说明

注意：

① 若块传送指令传送的是位元件，则目标数与源操作的位数须相同。

② 传送数据的源地址与目标地址号范围重叠时，为了防止输送源数据在未传输前被改写，PLC 将自动确定传送顺序。

③ 当特殊内部继电器 M8024 置于 "ON" 时，BMOV 指令的数据传送将变为反向传送[D.]→[S.]。若 M8024 再次为 "OFF" 时，块传送指令仍恢复到原来的功能。

2. 多点传送指令[FMOV（FNC16）]

（1）指令格式

该指令的指令名称、助记符、功能号、操作数及程序步长见表 8-19。该指令仅适用于 FX$_{3UC}$。

表 8-19 多点传送指令表

指令名称	助记符、功能号	操 作 数		程 序 步 长	备 注
		[S.]	[D.]		
多点传送	FNC16 DFMOVP	K、H、KnX、KnY、KnM、KnS、T、C、D、V、Z	KnY、KnM、KnS、T、C、D、V、Z	16 位——7 步 32 位——13 步	① 16/32 位指令 ② 脉冲/连续执行 $n \leqslant$ 512

（2）指令说明

多点传送指令的功能为数据多点传送。当 X0 为"ON"时，将同一数据值 K1 分别传送至 D0～D4（n=K5）中。如果元件号超出允许的元件号范围，数据仅传送到允许的范围内。FMOVP 为脉冲执行型指令。当进行 32 位数据传送时，采用 DFMOV 指令。

8.3 控制系统硬件设计

控制系统的硬件设计包括控制系统中心控制元件、位置检测元件和驱动控制元件的选择，以及根据所选元件绘制电气原理图和元件安装布置图。

8.3.1 控制系统硬件选型

在进行系统元件选型时应充分考虑设备的控制要求、控制稳定性、控制线路复杂性、价格因素、可维护性等各个方面。

本章所选用的 6 轴关节型机械手要求 PLC 具备高速计数和高频脉冲输出功能。PLC 通过高速计数端口接收轴编码器传回的脉冲反馈值，从而判断机械手各关节的实际位置；通过高频脉冲输出端口发送脉冲信号给步进电动机驱动器，步进电动机驱动器再将这些脉冲信号转换成电流驱动步进电动机旋转。

FX_{3U} 系列 PLC 具有许多的优点：灵活的配置、高速的运算、突出的寄存器容量、丰富的元件资源、强大的数学指令集以及容易安装等。因此选择 FX_{3U} 系列 PLC 作为控制系统的中心控制元件。

1. 中心控制元件

主要根据系统所需要的 I/O 点数以及控制的开关频率要求来进行选择。根据系统高频脉冲输出的需求，选择 I/O 总点数为 48 点（24 路输入和 24 路输出）、晶体管输出型的三菱 PLC 基本单元（继电器输出型 PLC 不能满足高速脉冲的要求）。FX_{3U} PLC（见图 8-23）可实现 3 路脉冲输出带动 3 个轴，满足控制系统要求。

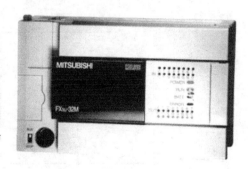

图 8-23 FX_{3U} PLC

2．系统设计方案

本章采用两台三菱 FX_{3U}PLC 构成主站、从站系统，实现对 6 轴机械手 6 个轴的控制。两台 PLC 之间可通过 RS-232 实现串口通信，本章采用 FX_{3U}-RS-232-BD 通信扩展板。控制盘上有按钮，可对主、从 PLC 发出命令，实现对机械手的控制。系统结构如图 8-24 所示。

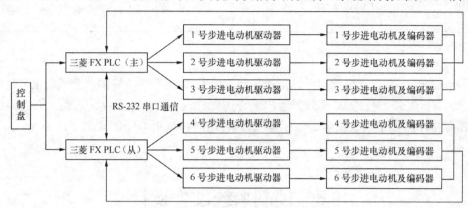

图 8-24　控制系统结构

8.3.2　电气原理图

选用 FX_{3U}-48MT 作为核心控制元件，在 PLC 的右端增加 RS-232-BD 通信扩展板。其中，X0、X7、X10～X17、X20、X21 均为按钮输入，X1～X6 为编码器 A、B 相输入，Y0～Y2 为脉冲输出，Y6 输出为原点指示灯，如图 8-25 所示。

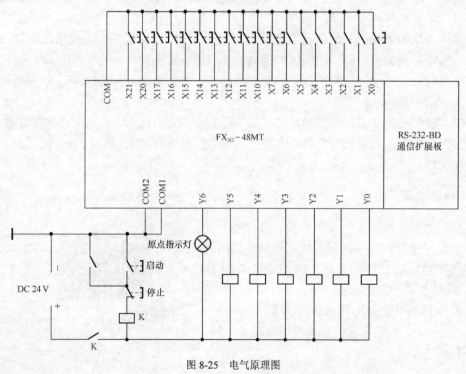

图 8-25　电气原理图

8.4　控制系统软件设计

完成系统硬件设计后，本节以示教操作和自动复现示教两个流程为例进行软件设计。这两个流程能基本实现 6 轴机械手的控制功能。

8.4.1　控制系统 I/O 分配

控制系统的各种分配表如表 8-20～表 8-24 所示。

表 8-20　　　　　　　　　　输入地址分配表

主站 PLC		从站 PLC	
输入地址	对应输入设备	输入地址	对应输入设备
X0	复位按钮	X0	复位按钮
X1	1 号编码器 A 相	X1	4 号编码器 A 相
X2	1 号编码器 B 相	X2	4 号编码器 B 相
X3	2 号编码器 A 相	X3	5 号编码器 A 相
X4	2 号编码器 B 相	X4	5 号编码器 B 相
X5	3 号编码器 A 相	X5	6 号编码器 A 相
X6	3 号编码器 B 相	X6	6 号编码器 B 相
X7	示教按钮	X7	示教按钮
X10	1 号轴顺按钮	X10	4 号轴顺按钮
X11	1 号轴逆按钮	X11	4 号轴逆按钮
X12	2 号轴上按钮	X12	5 号轴上按钮
X13	2 号轴下按钮	X13	5 号轴下按钮
X14	3 号轴上按钮	X14	6 号轴顺按钮
X15	3 号轴下按钮	X15	6 号轴逆按钮
X16	下一点按钮	X16	下一点按钮
X17	启动按钮	X17	启动按钮
X20	停止按钮	X20	停止按钮
X21	示教完毕按钮	X21	示教完毕按钮

表 8-21　　　　　　　　　　输出地址分配表

主站 PLC		从站 PLC	
输出地址	对应输出设备	输出地址	对应输出设备
Y0	1 号脉冲输出	Y0	4 号脉冲输出
Y1	2 号脉冲输出	Y1	5 号脉冲输出
Y2	3 号脉冲输出	Y2	6 号脉冲输出

续表

主站 PLC		从站 PLC	
输出地址	对应输出设备	输出地址	对应输出设备
Y3	1 号脉冲方向	Y3	4 号脉冲方向
Y4	2 号脉冲方向	Y4	5 号脉冲方向
Y5	3 号脉冲方向	Y5	6 号脉冲方向
Y6	原点指示灯	Y6	原点指示灯

表 8-22   内部继电器地址分配表（一）

主站 PLC		从站 PLC	
内部继电器	功能说明	内部继电器	功能说明
M0	1 号轴到位标志	M0	1 号轴到位标志
M1	2 号轴到位标志	M1	2 号轴到位标志
M2	3 号轴到位标志	M2	3 号轴到位标志
M3	B 点使用标志位	M3	B 点使用标志位
M4	C 点使用标志位	M4	C 点使用标志位
M5	各轴返回原点标志位	M5	各轴返回原点标志位
M6	定时器 20s 使用保持位	M6	定时器 20s 使用保持位
M7	示教保持位	M7	示教保持位
M8	自动保持位	M18	自动保持位
M9	B 点示教完毕返回原点时 1 号轴正向位	M9	B 点示教完毕返回原点时 4 号轴正向位
M10	B 点示教完毕返回原点时 2 号轴正向位	M10	B 点示教完毕返回原点时 5 号轴正向位
M11	B 点示教完毕返回原点时 3 号轴正向位	M11	B 点示教完毕返回原点时 6 号轴正向位
M12	C 点示教完毕返回原点时 1 号轴正向位	M12	C 点示教完毕返回原点时 4 号轴正向位
M13	C 点示教完毕返回原点时 2 号轴正向位	M13	C 点示教完毕返回原点时 5 号轴正向位
M14	C 点示教完毕返回原点时 3 号轴正向位	M14	C 点示教完毕返回原点时 6 号轴正向位
M15	示教时 1 号轴正向位	M15	示教时 4 号轴正向位
M16	示教时 2 号轴正向位	M16	示教时 5 号轴正向位
M17	示教时 3 号轴正向位	M17	示教时 6 号轴正向位
M17	自动时 1 号轴到位标志	M17	自动时 4 号轴到位标志
M18	自动时 2 号轴到位标志	M18	自动时 5 号轴到位标志
M19	自动时 3 号轴到位标志	M19	自动时 6 号轴到位标志
M20	自动时 A-B 启动位	M20	自动时 A-B 启动位
M21	自动时 A-O 启动位	M21	自动时 A-O 启动位
M22	自动时 B-C 启动位	M22	自动时 B-C 启动位
M23	自动时 B-O 启动位	M23	自动时 B-O 启动位
M24	自动时 C-O 启动位	M24	自动时 C-O 启动位
M25	自动时 O-A 启动位	M25	自动时 O-A 启动位

续表

主站 PLC		从站 PLC	
内部继电器	功能说明	内部继电器	功能说明
M26	1 号轴示教使用位	M26	4 号轴示教使用位
M27	2 号轴示教使用位	M27	5 号轴示教使用位
M28	3 号轴示教使用位	M28	6 号轴示教使用位
M29	A 点 1 号轴使用位	M29	A 点 4 号轴使用位
M30	A 点 2 号轴使用位	M30	A 点 5 号轴使用位
M31	A 点 3 号轴使用位	M31	A 点 6 号轴使用位
M32	B 点 1 号轴使用位	M32	B 点 4 号轴使用位
M33	B 点 2 号轴使用位	M33	B 点 5 号轴使用位
M34	B 点 3 号轴使用位	M34	B 点 6 号轴使用位
M35	C 点 1 号轴使用位	M35	C 点 4 号轴使用位
M36	C 点 2 号轴使用位	M36	C 点 5 号轴使用位
M37	C 点 3 号轴使用位	M37	C 点 6 号轴使用位
M38	到位主信号	M38	到位主信号
M39	到位从信号	M39	到位从信号

表 8-23　　　　　　　　　　　内部继电器地址分配表（二）

主站 PLC		从站 PLC	
内部继电器	功能说明	内部继电器	功能说明
M40	0 号脉冲输出中标志位	M40	4 号脉冲输出中标志位
M41	1 号脉冲输出中标志位	M41	5 号脉冲输出中标志位
M42	2 号脉冲输出中标志位	M42	6 号脉冲输出中标志位
M43	高速计数器 C235 复位标志位（1 号轴）	M43	高速计数器 C235 复位标志位（4 号轴）
M44	高速计数器 C236 复位标志位（2 号轴）	M44	高速计数器 C236 复位标志位（5 号轴）
M45	高速计数器 C237 复位标志位（3 号轴）	M45	高速计数器 C237 复位标志位（6 号轴）
M45	示教完毕标志位	M45	示教完毕标志位
M46	下一点去向	M46	下一点去向

表 8-24　　　　　　　　　　　数据寄存器地址分配表

主站 PLC		从站 PLC	
数据寄存器	功能说明	数据寄存器	功能说明
D1	高速计数器 C235 当前值	D1	高速计数器 C235 当前值
D1	高速计数器 C236 当前值	D1	高速计数器 C236 当前值
D1	高速计数器 C237 当前值	D1	高速计数器 C237 当前值
D2	高速计数器 C235 当前值保存通道	D2	高速计数器 C235 当前值保存通道
D3	高速计数器 C236 当前值保存通道	D3	高速计数器 C236 当前值保存通道
D4	高速计数器 C237 当前值保存通道	D4	高速计数器 C237 当前值保存通道
D5	目标值公共通道	D5	目标值公共通道

8.4.2 系统软件设计

1．程序流程

本章主要完成两个流程操作，一个是示教操作，另一个是自动复现示教流程。

（1）示教操作流程

示教操作是在三维空间内定位到 A、B、C 3 点的 6 轴机械手各轴的转动操作。其主要流程如图 8-26 所示。

（2）自动复现示教流程

本流程主要完成主站 PLC 和从站 PLC 分别控制其所属机械手的 3 个轴来驱动各轴的转动。具体流程如图 8-27 所示。

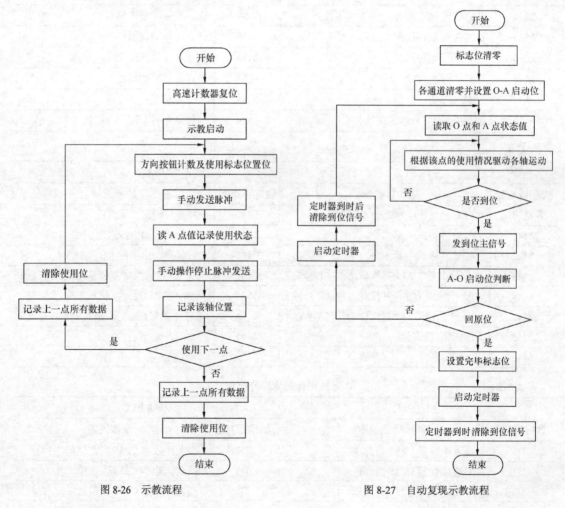

图 8-26 示教流程 　　　　　　　　　　　　图 8-27 自动复现示教流程

2．程序设计

（1）示教操作流程

程序块一：复位操作

按下复位按钮后，高速计数器复位。梯形图如图8-28所示。

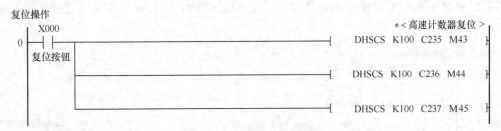

图8-28 复位操作程序梯形图

程序块二：示教启动

按下示教按钮后，各通道赋值（所用频率值和偏差值），示教保持位为"ON"，直到按下复位按钮或启动按钮。梯形图如图8-29所示。

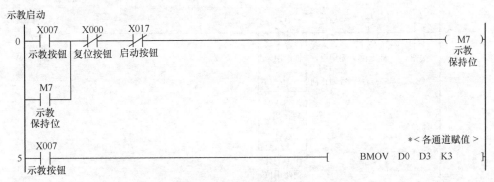

图8-29 示教启动程序梯形图

程序块三：方向按钮计数及使用标志位置位

按下1号轴顺/逆按钮时，对应计数器计数一次，对应使用标志位置位。不使用1号轴时则不计数、不置位。梯形图如图8-30所示。

方向按钮计数及使用标志位置位

```
                                                                K200
      X010                                                   ─( C0 )
  0 ──┤├──────────────────────────────────────────────────  1号轴使用
    1号轴顺                                                      计数
      按钮
      X011
    ──┤├──
    1号轴逆
      按钮

      X010                                                   ─( M26 )
  5 ──┤├──────────────────────────────────────────────────  1号轴示
    1号轴顺                                                   教使用位
      按钮
      X011
    ──┤├──
    1号轴逆
      按钮
```

图8-30 方向按钮计数及使用标志位置位程序梯形图

程序块四：1 号轴正/反向脉冲控制（按下 1 号轴顺/逆按钮时，1 号轴按顺/逆时针转动）
顺时针转动时，1 号轴正向位置 "1"；逆时针转动时，1 号轴正向位复位。梯形图如
图 8-31 所示。

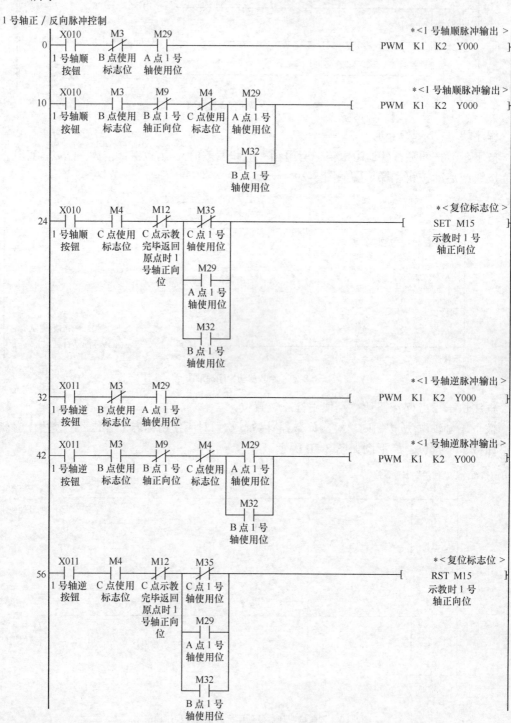

图 8-31 1 号轴正/反向脉冲控制程序梯形图

程序块五：读取 A 点值并写入保存通道

梯形图如图 8-32 所示。

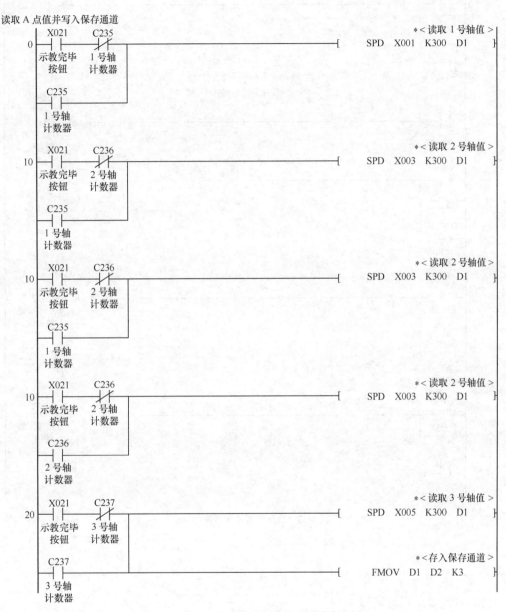

图 8-32　读取 A 点值并写入保存通道程序梯形图

程序块六：启动 B 点示教

A 点各轴示教完成后，如果要进行下一点的示教操作，则按下下一点按钮，所有使用标志位复位，计数器对下一点按钮计数。梯形图如图 8-33 所示。

```
启动 B 点示教                                                      *＜示教计数 ＞
        X016
0      ─┤├──────────────────────────────────────────( C2   K1 )
       下一点
        按钮
        X007
       ─┤├──
       示教按钮

        C2
5      ─┤├────────────────────────────────────────── SET   M3
                                                        B 点使用
                                                        标志位
        X016
7      ─┤├────────────────────────────────────────── RST   M26
       下一点                                           1 号轴示教
        按钮                                            使用位
        X021
       ─┤├──
       示教完毕
        按钮
        X016
10     ─┤├────────────────────────────────────────── RST   M27
       下一点                                           2 号轴示教
        按钮                                            使用位
        X021
       ─┤├──
       示教完毕
        按钮
        X016
13     ─┤├────────────────────────────────────────── RST   M28
       下一点                                           3 号轴示教
        按钮                                            使用位
        X021
       ─┤├──
       示教完毕
        按钮
```

图 8-33　启动 B 点示教程序梯形图

（2）自动复现示教流程

程序块一：启动自动复现操作

按下启动按钮，清除标志位和通道值，设置 O-A 启动位和保持位。梯形图如图 8-34 所示。

程序块二：读取 A 点和 O 点值

当启动位为 O-A 时读取 A 点各值，当启动位为 A-O、B-O、C-O 时读取 O 点值。梯形图如图 8-35 所示。

启动自动复现操作

```
           X017                                              ┌ SET   M25 ┐
  0   ─────┤ ├──────────────────────────────────────────────┤       O-A ┤
           启动按钮                                           └       启动位┘

                                                            ┌ RST   M38 ┐
      ├─────────────────────────────────────────────────────┤       到位 ┤
      │                                                     └       主信号┘

      │                                                     ┌ RST   M39 ┐
      ├─────────────────────────────────────────────────────┤       到位 ┤
      │                                                     └       从信号┘
           X017                                                    ( M8 )
  4   ─────┤ ├──────────────────────────────────────────────────────保持位
           启动按钮

           M21
  6   ─────┤ ├──────┐                                               ( M8 )
           A-O      │                                                保持位
           启动位    │
                    │
           M23      │
      ─────┤ ├──────┤
           B-O      │
           启动位    │
                    │
           M24      │
      ─────┤ ├──────┘
           C-O
           启动位
```

图 8-34　启动自动复现操作程序梯形图

读取 A 点和 O 点值   *<将目标值存入公共通道   >

```
           M25                                          ┌ MOV   D0   D5 ┐
  0   ─────┤ ├──────────────────────────────────────────┤               ┤
           O-A                                          └               ┘
           启动位

           M21
  6   ─────┤ ├──────┐                                   ┌ MOV   D0   D5 ┐
           A-O      │                                   ┤               ┤
           启动位    │                                   └               ┘
                    │
           M23      │
      ─────┤ ├──────┤
           B-O      │
           启动位    │
                    │
           M24      │
      ─────┤ ├──────┘
           C-O
           启动位
```

图 8-35　读取 A 点和 O 点值程序梯形图

程序块三：1 号轴脉冲发送控制

根据该点使用情况发送脉冲驱动 1 号轴转动。梯形图如图 8-36 所示。

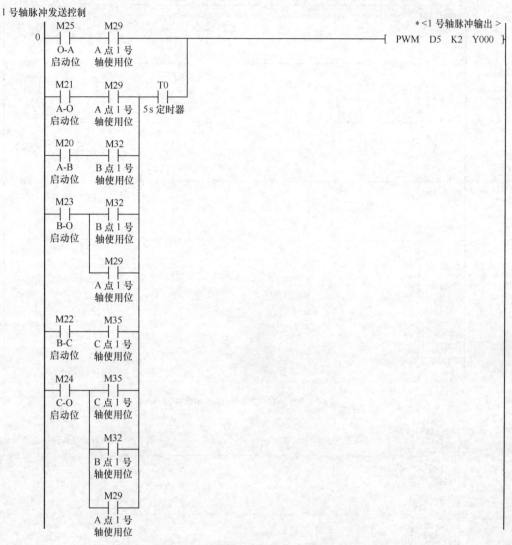

图 8-36　1 号轴脉冲发送控制程序梯形图

程序块四：发送到位主信号

A、B、C 各点各轴不动时发送到位主信号（从站发送到位从信号）。梯形图如图 8-37 所示。

程序块五：A-O 启动位判断

完毕标志位为"1"时，A-O 启动位复位（B-O、C-O 类似）。梯形图如图 8-38 所示。

程序块六：完毕标志位设定

启动位为 A-O、B-O、C-O 时，设置完毕标志位。梯形图如图 8-39 所示。

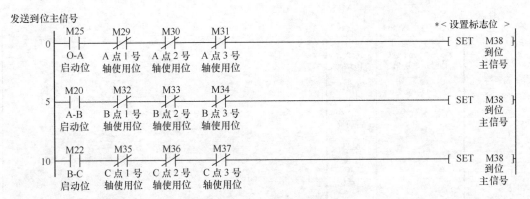

图 8-37　发送到位主信号程序梯形图

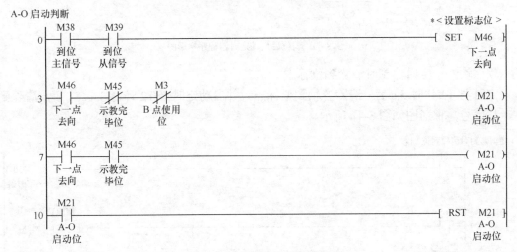

图 8-38　A-O 启动位判断程序梯形图

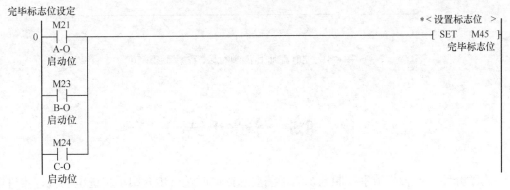

图 8-39　完毕标志位设定程序梯形图

程序块七：到位后启动定时器

到位主信号、到位从信号为"1"，完毕标志位为"0"，启动 5s 定时器；完毕标志位为"1"，A-O、B-O、C-O 任意一个为"1"也启动定时器。梯形图如图 8-40 所示。

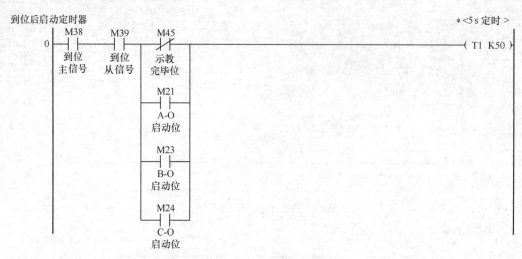

图 8-40 到位后启动定时器程序梯形图

程序块八：定时器到时清除到位标志

定时器 T1 计时 5 s 后，清除各轴到位标志，并启动定时器 T2 计时 3s。3s 后，清除到位主、从信号。梯形图如图 8-41 所示。

图 8-41 定时器到时清除到位标志程序梯形图

8.5 本章小结

本章介绍了 6 轴机械手控制系统的工艺要求，同时进一步介绍了步进电动机、步进电动机驱动器和编码器的概念和基本原理。通过本章学习，读者应该了解 PLC 高速计数器的作用，并掌握三菱 FX 系列 PLC 的高频脉冲输出方法以及 PLC 串行通信的相关知识。

第9章 PLC压力控制系统

在很多过程控制系统中，压力是一个十分常见且十分重要的过程变量。它直接影响沸腾、化学反应、蒸馏、挤压成形、真空及空气流动等物理和化学过程。如果压力控制不当就有可能引起与生产安全、产品质量和产量等相关的一系列问题。因此，将压力控制在安全范围内是极其重要的。

压力控制系统控制的对象可以是管道内的液体压力或空气压力，执行机构可以是电液伺服阀或者变频器驱动电动机。但不管是哪一种被控对象或执行机构，其控制系统的设计基本相同。本章将以电液伺服阀为执行机构的液压控制系统为例，介绍如何运用 PLC 及相关特殊功能模块实现压力控制。

9.1 控制系统工艺要求

液压控制系统通常由液压系统和电控系统组成。为了便于理解，本章将液压控制系统的构成做了一些简化，并且给出了相应模块的原理图与实物图。图 9-1 所示即为液压控制系统的简化结构框图。

下面介绍图 9-1 中各部件的功能。

压力泵：为液压系统提供动力。

压力传感器：检测管道中液体的压力值。图 9-2 所示为压力传感器的结构原理图。

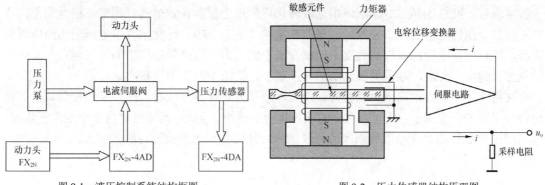

图 9-1 液压控制系统结构框图   图 9-2 压力传感器结构原理图

电液伺服阀：压力控制系统的执行机构通过调整电液伺服阀的开度可以调整动力头部位的液体压力。图 9-3 所示为电液伺服阀的结构原理图。

动力头：主要工作部件，液压系统中一般为活塞头，本系统主要控制动力头的液体压力。

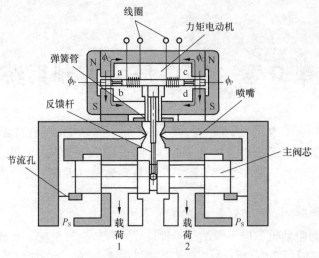

图 9-3　电液伺服阀结构原理图

FX_{2N}：三菱公司的 PLC，可以完成系统的 I/O 处理和控制算法等控制功能。三菱 FX_{2N} 系列 PLC 有小型化、高速度、高性能的优点，其所有性能方面在 FX 系列中都是最高的。除 16～25 I/O 点的独立用途外，它还适用于多个基本组件间的连接、模拟控制、定位控制等特殊用途，是一套可以满足广泛需求的 PLC。由于具有这些优点，所以本控制系统中将采用 FX_{2N} 系列 PLC。

FX_{2N}-4AD：模拟量输入特殊功能模块，用于将压力传感器输入的模拟信号转换成数字信号。

FX_{2N}-4DA：模拟量输出特殊功能模块，接收 PLC 计算的数字控制量并转换成模拟信号输出给电液伺服阀。

根据上述原理框图，可以看出液压控制系统是一个典型的计算机闭环控制系统，其控制目的就是将管道中的实际液压控制在设定的压力值。整个控制过程为：压力传感器检测到当前管道中的实际液压，然后 FX_{2N}-4AD 特殊功能模块将经压力传感器变送后的模拟信号转换成数字信号；PLC 则从 FX_{2N}-4AD 中读取转化后的压力值和设定值进行比较，根据偏差值执行相应的控制算法得到一个控制量，该控制量通过 FX_{2N}-4DA 转化成模拟电压输出给电液伺服阀，通过调整电液伺服阀的开度来控制管道中的压力。电液伺服阀中的开度越大，管道中的压力就越大；反之，液压伺服阀中的开度越小，管道中的压力就越小。

可将上述控制过程简单地理解为：当实际液压大于设定液压时，PLC 经过控制算法，使电液伺服阀的开度减小，从而管道中的液压也随之减小；反之，当实际液压小于设定液压时，PLC 经过控制算法，使电液伺服阀的开度加大，从而管道中的液压也随之加大。

9.2　相关知识点

本章涉及 PLC 开关量（或脉冲量）计算的相关操作，以及实现顺序控制的内容。模拟量的操作涉及很多计算机控制技术的相关内容，因此，本节将介绍相关的基础知识。

9.2.1 模/数（A/D）转换

变送器输出的电信号与实际物理量有很好的线性对应关系，但是这些电信号并不能直接被 CPU 识别，而是需要将这些模拟量离散化之后再通过专门的接口器件转换成数字信号，然后由 CPU 读入。

A/D 转换器（ADC）是把模拟量转换成数字量的器件，可以将连续的模拟信号转变为离散的数字信号，然后由 CPU 读入。

转换精度，A/D 转换器的位数是决定 A/D 转换精度的最主要因素，位数同时也决定了 A/D 转换得到的数字量的范围。目前，A/D 转换的位数比较普遍的有 8 位、10 位、12 位和 16 位。如果 A/D 转换的位数为 n，则对应的数字量最大值为 2^n-1。例如，8 位 A/D 转换最大输出值为 2^8-1，即 255。

参考电压：参考电压就是 A/D 转换得到的最大数字量所对应的输出电压，通常称作 V_{ref}。当输入模拟电压大于或等于 V_{ref} 时，转换得到的数字量为满度值。例如，8 位 A/D 转换，$V_{ref}=5V$，那么当输入电压为 5V 时，数字量输出为 255。

数字量与模拟量输入之间的对应关系为

$$D_{out} = (2^n - 1)\frac{V_{in}}{V_{ref}}$$

式中：D_{out}——数字量输出；

V_{in}——输入模拟电压，V；

V_{ref}——参考电压，V。

对于电流模拟量输入，通常使用电流/电压转换电路变成电压量，然后连接到 A/D 转换器的输入端。表 9-1 给出了 $V_{ref}=5V$ 时，8 位 A/D 模拟量输入和数字量输出之间的对应关系。

表 9-1 模拟量输入和数字量输出对应表

V_{in}（V）	D_{out}
0	0
1	51
2	102
3	153
4	205
5	255

当模拟输入电压大于 V_{ref} 时，输出仍然保持在 255。如果输入电压大于 V_{ref} 太多，有可能导致 A/D 转换器损坏。

9.2.2 数/模（D/A）转换

PID 控制器计算得到的控制量输出是数字量，这些数字量无法直接加到模拟量控制的执行机构上，因此通常需要将数字量输出转换成模拟量，这一工作由 D/A 转换器（DAC）完成。D/A 转换器是把数字量转变成模拟量的器件。D/A 转换器可以将二进制的数字量转换为直流电压或直流电流，通过过程控制计算机系统的输出通道，与执行器相连，实现对生产过程的自动控制。

和 A/D 转换器一样，D/A 转换器最主要的参数也是转换器位数，位数决定了 D/A 转换的精度。D/A 转换分为电压输出型和电流输出型，用户可以根据需要自行选择。D/A 转换常用的位数有 8 位、10 位和 12 位。表 9-2 给出了 12 位、最大电压输出为 5V 的 D/A 转换器数字量输入和模拟量输出之间的对应关系。

表 9-2 数字量输入和模拟量输出对应表

D_{in}	V_{in}（V）
0	0
500	0.61
1 000	1.22
1 500	1.83
2 000	2.44
2 500	3.05
3 000	3.66
3 500	4.21
4 000	4.88
4 500	5

9.2.3　PID 控制算法

PID 控制算法是当前工业控制中最常见的控制算法，简称 PID 控制，又称 PID 调节。PID 控制算法至今已有 70 年左右的历史，由于其结构简单、稳定性好、工作可靠、调整方便而成为工业控制的主要技术之一。当不完全了解一个系统和被控对象，或不能通过有效的测量手段来获得系统参数时，适合使用 PID 控制技术。

（1）PID 基本原理

PID 控制器就是根据系统的误差，利用比例、积分、微分计算出控制量进行控制。理想 PID 算式为

$$u(t) = K_c[e(t) + \frac{1}{T_i}\int_0^1 e(t)\mathrm{d}t + T_d\frac{\mathrm{d}e(t)}{\mathrm{d}t}] \tag{9-1}$$

式中：$u(t)$——控制器的输出；

$\quad e(t)$——偏差（设定值与测量值之差），$r(t) - z(t)$；

$\quad K_c$——控制器的比例系数；

$\quad T_i$——控制器的积分时间常数；

$\quad T_d$——控制器的微分时间常数。

由于计算机的控制是一种采样控制，它只能根据采样时刻的偏差值计算控制量，因此式（9-1）中的积分和微分两项不能直接准确计算，只能用数值计算的方法逼近。在采样时刻 $t = k\theta$（θ 为采样周期），式（9-1）所表示的 PID 控制规律可以通过下式近似计算。

$$u(k) = K_c\{e(k) + \frac{\theta}{T_i}\sum_{j=0}^{k} e(j) + \frac{T_d}{\theta}[e(k) - e(k-1)]\} \tag{9-2}$$

如果采样周期 θ 取得足够小，这种逼近可非常准确，被控过程与连续控制过程十分接近，所以这种情况又被称为"准连续控制"。

式（9-2）表示的控制算法提供了执行机构的位置 $u(k)$，所以称为位置式 PID 控制算法。当执行机构需要的不是控制量的绝对数值而是其增量时，可由式（9-2）导出提供增量的 PID 控制算法，即式（9-3），只需将

$$u(k) = K_c \{ e(k) + \frac{\theta}{T_i} \sum_{j=0}^{k} e(j) + \frac{T_d}{\theta} [e(k) - e(k-1)] \}$$

及

$$u(k) = K_c \{ e(k) + \frac{\theta}{T_i} \sum_{j=0}^{k} e(j) + \frac{\theta_d}{T} [e(k-1) - e(k-2)] \}$$

相减就可以导出

$$\Delta u(k) = u(k) - u(k-1) = K_c \{ e(k) - e(k-1) + \frac{T_d}{\theta} [e(k) - 2e(k-1) + e(k-2)] \} \tag{9-3}$$

（2）PID 参数对控制质量的影响

当控制方案确定以后，必须根据对象特性和对控制质量的要求，选择控制器的控制作用，从而确定控制器的类型，最终使得控制系统的控制质量满足工艺要求。为此必须了解控制作用对控制质量的影响。

① 比例（P）控制

比例控制是一种最简单、最基本的控制方式。它能较快地克服扰动的影响，使系统稳定下来，但存在稳态误差。它适用于控制通道滞后较小、负荷变化不大、控制要求不高、被控参数允许在一定范围内有余差的场合。比例控制参数对系统性能的影响如下。

对动态性能的影响：比例控制参数 K_c 加大，使系统的动作灵敏，速度加快；K_c 偏大，振荡次数变多，调节时间加长；当 K_c 太大时，系统会趋于不稳定；若 K_c 太小，又会使系统的动作缓慢。

对稳态性能的影响：加大比例控制系数 K_c，在系统稳定的情况下，可以减小稳态误差 E_{ss}，提高控制精度；但是加大 K_c 只是减小 E_{ss}，而不能完全消除稳态误差。

② 积分（I）控制

积分控制通常与比例控制或微分控制联合使用，构成 PI 控制或 PID 控制。其中 PI 控制规律是应用最为广泛的一种控制规律。积分能消除余差，适用于控制通道滞后较小、负荷变化不大、被控参数不允许有余差的场合。积分控制参数对系统性能的影响如下。

对稳态性能的影响：积分控制参数 T_i 通常使系统的稳态性能下降。T_i 太小，系统将不稳定；T_i 偏小，振荡次数较多；T_i 太大，对系统性能的影响减少；T_i 合适时，过渡特性比较理想。

对稳态性能的影响：积分控制参数能消除系统的稳态误差，提高系统的控制精度。

③ 微分（D）控制

在微分控制中，控制器的输出与输入误差信号的微分（即误差的变化率）成正比关系。自动控制系统在克服误差的调节过程中可能会出现震荡甚至失稳，其原因是存在有较大惯性的组件（环节）或滞后（delay）组件，它们具有抑制误差的作用，其变化总是落后于误差的变化。解决的办法是使抑制误差的变化超前，即在误差接近零时，抑制误差的作用就也应该是零。也就是说，在控制器中仅引入比例项是不够的，比例项的作用仅是放大误差的幅值，而且提前需要增加的是微分项，它能预测误差变化的趋势。这样，具有比例 + 微分的控制器就能

够提前使抑制误差的控制作用等于零，甚至为负值，从而避免了被控量的严重超调。所以对有较大惯性或滞后的被控对象，比例 + 微分控制器能够改善系统在调节过程中的动态特性。

PID 控制算法在 PLC 编程中有专用的编程指令，该编程指令功能号为 FNC88，具体使用格式如图 9-4 所示。

图 9-4 PID 功能指令格式

下面对 PID 功能指令的操作数作如下的相应解释。

目标值：目标值只是 PID 控制系统的给定值，在该控制系统中就是压力设定值，即压力控制系统希望达到的控制压力。

测定值：测定值是控制系统的反馈值，在该控制系统中对应的是从 FX$_{2N}$-4AD 模块读回的压力传感器的 A/D 转换的结果。

参数：参数要占用从 D100 开始的 25 个寄存器。D100 只是这一系列参数的首地址，其余的参数都紧随地址 D100。这些参数必须在 PID 控制器工作之前用 MOV 指令赋值。各个参数的具体定义如表 9-3 所示。

表 9-3   **PID 功能指令参数表**

偏移地址	参数功能	参数说明
0	采样时间	1～32 767ms，小于计算周期则无意义
1	动作方向	bit0: "0" 正动作，"1" 逆动作； bit1: "0" 禁止输入变化量过大报警，"1" 使能该报警； bit2: "0" 禁止输出变化量过大报警，"1" 使能该报警； bit3: 禁用； bit4: "0" 禁止参数自调整功能，"1" 使能该功能； bit5: "0" 禁止输出量限幅功能，"1" 使能该功能； bit6～bit15: 禁用
2	输入滤波常数	0%～99%，对传感器信号滤波
3	比例增益	1%～32 767%
4	积分时间	（0～32 767）× 100ms，若设为 0，表示无积分
5	微分增益	0～100%
6	微分时间	（0～32 767）× 10ms，若设为 0，表示无微分
7～19	禁用	该单元给 PID 功能指令存放中间数据
20	输入变化上限	0～32 767 报警功能使用
21	输入变化下限	0～32 767 报警功能使用
22	输出变化上限	0～32 767 报警功能使用
23	输出变化下限	0～32 767 报警功能使用
24	报警值	bit0: 输入变化上限报警； bit1: 输入变化下限报警； bit2: 输出变化上限报警； bit3: 输出变化下限报警

输出值：输出值就是 PID 控制器经过 PID 控制算法得到的控制量输出结果。这个结果最

后写入到 FX$_{2N}$-4DA 模块转换成模拟量之后输出。

通过前面的介绍可知，PID 控制参数操作数其实只是 25 个参数的地址，一般情况下这 25 个参数不需要全部设置。在这里假定这 25 个参数地址在 D500~D524 中，则其控制算法的步骤如下。

① 设定控制的目标值，假定是 500，将该数值写入 D5。

② 测量值从 A/D 转换模块得到，结果放在 D0 存储单元，则测量值地址为 D0。

③ 向 D500 写入采样时间设定值。

④ 向 D502 写入滤波时间常数。

⑤ 向 D502、D504 和 D506 写入比例增益、积分增益和微分增益。

⑥ 向 D522 和 D523 写入输出的上限值和下限值。

⑦ 由于在特殊功能模块输出初始化时设定的为 D1，因此 PID 算法结果存放在 D1 单元。

由此可得 PID 控制算法梯形图如图 9-5（a）所示，其指令表如图 9-5（b）所示。

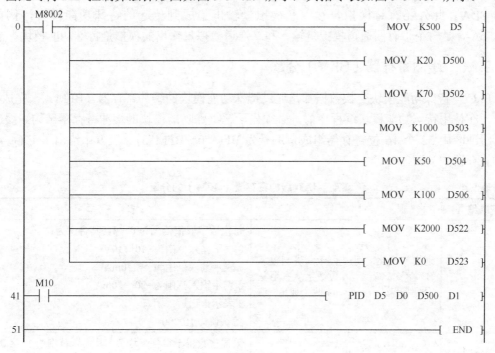

（a）梯形图

```
0    LD     M8002
1    MOV    K500     D5
6    MOV    K20      D500
11   MOV    K70      D502
16   MOV    K1000    D503
21   MOV    K50      D504
26   MOV    K100     D506
31   MOV    K2000    D522
36   MOV    K0       D523
41   LD     M10
42   PID    D5       D0      D500    D1
51   END
```

（b）指令表

图 9-5　PID 控制算法程序

9.2.4 特殊功能模块

三菱 PLC 控制器中并没有专门的 A/D 转换和 D/A 转换机构，因此不能直接通过 PLC 实现模拟量的输入和输出操作。为了对模拟量进行操作，三菱公司开发了专用的 A/D 和 D/A 特殊功能模块，以方便工程技术人员完成对模拟量的控制。

三菱公司开发的模拟量模块型号很多，其中有些特殊功能模块用来完成特定的控制功能。例如，FX$_{2N}$-4AD-PT 是专用的温度检测模块，可以同时检测 4 路 PT 温度传感器的温度值。模块内除了 A/D 转换模块之外，还集成了温度传感器的变送电路。FX$_{2N}$-IPG 是专用的 PG 编码盘信号检测模块，可以与 PG 编码盘相连，用于测量电动机轴的位置和转速。

除了这些专用模块之外，三菱公司也开发了一些通用的模拟量特殊功能模块。其中模拟量输入模块有 FX$_{2N}$-2AD、FX$_{2N}$-4AD、FX$_{2N}$-8AD，模拟量输出模块有 FX$_{2N}$-2DA、FX$_{2N}$-4DA、FX$_{2N}$-8DA。此外还有将模拟量输入和模拟量输出集成到一起的特殊功能模块，例如，FX$_{2N}$-6A-E 是一个带有四通道模拟量输入和二通道模拟量输出的模拟量特殊功能模块。

9.2.5 缓冲寄存器（BFM）分配

PLC 与特殊功能模块交换数据都是通过特殊功能模块的缓冲寄存器（BFM）来完成的。因此，在使用特殊功能模块编程之前，必须先了解特殊功能模块的缓冲寄存器结构。缓冲寄存器缓冲区由 32 个 16 位寄存器组成，编号为 BFM#0～BFM#31。表 9-4 给出了 FX$_{2N}$-4AD 缓冲寄存器的分配。

表 9-4   **FX$_{2N}$-4AD 缓冲寄存器（BFM）的分配**

BFM 编号	内 容	备 注
#0	通道初始化，用 4 位十六进制数字 H××××表示，4 位数字从右至左分别控制 1、2、3、4 四个通道	每位数字取值范围为 0～3，其含义为： 0 表示输入范围为-10～10V； 1 表示输入范围为 4～20mA； 2 表示输入范围为-20～20mA 3 表示该通道关闭。 默认值为 H0000
#1～#4	各通道采样次数设置	采样次数用于得到平均值，其设置范围为 1～4 096，默认值为 8
#5～#8	各通道平均值存放单元	根据#1～#4 缓冲寄存器的采样次数，分别得出每个通道的平均值
#9～#12	各通道当前值存放单元	每个输入通道读入的当前值
#13、#14	保留	
#15	A/D 转换速度设置	设为"0"时：正常速度，15 毫秒/通道（默认值）； 设为"1"时：高速度，6 毫秒/通道
#16～#19	保留	
#20	复位到默认值和预设值	默认值为"0"；设为"1"时，所有设置将复位到默认值
#21	禁止调整偏置和增益值	bit1、bit0 位设为"1"、"0"时，禁止；bit1、bit0 位设为"0"、"1"时，允许（默认值）

BFM 编号	内　容	备　注
#22	偏置、增益调整通道设置	bit7 与 bit6、bit5 与 bit4、bit3 与 bit2、bit1 与 bit0 分别表示调整通道 4、3、2、1 的增益与偏置值
#23	偏置值设置	默认值为 0000，单位为 mV 或 μA
#24	增益值设置	默认值为 5 000，单位为 mV 或 μA
#25～#28	保留	
#29	错误信息	表示本模块的出错类型
#30	识别码（K2010）	固定为 K2010，引用 FROM 读出识别码来确认此模块
#31	禁用	

下面对表中的重要参数进行简单说明。

① BFM#0：信号输入类型选择。按十六进制数格式输入，每位十六进制数对应一个通道，由 PLC 写入。如果写入值为 H2301，那么通道 1 为 4～20mA 电流输入，通道 2 为−10～10V 电压输入，通道 3 没有任何输入，通道 4 为−20～20mA 电流输入。该数值不能任意输入，而是由系统中传感器输入的信号类型和所连接的通道号唯一确定。

② BFM#1～BFM#4：平均次数。由于外部信号输入可能会带入一些干扰，因此通过计算最近几个周期的采样平均值来滤波。平均次数越多，滤波的效果越明显，但是系统响应灵敏度会降低，因此平均次数的选择应考虑系统的响应时间。

③ BFM#5～BFM#8：滤波后的采样结果。PLC 基本模块从该单元读出模拟信号转换后的结果。

④ BFM#9～BFM#12：当前周期的采样结果。

⑤ BFM#15：采样速度。即系统每隔多长时间采样一次模拟信号并加以转换。设置为"0"时表示每隔 15ms 采样一次，设置为"1"时表示每隔 6ms 采样一次。

⑥ BFM#20：向该单元写"1"，则所有参数恢复到出场设置值。

⑦ BFM#21～BFM#24：软件调整增益和偏移量。

⑧ BFM#29：出错信息。当模块工作异常时，模块会根据错误类型填写该单元。PLC 读该单元数值可以判断出出错类型（具体出错信息代码见三菱手册）。

⑨ BFM#30：设备识别码。每种类型的特殊功能模块都有其相应的设备识别码。FX$_{2N}$-4AD 的识别码是 H2010。PLC 读该单元即可确定所连接的是哪一种特殊功能模块。

同样 FX$_{2N}$-4DA 特殊功能模块也有 32 个缓冲寄存器单元，表 9-5 给出了 FX$_{2N}$-4DA 的缓冲寄存器分配。

表 9-5　　　　　　　　　　　FX$_{2N}$-4DA 的缓冲寄存器（BFM）分配

BFM 编码	内　容	备　注
#0	通道初始化，用 4 位十六进制数字 H××××表示，4 位数字从右至左分别控制 1、2、3、4 四个通道	每位数字取值范围为 0～3，其含义为： 0 表示输入范围为−10～10V； 1 表示输入范围为 4～20mA； 2 表示输入范围为 0～20mA； 3 表示该通道关闭。 默认值为 H0000

BFM 编码	内　容	备　注
#1～#4	各通道输出数据值	初始值为 0
#5	数据保持模式,用 4 位十六进制数字 H ×××× 表示,4 位数字从右至左分别控制 1、2、3、4 四个通道	"1": 输出偏移值 "0": 保持输出
#6、#7	保留	
#8	增益偏置设定,用 4 位十六进制数字 H ×××× 表示。8#设定通道 1 和 2,9# 设定通道 3 和 4	"0": 新写入的增益和偏移量无效 "1": 新写入的增益和偏移量有效
#9		
#10～#17	各通道偏移与增益	
#18、#19	保留	
#20	复位到默认值和预设值	写入 K1,恢复出厂值
#21	禁止调整 I/O 特性	写入 K2 禁止,写入 K1 允许
#22～#28	保留	
#29	错误代码	显示出错类型（详见三菱手册）
#30	识别码	K3020
#31	保留	

下面对表中的重要参数进行简单说明。

① BFM#0：信号输出类型选择。按十六进制数的格式输入,每位十六进制数对应一个通道,由 PLC 写入。如果写入值为 H1230,那么通道 1 为-10～10V 电压输出,通道 2 没有任何输出,通道 3 为 0～20mA 电流输出,通道 4 为 4～20mA 电流输出。该数值不能任意输入,而是由系统中执行机构的模拟量驱动信号类型和所连接的通道号唯一确定。

② BFM#1～BFM#4：各通道输出数据值。PLC 基本模块将需要转换的数字量写入到相应单元,FX$_{2N}$-4DA 将该单元的数字值转换输出。

③ BFM#5：写入 "0",输出 BFM#1～BFM#4 值；写入 "1",带偏移量输出。

④ BFM#8、BFM#9：写入 "1" 时,偏移量有效,即输出 BFM#1～BFM#4 内容与偏移量的和。

⑤ BFM#10～BFM#17：PLC 向这些单元写入软件调整的偏移量和增益值。

⑥ BFM#20：向该单元写入 "1",则所有参数恢复到出场设置值。

⑦ BFM#29：出错信息。当模块工作异常时,模块会根据错误类型填写该单元。PLC 读该单元数值可以判断出错类型（具体出错信息代码见三菱手册）。

⑧ BFM#30：设备识别码。每种类型的特殊功能模块都有其相应的设备识别码,FX$_{2N}$-4DA 的识别码是 H3020。

9.3　控制系统硬件设计

从 9.1 节的系统结构框图中可知,完成该控制任务必须用到传感器、执行机构、PLC 模块和特殊功能模块。

9.3.1 控制系统硬件选型

（1）压力传感器

压力传感器的选择要根据控制系统的压力范围而定，这里选择量程为 0～1 000bar（1bar = 10⁵Pa）的压力传感器。传感器的类型可以是电流输出型，也可以是电压输出型，在此选择电压输出型的压力传感器。经过变送之后，传感器输出的电压范围为 0～5V。图 9-6 所示为该压力控制系统所选用的压力传感器。

（2）电液伺服阀

一般的电液伺服阀都是电流驱动型，选择其电流工作范围是 0～10mA。这里对应的模拟量特殊功能也应该为输出电流信号。图 9-7 所示为该压力控制系统选用的电液伺服阀。

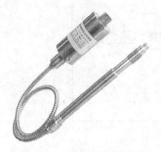

图 9-6 压力传感器实物图

图 9-7 电液伺服阀实物图

（3）PLC 基本模块

PLC 模块代码的编写，不仅需要从特殊功能模块缓冲寄存器中读出转换后的数字结果，而且控制算法的实现要求 PLC 中要有专用的 PID，PID 功能指令模块计算的数字结果要存放在 PLC 的相关单元中。由于 FX_{2N} 系列 PLC 都支持模拟量特殊功能模块的连接，同时也支持 PID 控制算法功能指令，因此，PLC 基本模块可以选择 FX_{2N}-32MR，如图 9-8 所示。

（4）模拟量输入特殊功能模块 FX_{2N}-4AD

FX_{2N}-4AD 是四通道 12 位 A/D 转换模块。根据外部连接方式及 PLC 指令，可选择电压输入或电流输入。FX_{2N}-4AD 可以同时采集 4 路模拟量输入信号，在与 PLC 基本模块相连时，共占用 8 个基本 I/O 点。图 9-9 所示是 FX_{2N}-4AD 的一个典型实物图。

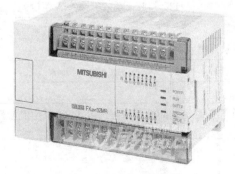

图 9-8 FX_{2N}-32MR 实物图

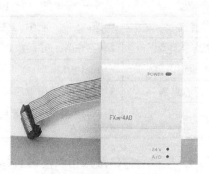

图 9-9 FX_{2N}-4AD 实物图

FX$_{2N}$-4AD 模块可以检测模拟电压输入信号，也可以检测模拟电流输入信号。信号输入方式不同，连线方式也不一样。图 9-10 给出了 FX$_{2N}$-4AD 和模拟输入信号的连线方式。

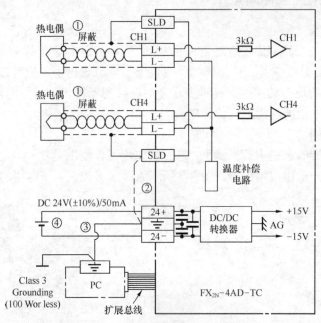

图 9-10　FX$_{2N}$-4AD 和输入信号连接图

除了连线方式之外，使用 FX$_{2N}$-4AD 时还需要知道特殊功能模块的一些电气参数。表 9-6 给出了 FX$_{2N}$-4AD 的电气参数。由于 FX$_{2N}$-4AD 是一个 12 位的特殊功能模块，所以数字量输出的最大值为 4 095。为了方便计算通常将最大值设为 4 000，虽然损失了一些精度，但是给计算带来了极大方便。

表 9-6　　　　　　　　　　　　　　　　FX$_{2N}$-4AD 电气参数表

项　　　目	电　压　输　出	电　流　输　出
模拟量输入范围	DC–10～10V（输入阻抗：200kΩ） 绝对最大量程–15～15V	DC–20～20mA（输入阻抗：250Ω） 绝对最大量程–32～32mA
数字量输出范围	12 位转换结果，以 16 位二进制补码方式存储，其输出范围为：–2 048～2 047	
分辨率	5 mV（10V 默认范围：1/2 000）	20μA（20mA 默认范围：1/1 000）
综合精度	–1%～1%（在 –10～10V 范围）	–1%～1%（在 –20～20mA 范围）
转换速度	常速：15ms/通道；高速：6ms/通道	
外接输入电源	24V/55mA，可有 PLC 基本单元或扩展单元内部供电：5V/30mA	
模拟量用电源	–10～10V	–4～20mA，或 –20～20mA
I/O 占有点数	8 个输入或输出点均可	
隔离方式	模拟与数字之间为光电隔离，4 个模拟通道之间没有隔离。由 PLC 供电的消耗：5V/30mA	

（5）模拟量输出特殊功能模块 FX$_{2N}$-4DA

FX$_{2N}$-4DA 是四通道 12 位的高精度 D/A 输出模块，可以输出电压信号或电流信号。电压和电流的选择通过用户配线完成。可选用的模拟电压值范围是 -10~10V（分辨率：5mV），可选用的模拟电流值范围是 0~20mA。每个通道可以独立设定为电压输出或电流输出。图 9-11 所示分别给出了电流输出和电压输出的连线方式。

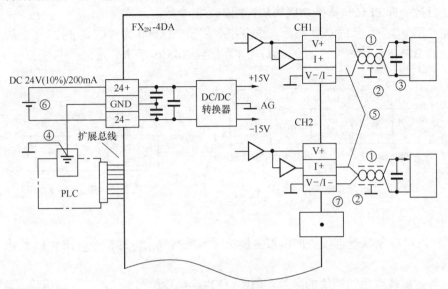

图 9-11　模拟量输出信号连线图

除了连线方式之外，还需了解其他电气指标。表 9-7 给出了 FX₂ₙ-4DA 的电气参数。

表 9-7　　　　　　　　　　　　　　　　**FX₂ₙ-4DA 电气参数表**

项　　目	电 压 输 出	电 流 输 出
模拟量输出范围	DC-10~+10V（外部负载阻抗 21kΩ~1MΩ）	DC 0~20mA（外部负载阻抗 500Ω）
数字量输入范围	带符号十六进制（有效位为 11 位，符号位为 1 位）	
分辨率	5 mV（100 × 1/2 000）	20μA（20mA × 1/1 000）
综合进度	- 1%~10%（满量程 10V）	- 1%~1%（满量程 20mA）
转换速度	4 个通道，2.1ms（使用的通道数变化不影响转换速度）	
隔离方式	模拟和数字电路之间用光电耦合器隔离，与基本单元之间是 DC/DC 转换器隔离，模拟通道之间没有隔离	
外接输入电源	DC 24V/200mA，基本单元或扩展单元内部供电：5V/30mA	
I/O 占有点数	占用 8 个 I/O 点	

在介绍完特殊功能模块之后，再简单介绍一下 PLC 控制器基本单元与模拟量模块之间通信所主要使用的两条指令。

① FROM 指令

FROM 是 PLC 控制器基本模块从模拟量模块中读取相应数据的指令。FROM 指令功能号为 FNC78。图 9-12 给出了 FROM 指令的格式。下面对图 9-12 中的 FROM 功能指令的操作作简单说明。

单元号：即特殊功能模块的编号。例如，FX₂ₙ-4AD 编号为 0，在向该模块读取数据时，单元号应填写 K0。

BFM#传送源：即 PLC 读取特殊功能模块里的哪一个 BFM 单元的数据。

传送地点：即 PLC 读取回的数据存放在 PLC 的相应存储单元。

传送点数：即 PLC 从特殊功能模块读回的数据个数。

例如，图 9-13 所示 FROM 指令。这条指令表示当 X000 为"ON"时，PLC 从 1 号特殊功能模块的 BFM#29 读取一个点的数据，并存储到 K4M0 存储单元。

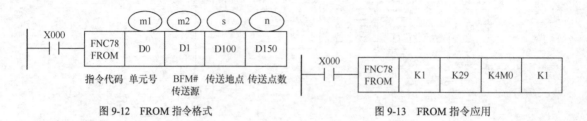

图 9-12　FROM 指令格式　　　　　　　　图 9-13　FROM 指令应用

② TO 指令

TO 是 PLC 控制器基本模块向模拟量模块写入数据或命令的指令。图 9-14 给出了 TO 指令的格式。

单元号：即特殊功能模块的编号。例如，FX_{2N}-4AD 编号为 0，在向该模块写取数据时，单元号应填写 K0。

BFM#传送源：即 PLC 向特殊功能模块里的哪一个 BFM 单元写数据。

传送地点：即 PLC 将哪个存储的单元数据写到特殊功能模块。

传送点数：即 PLC 向特殊功能模块写入的数据个数。

例如，图 9-15 所示 TO 指令。这条指令表示当 X000 为"ON"时，PLC 将 K4M0 的数据写到 1 号特殊功能模块的 BFM#29 存储单元。

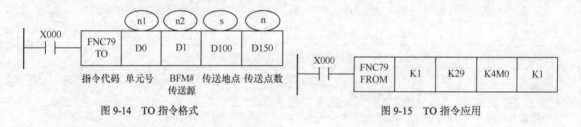

图 9-14　TO 指令格式　　　　　　　　图 9-15　TO 指令应用

（6）扩展模块

扩展模块是根据选用的特殊功能模块选定的。在此选用 FX_{2N}-16EX 扩展模块。扩展模块的使用与否取决于所设计系统所需的硬件资源的多少。

（7）操作及显示元件

三菱触摸屏 F930-GOT 是三菱 GOT-900 中价格最便宜的一款，它具有很高的性价比以及出色的键盘反应，保密功能可设定为 15 等级，高质量的蓝色 LCD 显示器提供出色的视觉性能，合适的大小可实现简单的资料修改及信息箱，IP65 保护等级，可更换背景光灯。F930-GOT 触摸屏的参数见表 9-8。

表 9-8	F930-GOT 触摸屏参数表
型 号	F930-GOT-BWD-C
电源电压	DC 24V
显示设备	STN 单色显示
显示颜色	单色（蓝白）
可视角度	左和右：30°；上：20°；下：30°
分辨率（点）	240 × 80
用户存储器容量	256 KB
外部尺寸（mm）	146（W）× 75（H）× 49（D）
面板开孔尺寸（mm）	137 + 10（W）× 66 + 10（H）

9.3.2 硬件的连接

硬件的连接主要包括以下 3 个方面的内容。

（1）特殊功能模块与 PLC 的连接

特殊功能模块必须和 PLC 相连才能正常工作。因此必须了解 PLC 与特殊功能模块之间的连线方式。

在 FX 系列 PLC 基本单元的右侧，可以最多直接连接 8 个特殊功能模块，它们可以依次编号为 0～7 号。图 9-16 所示是 FX_{2N}-32MR 连接了 FX_{2N}-4AD、FX_{2N}-4DA 和 FX_{2N}-4AD-TC 3 个模拟量的特殊功能模块的连线图。其中对 FX_{2N}-16EX、FX_{2N}-32ER 扩展模块进行了连接。

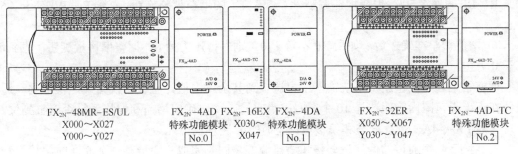

FX_{2N}-48MR–ES/UL FX_{2N}-4AD FX_{2N}-16EX FX_{2N}-4DA FX_{2N}-32ER FX_{2N}-4AD–TC
X000～X027   特殊功能模块 X030～ 特殊功能模块   X050～X067   特殊功能模块
Y000～Y027   No.0   X047   No.1   Y030～Y047   No.2

图 9-16 PLC 与特殊功能模块连线图

图 9-16 中，扩展模块不等于特殊功能模块编号，所以 3 个模拟量模块的编号分别为 0、1、2 号。其中每个模块占有 8 个点，所以 3 个模拟量模块共占用了 24 个点。

（2）传感器与 FX_{2N}-4AD 的连接

上述第一步的连接完成之后，将传感器变送之后的模拟量信号传输线接到 FX_{2N}-4AD 的 4 组模拟量输入端子之一。假定连接了其中第一组模拟量输入端子，然后对 FX_{2N}-4AD 模块的偏移量和增益进行调整。当电压输入为 0～5 V 时，转换结果为 0～4 000。

（3）电压伺服阀与 FX_{2N}-4DA 的连接

连接好传感器之后，将 FX_{2N}-4DA 的第 0 号输出通道与电液伺服阀的驱动线相连，然后对 FX_{2N}-4DA 的电液输出增益和偏移量进行调整。当写入到通道 1 的数据为 0～4 000 时，模拟通道输出电流为 0～10 mA。

9.3.3 增益与偏置调整

由于 FX$_{2N}$-4AD 和 FX$_{2N}$-4DA 模块分别使用 12 位的 A/D 和 D/A 转换芯片实现转换，因此对应的数字量的范围为 0～4 095，为了换算方便，一般只用到了 0～4 000。即当模拟量输入为 0 时，对应的数字量为 0；模拟量为模块对应的最大值时，对应的数字量为 4 000。

例如，FX$_{2N}$-4AD，设定 BFM#0 为 H0000 时，则其对应的输入模拟量的范围为−10～10V。当输入电压为−10V 时，其对应的转换结果为 0；当输入电压为 10V 时，其对应的转换结果为 4 000。在没有设定增益和偏移量时，这种对应关系是确定不变的。

然而在实际应用时，并不是所有的传感器输入信号都是 −10～10V。比如前面介绍的压力传感器输出类型中就有 0～5V 的输出，那么此时当输入为 0V 时，对应的数值为 2 000；输入为 5V 时，对应的数值为 3 000。这样一来就会带来一些问题，A/D 转换器的量程没有用满，即会带来 A/D 转换精度的浪费，与此同时模拟量的 0V 和数字量的 0 也没有对应上。虽然不会产生太大问题，但是会给编程带来一些麻烦。

如何解决这个问题呢？通常可以使用模块上的调整旋钮调整输入电压和电流的范围。增益和偏移量的调整步骤如下。

① 将传感器连接到 FX$_{2N}$-4AD 的输入端子上。

② 编写 PLC 代码，从 FX$_{2N}$-4AD 的相应通道读回 A/D 转换结果并加以显示。

③ 将系统输入压力调整到 0bar，以下转换结果，假定为 R0。

④ 将系统输入压力调整到满量程 1 000bar，以下转换结果，假定为 R1。

⑤ 如果希望输入压力为 0 时转换结果也为 0，满量程时转换结果为 3 600，则计算 R1−R0。如果 R1−R0 只有 3 500，说明增益偏小，调整模块上的增益调整旋钮，直到 R1−R0 等于 3 600 为止。

⑥ 增益调整准确之后，如果 R0 不等于 0，则保持压力为 0，调整偏移量旋钮，直到 R0 等于 0 为止。

调整结束之后，重新将系统输入压力调整到其余压力值，验证转换结果是否正确。通常需要在满量程范围内等距选择 10 个左右的点来检查，以确定增益和偏移量是否调整到位。

在对 FX$_{2N}$-4AD 进行增益和偏移量调整时需要注意以下几点。

① 对于 4 个通道的偏移量调整和增益调整是同时完成，即调整一个通道的偏移量和增益时，4 个通道的偏移量和增益会同时变化。

② 反复调整偏移量和增益值，直到得到稳定的数值为止。

③ 在调节时，先调节增益后调节偏移量，可以减少调整时间。

模拟量输出模块 FX$_{2N}$-4DA 的增益和偏移量调整方法与模拟量输入模块的方法类似。下面给出其调整步骤，模拟量输出增益和偏移量调整时可以连接执行机构，但执行机构的动作在系统上很难直接测量，所以模拟量输出整定通常直接检测输出电信号。这样等于默认执行机构的线性和精度很好。

① 编写 PLC 代码，向 FX$_{2N}$-4DA 的相应通道写入需要转换的数值。

② 向相应通道写入数值 0，用万用表测量模拟信号输出，记下转换结果 R0。

③ 向相应通道写入数值 4 000，用万用表测量模拟信号输出，记下转换结果 R1。

④ 如果希望输出电流为 4～20mA，即输出电流幅度为 16mA，计算 R1−R0，如果只有

10mA，说明增益偏小，调整增益旋钮，到输出幅度为 16mA 为止。

⑤ 调整好增益之后，用相应通道写入数值 0，调整偏移量旋钮，直到输出电流为 4mA 为止。

9.4 控制系统软件设计

在选取了以三菱 PLC 为核心的压力控制系统的硬件后，为了完成该系统的预定功能，接下来将重点介绍该系统功能实现的软件流程图以及具体的软件实现。

9.4.1 压力控制系统流程图

如图 9-17 所示，开机后，PLC 依靠内部特殊寄存器 M8002 在上电后的第一个初始化脉冲下，对内部寄存器、定时器、计数器等进行清零，并把系统的运行模式初始化为一个默认的状态。根据需要可以自行设定参数，包括运行时间和运行模式，运行模式包括启和停两个时间。系统通过参数自调整来修正 PID 控制参数。然后在触摸屏上按下启动按钮，系统开始按设定的运行模式运行。在运行过程中，如果系统发生报警，则立即停止运行。当一个运行模式周期结束后，如果系统的运行时间没有到，则系统按设定的运行模式再次运行；如果系统的运行时间到了，系统就停止运行。

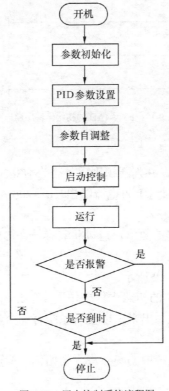

图 9-17 压力控制系统流程图

9.4.2 系统软件设计

在使用模拟量特殊功能模块之前，必须对这些模块进行初始化，主要包括对模拟量输入模块和模拟量输出模块的初始化。从硬件连线图中可以看出，FX_{2N}-4AD 的单元号为 0，FX_{2N}-4DA 的单元号为 1，并且传感器和电液伺服阀的输出信号都是连接到通道 1。因此，初始化设置应针对通道 1 来进行操作。

（1）FX_{2N}-4AD 的初始化步骤

① 从 BFM#30 读取识别码，并判断识别码是否为 H2010。

② 初始化通道信号类型。通道 1 为电压信号输入，故设为 0，其余通道未连接，故设为 3，因此 BFM#0 写入 H3330。

③ 向 BFM#1 写入采样平均次数，这里可以假定为 4。

④ 从 BFM#29 读出 FX_{2N}-4AD 的工作状态，如果工作正常，则进入下一步。

⑤ 从 BFM#5 读出通道 1 的采样平均值，可以将其存放在 D0 中。

其初始化程序梯形图如图 9-18 所示。

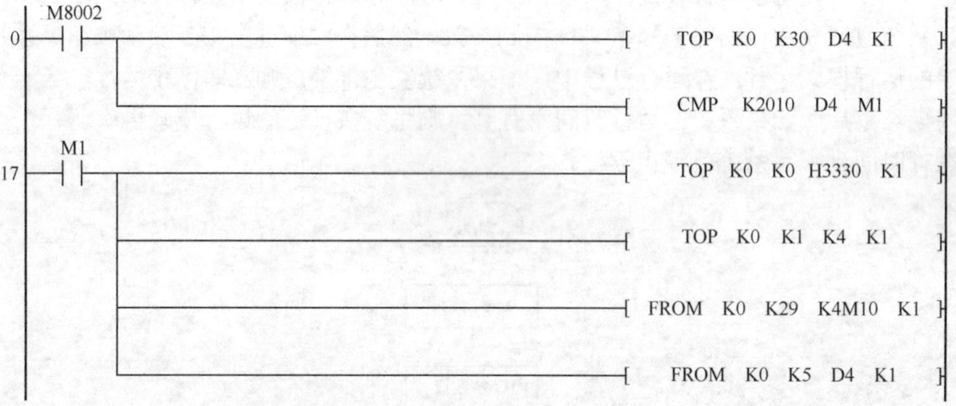

图 9-18 FX_{2N}-4AD 的初始化程序梯形图

（2）FX_{2N}-4DA 的初始化步骤

① 从 BFM#30 读取识别码，并判断识别码是否为 H3020。

② 初始化通道信号类型。通道 1 为电流输出（0～20mA），故设为 2，其余通道未连接，故设为 3，因此 BFM#0 写入 H3332。

③ 向 BFM#1 写入需要输出的数值，可以将其存放在 D1 中。

④ 从 BFM#29 读出 FX_{2N}-4AD 的工作状态，如果工作正常，则进入下一步。

其初始化程序梯形图如图 9-19 所示。

图 9-19 只是对特殊功能模块的初始化程序作了简单介绍，不够详尽，为此下面将整个控制系统的程序梯形图按功能分块写出来，以便对系统有一个整体把握。

程序块一：参数初始化

在程序开始执行前应该对系统中的参数进行初始化。梯形图如图 9-20 所示。

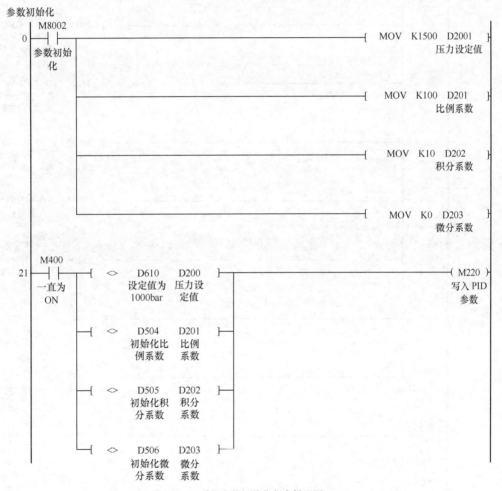

图 9-19　FX₂N-4DA 初始化程序梯形图

图 9-20　系统参数初始化程序梯形图

程序块二：PID 参数设置

对参数进行初始化以后写入 PID 参数。梯形图如图 9-21 所示。

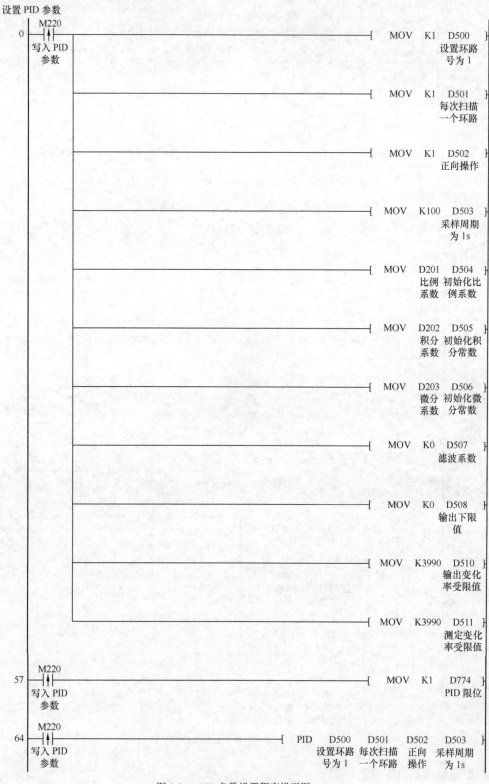

图 9-21　PID 参数设置程序梯形图

图 9-21 PID 参数设置程序梯形图（续）

程序块三：系统运行

PID 参数设置完成以后，将进入整个系统的运行阶段。梯形图如图 9-22 所示。

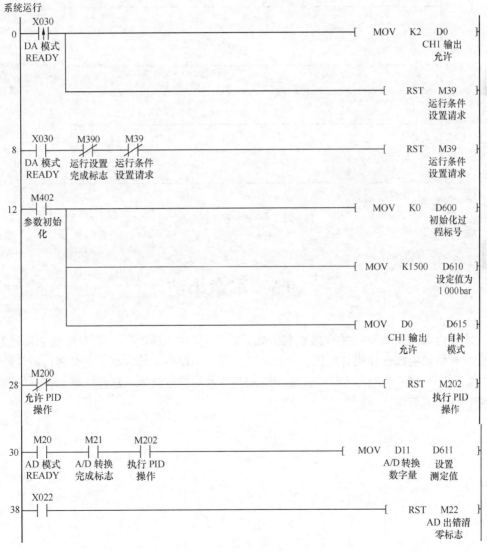

图 9-22 系统运行程序梯形图

```
         M22        X022
40       ┤├─────────┤╱├─────────────────────────────────[ RST    M22    ]
         AD 出错                                                  AD 出错清
         清零标志                                                零标志

         M202
43       ┤├──────────────────────────────────[ PID  D600  D601  D602  D603 ]
         执行 PID                                         初始化过
         操作                                             程标号

         X030       M202
53       ┤├─────────┤├───────────────────────────────────[ RST    M31    ]
         DA 模式    执行 PID                                       CH1 输出
         READY      操作                                          允许

                 ├────────────────────────────────[ MOV    D612    D1   ]
                                                           操作      DA
                                                          量输出  数字量

         X032
61       ┤├──────────────────────────────────────────────[ RST    M32    ]
                                                                   DA 出错
                                                                   请求

         M32        X032
63       ┤├─────────┤╱├──────────────────────────────────[ RST    M32    ]
         DA 出错                                                  DA 出错
         请求                                                    请求

         M201
66       ┤├──────────────────────────────────────────────[ RST    M202   ]
         禁止 PID                                                 执行 PID
         操作                                                    操作

68       ──────────────────────────────────────────────────────[ END ]
```

图 9-22 系统运行程序梯形图（续）

9.5 本章小结

　　本章内容不仅涉及大量的 PLC 相关知识以及复杂的编程方法，而且涉及 PID 控制技术，因此本章知识的综合性相对较强。学好本章内容，不仅要熟练掌握三菱公司模拟量特殊功能模块的原理、接线和编程方法，还要了解相关计算机控制技术，这样才能真正理解和掌握模拟量特殊功能模块。

第 10 章　PLC 电梯控制系统

在高楼林立的都市中，电梯与我们的生活息息相关，如何实现电梯的控制是人们密切关注的一个方面。本章将以一个典型的电梯模型为例，对其逻辑控制进行介绍，重点讲解如何实现 PLC 与变频器的通信，实现对电梯正反转及速度的控制。

10.1　控制系统工艺要求

本节将以 3 层电梯模型为例，具体介绍电梯控制系统的基本结构以及控制要求。

10.1.1　电梯控制系统的基本结构

图 10-1 所示为 3 层电梯模型，该电梯模型的基本结构如下。

① 机房部分：包括曳引机、限速器、电磁制动器。

② 控制柜部分：包括总电源、控制电源、PLC、变频器、接线板等设备。

③ 井道部分：包括导轨、对重装置、缓冲器、限速器钢丝绳张紧装置、极限开关、平层感应器、随行电缆等。

④ 厅门部分：包括厅门、呼梯按钮厢、楼层显示装置等。

⑤ 轿厢部分：包括轿厢、安全钳、导靴、自动开门机、平层装置、操纵厢、轿厢内指层灯、轿厢照明等。

图 10-1　电梯模型

如图 10-2 所示，电梯一、二、三层楼分别包括平层信号 1XL、2XL、3XL，一楼上呼按钮 1SBs、二楼上呼按钮 2SBs、二楼下呼按钮 2SBx、三楼下呼按钮 3SBx，一楼呼梯指示灯 1HL、二楼呼梯指示灯 2HL、三楼呼梯指示灯 3HL，电梯上行指示 1HLs～3HLs、电梯下行指示 1HLx～3HLx。

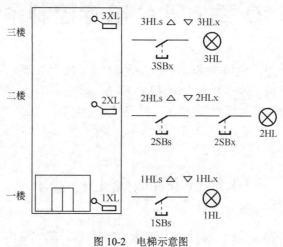

图 10-2　电梯示意图

10.1.2　电梯控制系统的控制要求

电梯控制要求如下。

电梯停在三层或二层时，按一楼上呼按钮，电梯下行至一楼；电梯停在一层或二层时，按三楼下呼按钮，电梯上行至三楼；按二楼上呼或下呼，如电梯停在一层，电梯将上行至二楼，如电梯停在三层，电梯将下行至二楼，停止 15s 后下行至一楼；电梯停在一层，按二楼上呼和三楼下呼按钮，电梯将上行至二楼，平层、开门，停止 15s，再自动上行至三楼；电梯停在三层，如果按二楼下呼及一楼上呼按钮时，电梯将运行到二楼，平层、开门，停止 15s，再自动下行至一楼；电梯停在三层，如果二楼上呼按钮先按，一楼上呼按钮后按时，电梯将运行到一楼，平层，停止 15s，再自动上行至二楼；电梯停在三层，如果一楼上呼按钮先按，二楼上呼按钮后按时（为反向呼梯），电梯将运行到一楼，平层，停止 15s，再自动上行至二楼；通过变频器控制电动机正反转实现电梯的上行和下行；显示轿厢位置，上行、下行显示，楼层呼梯指示灯显示。

10.2　相关知识点

本节主要介绍通信寄存器 D8120、三菱 FRA540 变频器的参数设置、编码指令、区间复位指令以及七段译码指令等相关知识。

10.2.1　通信寄存器 D8120

FX$_{2N}$ 系列 PLC 与通信设备间的数据交换由特殊寄存器 D8120 的内容定义，交换数据的点数、地址用 RS 指令设置，并通过 PLC 的数据寄存器和文件寄存器实现数据交换。下面对其使用进行简要介绍。

1. 通信参数的设置

在两个串行通信设备进行任意通信之前，必须设置相互可辨认的参数，只有设置一致，才能进行可靠通信。这些参数包括波特率、停止位和奇偶校验等，它们通过位组合的方式来选择，这些位存放在数据寄存器 D8120 中，具体规定如表 10-1 所示，使用说明如下。

① 如 D8120 = 0F9EH，则选择下列参数。

E——7 位数据位、偶校验、2 位停止位；

9——波特率为 19 200baud/s；

F——起始字符、结束字符、硬件 1 型（H/W1）握手信号、单线模式控制；

0——硬件 2 型（H/W2）握手信号为 OFF。

② 起始字符和结束字符可以根据用户的需要自行修改。

③ 起始字符和结束字符在发送时自动加到发送的信息上。

表 10-1　　　　　　　　　　　　通信模式设置

D8120 的位	说　明	位　状　态	
		0（OFF）	1（ON）
bit0	数据长度	7 位	8 位
bit1 bit2	校验（bit2bit1）		（00）：无校验 （01）：奇校验 （11）：偶校验
bit3	停止位	1 位	2 位
bit4 bit5 bit6 bit7	波特率		（0011）：300baud/s （0100）：600baud/s （0101）：1 200baud/s （0110）：2 400baud/s （0111）：4 800baud/s （1000）：9 600baud/s （1001）：19 200baud/s
bit8	起始字符	无	D8124
bit9	结束字符	无	D8125
bit10	握手信号类型 1	无	H/W1
bit11	模式（控制线）	常规	单控
bit12	握手信号类型 2	无	H/W2
bit13～bit15	可取代 bit8～bit12 用于 FX-485 网络		

在接收信息过程中，除非接收到起始字符，否则数据将被忽略；数据将被连续不断地读进，直到接收到结束字符或接收缓冲区全部占满为止。因此，必须将接收缓冲区的长度与所要接收的最长信息的长度设定为一样。

2. 串行通信指令 RS

该指令的助记符、指令代码、操作数等如表 10-2 所示。RS 指令用于对 FX 系列 PLC 的通信适配器 FX-232ADP 进行通信控制，实现 PLC 与外围设备间的数据发送和接收。RS 指令在梯形图中的应用情况如图 10-3 所示。

表 10-2 串行通信指令表

指令名称	助记符	指令代码	操作数				程序步
			S	m	D	n	
串行通信指令	RS	FNC80	D	K、H、D	D	K、H	TO——9 步

（1）RS 指令使用说明

① 发送和接收缓冲区的大小决定了每传送一次信息所允许的最大数据量，缓冲区的大小在下列情况下可加以修改。

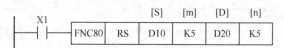

图 10-3　RS 指令在梯形图中的应用

发送缓冲区——在发送之前，即 M8122 置 "ON" 之前。

接收缓冲区——信息接收完后，且 M8123 复位前。

② 在信息接收过程中不能发送数据，发送将被延迟（M8121 为 "ON"）。

③ 在程序中可以有多条 RS 指令，但在任一时刻只能有一条被执行。

（2）RS 指令自动定义的软元件（见表 10-3）

表 10-3 RS 指令自动定义的软元件表

数据元件	说　明	操作标志	说　明
D8120	存放通信参数	M8121	为 "ON" 表示传送被延迟，直到目前的接收操作完成
D8122	存放当前发送的信息中尚未发出的字节	M8122	该标志置 "ON" 时，用来触发数据的发送
D8123	存放接收信息中已收到的字节数	M8123	该标志置 "ON" 时，表示一条信息已被完整接收
D8124	存放表示一条信息起始字符串的 ASCII 码，默认值为 "STX"，$(02)_{16}$	M8124	载波检测标志，主要用于采用调制解调器的通信中
D8124	存放表示一条信息结束字符串的 ASCII 码，默认值为 "ETX"，$(03)_{16}$	M8161	8 位或 16 位操作模式，ON=8 位操作模式，在各个源或目标元件中只有低 8 位有效；OFF=16 位操作模式，在各个源或目标元件中全部 16 位有效

10.2.2　三菱变频器 FRA540 参数设置

在 PLC 与变频器通信前，必须在变频器初始化中设定通信规格，如果没有进行初始设定或设定不正确，数据将不能进行传输。同时，参数初始化后，还必须复位变频器，否则通信不能进行。对于 FRA540 变频器，其参数设置如表 10-4 所示。

表 10-4　　　　　　　　　　　FRA540 参数设置

参数号	名　称	设　定　值		说　　明
Pr.117	站号	0～31		确定从 PU 接口通信的站号
Pr.118	通信速率	48		4 800baud/s
		96		9 600baud/s
		192		19 200baud/s
Pr.119	停止位长/字节长	8 位	0	停止位长 1 位
			1	停止位长 2 位
		7 位	10	停止位长 1 位
			11	停止位长 2 位
Pr.120	奇偶校验有/无	0		无
		1		奇校验
		2		偶校验
Pr.121	通信再试次数	0～10		设定发生数据接收错误后允许的再试次数，如果错误连续发生次数超过允许值，变频器将报警、停止
		9 999（55 535）		如果通信错误发生，变频器没有报警、停止，变频器可通过输入 MRS 或 RES 使其滑行至停止
Pr.122	通信校验时间间隔	0		不通信
		0.1～999.8		设定通信校验时间间隔（s）
		9 999		如果无通信状态持续时间超过允许值，变频器进入报警停止状态
Pr.123	等待时间设定	0～150ms		设定数据传输到变频器的响应时间
		9 999		用通信数据设定
Pr.124	CR/LF 有/无选择	0		无 CR/LF
		1		有 CR
		2		有 CR/LF

　　PLC 与变频器之间通信包括以下 5 个过程。

　① PLC 发出通信请求。

　② 变频器处理等待。

　③ 变频器应答。

　④ PLC 处理等待。

　⑤ 计算机应答。

　　由于本控制系统仅要求对变频器实现调速、正转、反转及停止的控制，因此实际的通信仅包含①～③3 个步骤。使用十六进制数，数据在变频器与 PLC 之间自动使用 ASCII 码传输，变频器相关参数设置如下。

Pr.79 = 1（操作模式）

Pr.1 = 50（上限频率）

Pr.3 = 50（基底频率）

Pr.19 = 380（基底电压）

Pr.77 = 2（参数写入禁止，表示即使运行时也可写入参数）

Pr.117 = 0（变频器站号）

Pr.118 = 192（通信速率）

Pr.119 = 0（停止位 1 位）

Pr.120 = 2（偶校验）

Pr.121 = 9 999（通信重试次数）

Pr.122 = 9 999（通信检查时间间隔）

Pr.123 = 9 999（等待时间设置）

Pr.124 = 0（无 CR，无 LF）

10.2.3 编码指令 ENCO（FNC42）

（1）指令格式

编码指令的指令名称、助记符、功能号、操作数及程序步长见表 10-5。

表 10-5 编码指令表

指令名称	助记符、功能号	操作数			程序步长	适用机型	备注
		[S.]	[D.]	n			
编码	FNC42 ENCOP	X、Y、M、S、 T、C、D、V、Z	T、C、D、 V、Z	K、H $1 \leqslant n \leqslant 8$	16 位——7 步	FX_{1S}、FX_{1N}、 FX_{2N} 、 FX_{3UC}	① 16 位指令 ② 脉冲/连续执行

（2）指令说明

ENCO 指令为编码指令，该指令为译码的逆运算，[D.]中数值的范围由 n 确定。功能说明如图 10-4（a）所示，其中 $n = 3$，即 $2^3 = 8$，所以指定的源数据为 M10～M17，其最高置"1"位是 M13，即第 3 位，将"3"的二进制数存放到 D10 的低 3 位中。当源数据中无 1 时，出现运算错误。

当 $n = 0$ 时，程序不执行；当 $n = 1$～8 以外的值时，出现运算错误；当 $n = 8$ 时，[S.]位数为 $2^8 = 256$。当驱动输入 X5 为"OFF"时，不执行指令，上一次的编码输出保持不变。

当[S.]是字元件时，在其可读长度为 $2n$ 中，最高置"1"的位被存放到目标元件[D.]所指定的元件中去，[D.]中数值的范围由 n 确定。功能说明如图 10-4（b）所示，源数据的长度 $2^n = 2^3 = 8$ 位，其最高置"1"位是 bit7 位，将"7"的二进制数存放到 D1 的低 3 位中。当源数据中无 1 时，出现运算错误。

当 $n = 0$ 时，程序不执行；当 $n = 1$～4 以外的值时，出现运算错误；当 $n = 4$ 时，[S.]位数为 $2^4 = 16$。当驱动输入 X5 为"OFF"时，不执行指令，上一次的编码输出保持不变。

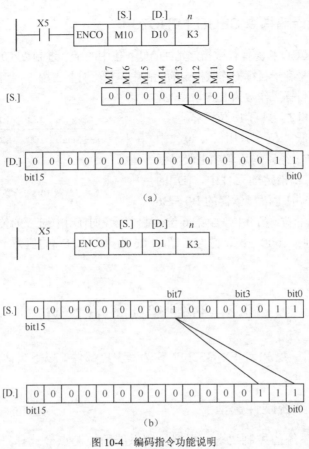

图 10-4　编码指令功能说明

10.2.4　区间复位指令 ZRST（FNC40）

（1）指令格式

区间复位指令的指令名称、助记符、功能号、操作数等见表 10-6。

表 10-6　　　　　　　　　　　区间复位指令表

指令名称	助记符、功能号	操作数		程序步长	适用机型	备注
		[D1.]	[D2.]			
区间复位	FNC40 ZRST P	Y、M、S、T、C、D，D1≤D2		16位——5步	FX_{1s}、FX_{1N}、FX_{2N}、FX_{3UC}	① 16位指令 ② 脉冲/连续执行

（2）指令说明

当执行条件满足时，区间复位指令执行[D1.]到[D2.]之间的位元件成批复位操作。应当注意的是，目标数据[D1.]和[D2.]指定的元件应为同类元件；[D1.]指定的元件号应小于[D2.]指定的元件号，若[D1.]的元件号大于[D2.]的元件号，则只有[D1.]指定的元件号复位。该指令为16位处理指令，但是在对计数器执行复位操作时，可在[D1.]、[D2.]中指定32位计数器。但是不能混合指定，即不能在[D1.]中指定16位计数器，在[D2.]中指定32位计数器。

10.2.5 七段译码指令 SEGD（FNC73）

七段译码指令 SEGD 将源操作数指定元件的低 4 位中的十六进制数（0~F）译码后送给七段显示器显示，译码信号存于目标操作数指定的元件中，输出时要占用 7 个输出点。源操作数可以选所有的数据类型，目标操作数为 KnY、KnM、KnS、T、C、D、V 和 Z，只有 16 位运算。

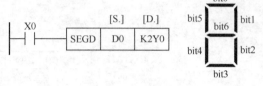

[S.]指定元件的低 4 位（只用低 4 位）中的十六进制数（0~F）经译码后驱动七段显示器，译码信号存于[D.]指定的元件中，[D.]的高 8 位不变。图 10-5 中七段显示器的 B0~B6 分别对应于[D.]的最低位（第 0 位）至第 6 位，某段应亮时[D.]中对应的位为"1"，反之为"0"。

图 10-5 七段译码指令

例如显示数字"0"时，bit0~bit5 均为"1"，bit6 为"0"，[D.]的值为十六进制数 3FH。

10.3 控制系统硬件设计

本控制系统选用三菱 PLC FX$_{2N}$-32MR 作为其主控部件。以下具体介绍该控制系统的硬件选型和电气控制原理。

10.3.1 控制系统硬件选型

按照电梯控制系统的控制要求，根据控制系统的控制点数选择三菱 PLC FX$_{2N}$-32MR，为易于实现通信和控制采用三菱变频器 FR-E540。通过 PLC 程序控制变频器的启动、停止、正转和反转以及调速。

电梯厢内的楼层指示采用共阴七段数码管，如图 10-6 所示，各段（a~f）的点亮分别对应图 10-7 所示的 PLC 输出端口 Y10~Y16。

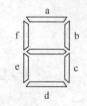

图 10-6 七段数码管

10.3.2 电气原理图

PLC 电梯控制系统外部接线如图 10-7 所示。

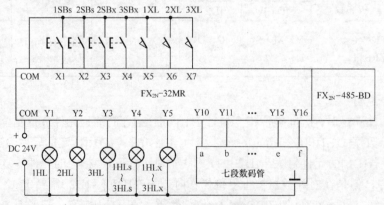

图 10-7 PLC 电梯控制外部接线图

10.4 控制系统软件设计

以下是 PLC 电梯控制系统 I/O 分配及总体的程序流程图，以电梯模型为控制对象，运行根据系统要求编写的逻辑控制与通信程序。

10.4.1 控制系统 I/O 分配

根据控制系统输入信号与输出控制要求，控制系统 I/O 分配如表 10-7 所示。

表 10-7   I/O 分配表

输　　入		输　　出	
PLC 输入端子	输入设备	PLC 输出端子	输出设备
X1	1SBs（一楼上呼按钮）	Y1	1HL（一楼呼梯指示灯）
X2	2SBs（二楼上呼按钮）	Y2	2HL（二楼呼梯指示灯）
X3	2SBx（二楼下呼按钮）	Y3	3HL（三楼呼梯指示灯）
X4	3SBx（三楼下呼按钮）	Y4	1HLs、2HLs、3HLs（电梯上行指示灯）
X5	频率设定	Y5	1HLx、2HLx、3HLx（电梯下行指示灯）
X11	一楼平层限位开关	Y10	七段数码管 a
X12	二楼平层限位开关	Y11	七段数码管 b
X13	三楼平层限位开关	Y12	七段数码管 c
X14	1XLx（一楼下平层减速开关）	Y13	七段数码管 d
X15	2XLx（二楼下平层减速开关）	Y14	七段数码管 e
X16	2XLs（二楼上平层减速开关）	Y15	七段数码管 f
X17	3XLs（三楼上平层减速开关）	Y16	七段数码管 g

10.4.2 系统软件设计

控制系统以电梯模型为控制对象，包括逻辑控制与通信两部分。其中逻辑控制部分包括轿厢楼层及显示、电梯上行/下行定向、电梯平层延时和呼梯指示及记忆部分；通信部分包括 PLC 与变频器通信参数设置、正向/反向控制以及运行频率的控制。下面先介绍逻辑控制部分。

程序块一：轿厢楼层及显示

限位开关 X011、X012 和 X013 用来检测电梯的具体位置，楼层位置信号通过中间寄存器 M11、M12 和 M13 保持。梯形图如图 10-8 所示。

对于楼层的显示，首先采用 ENCO 连续编码指令，将楼层信息存放于 D1，最后采用七段译码指令将十六进制数 D1 译码，并通过 Y010～Y016 进行楼层数码管显示的驱动。M8000 是编码和译码的开始触点，当 PLC 执行用户程序即开始进行编码和译码。

轿厢楼层及显示

```
        X011      X012      X013
0   ────┤├──┬──┤/├──────┤/├──────────────────────────( M11 )
     一楼平层 │ 二楼平层   三楼平层                        电梯运行
     限位开关 │ 限位开关   限位开关                        到一楼
          M11 │
        ──┤├──┘
     电梯运行
     到一楼

        X012      X011      X013
5   ────┤├──┬──┤/├──────┤/├──────────────────────────( M12 )
     二楼平层 │ 一楼平层   三楼平层                        电梯运行
     限位开关 │ 限位开关   限位开关                        到二楼
          M12 │
        ──┤├──┘
     电梯运行
     到二楼

        X013      X011      X013
10  ────┤├──┬──┤/├──────┤/├──────────────────────────( M13 )
     三楼平层 │ 一楼平层   三楼平层                        电梯运行
     限位开关 │ 限位开关   限位开关                        到三楼
          M13 │
        ──┤├──┘
     电梯运行
     到三楼

        M8000
15  ────┤├──┬──────────────────────────[ ENCO  M10  D1  K2 ]
          │
          └──────────────────────────[ SEGD  D1  K2Y010 ]
                                                 七段数码
                                                 管 a
```

图 10-8 轿厢楼层及显示程序梯形图

（1）编码指令 ENCO

ENCO 指令的功能是把位信号变成二进制数，编程格式为

[ENCO M10 D1 n]

M10：源地址，可以是 T、C、D 或是位元件（X、Y、M、S），为操作数指定的软元件的首位；在本控制系统中采用位元件 M10 为首位。

D1：目标地址，可以是 T、C、D，本控制系统中将二进制数存放于 D1。

n：从源地址左边起 2^n 个位参与计算，即位元件的个数只能是数值，例如 K3 或是 H2。

注意：源地址内多个位是 1 时忽略低位侧，只计算最高位；当源地址为位元件时，$n \leqslant 8$，当源地址为字元件时，$n \leqslant 4$；n 值为 0 时不作处理。

对于程序中的指令（见图 10-9），由于 $n = K2$，所以只有 M10～M13（$2^2 = 4$）参与计算。

```
        M8000
15  ────┤├───────────────────────[ ENCO  M10  D1  K2 ]
```

图 10-9 ENCO 指令应用

如果电梯在三楼，则 M3 = 1，M0 = M2 = M3 = 0，指令只计算高位 M3，运算结果是：

D1 = 3，则 D1 中为轿厢所在楼层的具体数字。

（2）SEGD 七段译码指令

七段译码指令 SEGD 的功能是驱动七段数码管显示，可以显示 1 位十六进制数。程序如图 10-10 所示。

```
      M8000
15 ├──┤ ├───────────────────────────┤ SEGD   D1   K2Y010 ├
                                               七段数码
                                               管 a
```

图 10-10　SEGD 指令应用

SEGD 指令中，源操作数指定元件 D1 的低 4 位组成的二进制数，经译码放在目标操作数所指定的字元件 K2Y010 中，并驱动七段数码管显示，显示的数据如表 10-8 所示。目标操作数中如果为 K1Y010，则表示 Y10～Y13 共 4 个位；如为 K2Y010，则表示 Y10～Y17 共 8 个位。

表 10-8　七段译码数据对应

D1	K2Y010								数码管显示
	Y17	Y16	Y15	Y14	Y13	Y12	Y11	Y10	
0000	0	0	1	1	1	1	1	1	0
0001	0	0	0	0	0	1	1	0	1
0010	0	1	0	1	1	0	1	1	2
0011	0	1	0	0	1	1	1	1	3
0100	0	1	1	0	0	1	1	0	4
0101	0	1	1	0	1	1	0	1	5
0110	0	1	1	1	1	1	0	1	6
0111	0	0	0	0	0	1	1	1	7
1000	0	1	1	1	1	1	1	1	8
1001	0	1	1	0	1	1	1	1	9
1010	0	1	1	1	0	1	1	1	A
1011	0	1	1	1	1	1	0	0	B
1100	0	0	1	1	1	0	0	1	C
1101	0	1	0	1	1	1	1	0	D
1110	0	1	1	1	1	0	0	1	E
1111	0	1	1	1	0	0	0	1	F

程序块二：电梯上行、下行定向

（1）电梯下行

① 当乘客在一楼呼梯（Y001）时，如果电梯不在一楼，则 M12 或 M13 为"ON"，电梯下行寄存器 M21 为"ON"。

② 当乘客在二楼呼梯（Y002）时，如果电梯在三楼，则 M13 为"ON"，电梯下行寄存器 M21 为"ON"。

③ 当乘客在二楼下呼梯（M23）时，电梯从一楼上到二楼，或从三楼下到二楼，由于下呼梯记忆寄存器 M23 为"ON"，电梯下行继电器 M21 为"ON"。

（2）电梯上行

① 当乘客在二楼呼梯（Y002）时，如果电梯在一楼，则 M11 为"ON"，电梯上行寄存

器 M22 为 "ON"。

② 当乘客在二楼上呼梯（M24）时，当电梯从一楼上到二楼，由于二楼上记忆寄存器 M24 为 "ON"，电梯上行寄存器 M22 为 "ON"。

③ 当乘客在三楼呼梯（Y003）时，如果电梯不在三楼，则 M11 或 M12 为 "ON"，电梯上行寄存器 M22 为 "ON"。

上行寄存器 M22 和下行寄存器 M21 程序上进行互锁，任何时候仅可能有一个寄存器为 "ON"，并控制电梯的上行（M27）、下行（M26），同时通过程序中的 M30 寄存器实现电梯平层时的延时期间，电梯停止。

梯形图如图 10-11 所示。

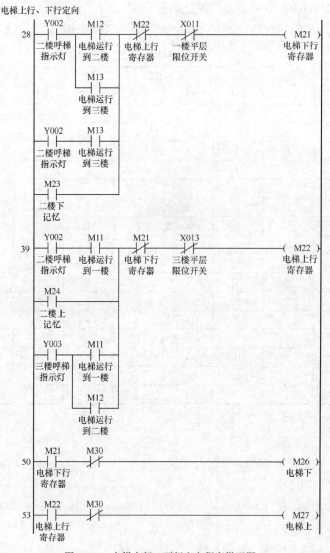

图 10-11　电梯上行、下行定向程序梯形图

程序块三：电梯平层延时

当电梯在一楼时 X011 为 "ON"，按一楼呼梯按钮 X001，M30 为 "ON" 并保持，直到

平层延时 T20 到，其常闭触点使 M30 恢复 "OFF" 状态，利用 M30 实现电梯停止运行、等待 15 s 后再启动。

当电梯不在一楼时，按一楼呼梯按钮 X001，则 Y001 为 "ON"，当电梯运行到一楼时 X011 为 "ON"，M30 为 "ON" 并保持，直到平层 T20 到，其常闭触点使 M30 恢复 OFF 状态，利用 M30 实现电梯停止运行、等待 15 s 后才能启动。

其余楼层的平层延时控制与一楼类似。

在平层延时控制程序中应注意的是，此延时程序应在呼梯指示及记忆控制程序之前，否则当电梯运行到呼梯的相应楼层时无法实现延时功能。因为 PLC 的程序扫描包括 I/O 映像寄存器的扫描刷新和 PLC 用户程序的执行，而用户程序的执行则是按从上到下、从左到右的方式进行。例如，当电梯不在一楼，在一楼按下呼梯按钮 X001 后，Y001 为 "ON"，当电梯到达一楼时，根据 PLC 的运行规则，X001 状态被刷新，X001 为 "ON"，由于此时 Y001 为 "ON"，因此 M30 为 "ON" 并保持。梯形图如图 10-12 所示。

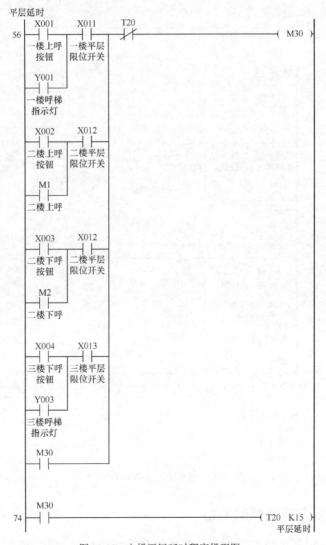

图 10-12　电梯平层延时程序梯形图

程序块四：呼梯指示及记忆

按下一楼上呼按钮，X001 为"ON"，如果此时电梯在其他楼层，则 Y001 为"ON"，一楼呼梯指示灯亮；当电梯下降到一楼时，X011 为"ON"，一楼呼梯指示灯灭。其余楼层的呼梯指示控制与一楼相似，按下呼梯按钮时，如电梯不在本楼层，则呼梯灯亮。同时，二楼的下呼梯信号由 M23 保存记忆，直到电梯到达一楼。二楼的上呼梯信号由 M24 保存记忆，直到电梯到达三楼。梯形图如图 10-13 所示。

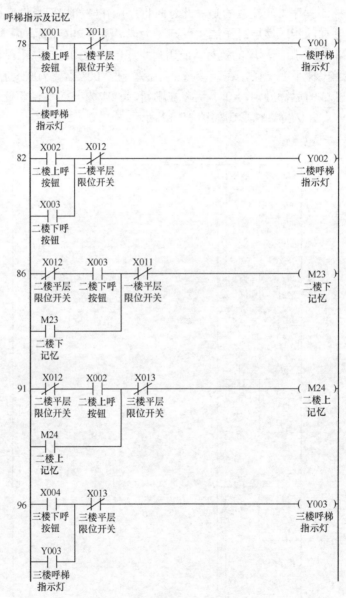

图 10-13　呼梯指示及记忆程序梯形图

10.4.3　PLC 与变频器的通信

FX_{2N} 通过增加通信模块 FX_{2N}-485-BD 来控制变频器实现启动、停止、速度控制等功能。

1．通信格式及通信寄存器 D8120 简介

通信格式决定计算机连接和无协议通信间的通信设置，如数据长度、波特率、奇偶校验等。大多数 PLC 都有一种串行接口无协议通信指令，如 FX 系列的 RS 指令，用于 PLC 与上位计算机、条形码阅读器或其他 RS-232C 设备的无协议数据通信。与通信相关的特殊数据寄存器和特殊辅助继电器如表 10-9、表 10-10 所示。

表 10-9　　　　　　　　　　　　　　　特殊数据寄存器

特殊数据寄存器	描　　述	应　用　场　合
D8120	通信格式	RS 指令，计算机连接
D8121	站点号设定	计算机连接
D8122	剩余待传输数据数	RS 指令
D8123	接收数据数	RS 指令
D8124	数据标题（初始值：STX）	RS 指令
D8125	数据结束符（初始值：ETX）	RS 指令
D8127	接通要求首元件寄存器	计算机连接
D8128	接通要求数据长度寄存器	计算机连接
D8129	数据网络超时计时器值	RS 指令，计算机连接

表 10-10　　　　　　　　　　　　　　　特殊辅助继电器

特殊辅助继电器	描　　述	特殊辅助继电器	描　　述
M8121	数据传输延时（RS 指令）	M8127	接通要求握手标志（计算机连接）
M8122	数据传输标志（RS 指令）	M8128	接通要求错误标志（计算机连接）
M8123	接收结束标志（RS 指令）	M8129	接通要求字/字节转换(计算机连接)
M8124	载波检测标志（RS 指令）		超时评估标志（RS 指令）
M8126	全局标志（计算机连接）	M8161	8/16 位转换标志（RS 指令）

通信格式可用 PLC 中的特殊数据寄存器 D8120 来进行设置，如表 10-11 所示。数据的发送和接收通过由 RS 指令指定的数据寄存器来进行。

表 10-11　　　　　　　　　　　　　　　寄存器 DB8120 的参数

位号	名称	描　　述	
		0（位 = OFF）	1（位 = ON）
bit0	数据长度	7 位	8 位
bit1	奇偶	（bit2，bit1） （　0，　0）：无 （　0，　1）：奇 （　1，　1）：偶	
bit2			

位号	名称	描　述	
		0（位 = OFF）	1（位 = ON）
bit3	停止位	1 位	2 位
bit4 bit5 bit6 bit7	波特率（baud/s）	（bit7，bit6，bit5，bit4） （ 0， 0， 1， 1）：300 （ 0， 1， 0， 0）：600 （ 0， 1， 0， 1）：1 200 （ 0， 1， 1， 0）：2 400 （ 0， 1， 1， 1）：4 800 （ 1， 0， 0， 0）：9 600 （ 1， 0， 0， 1）：19 200	
bit8	标　题	无	有效（D8124）默认：STX（02H）
bit9	终结符	无	有效（D8125）默认：ETX（03H）
bit10 bit11 bit12	控制线	无协议　（bit12，bit11，bit10） （ 0， 0， 0）：无作用<RS-232C 接口> （ 0， 0， 1）：端子模式<RS-232C 接口> （ 0， 1， 0）：互连模式<RS-232C 接口> （ 0， 1， 1）：普通模式 1<RS-232C 接口> 　　　　　　　<RS-485（422）接口> （ 1， 0， 1）：普通模式 2<RS-232C 接口>（仅 FX、FX2C） 计算机链接　（bit12，bit11，bit10） （ 0， 0， 0）：RS-485（422）接口 （ 0， 1， 0）：RS-232C 接口	
bit13	和校验	没有添加和校验码	自动添加和校验码
bit14	协议	无协议	专用协议
bit15	传输控制协议	协议格式 1	协议格式 4

电梯控制系统采用 RS-485 无协议通信，数据长度为 7 位，偶校验，2 位停止位，波特率为 9 600baud/s，无标题符和终结符，没有添加和校验码，因此 DB8120 设置如表 10-12 所示。

表 10-12　　　　　　　　　　电梯控制系统 DB8120 设置

位	bit15	bit14	bit13	bit12	bit11	bit10	bit9	bit8	bit7	bit6	bit5	bit4	bit3	bit2	bit1	bit0
设置	0	0	0	0	1	1	0	0	1	0	0	0	1	1	1	0
	0				C				8				E			

对于 DB8120 初始化设置的程序，如图 10-14 所示，当 PLC 上电时，特殊辅助继电器 M8002 保持为"ON"一个扫描周期，实现对 DB8120 的初始化。

图 10-14　DB8120 初始化

控制系统从 PLC 到变频器的通信请求采用如图 10-15 所示的数据格式。图中⑦为 CR/LF 代码，如果变频器在接收数据时发现任何错误，它的定义和 NAK 代码一起送回 PLC。对于本控制系统，由于 Pr.124 = 0，所以实际上没有使用 CR/LF 代码。具体如图 10-16 所示。

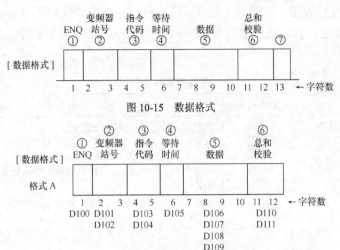

图 10-15   数据格式

图 10-16   电梯控制系统通信数据格式

下面将对数据格式的各个部分进行说明。

（1）控制代码（见表 10-13）

表 10-13   控制代码

信　　号	ASCII 码	说　　明
STX	H02	正文开始（数据开始）
ETX	H03	正文结束（数据结束）
ENQ	H05	查询（通信请求）
ACK	H06	承认（没发现数据错误）
LF	H0A	换行
CR	H0D	回车
NAK	H15	不承认（发现数据错误）

当 PLC 对变频器控制时应发出通信请求，ENQ 信号对应的 ASCII 码为 H05，参考图 10-16 所示，应设置 D100 为 H05，程序如图 10-17 所示。

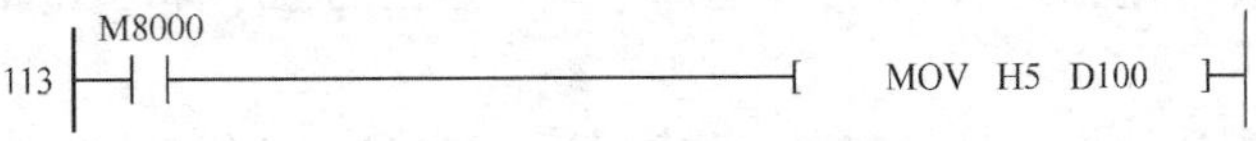

```
        M8000
113     ┤├─────────────────────────[ MOV  H5  D100 ]─┤
```

图 10-17   通信请求控制代码设定

（2）变频器站号

规定与 PLC 通信的站号，可用十六进制在 H00 和 H1F，即站号 0～31 之间设定。由于本控制系统仅控制一台变频器，变频器站号为 0，其程序如图 10-18 所示。

图 10-18　变频器站号设置

（3）指令代码

指令代码由 PLC 发出，指明程序要求。通过相应的指令代码可使变频器进行各种方式的运行和监视。下面是控制系统中的几个主要的指令代码，如表 10-14 所示，可得到控制系统的指令代码及内容。

表 10-14　　　　　　　　　　　　　　　变频器相关指令代码

项　　目	指令代码	说　　明	数据位数
设定频率读出（E²PROM）	H6E	读出设定频率 H0000～H2EE0；	4 位
设定频率读出（RAM）	H6D	最小单位 0.01Hz（十六进制）	
设定频率写入（E²PROM）	HEE	H0000～H9040；最小单位 0.01Hz（十六进制）（0～400Hz）；	4 位
设定频率写入（RAM）	HED	频繁改变运行频率时，写入到 RAM，使用指令代码 HED	
运行指令	HFA	bit0：— bit1：正转（STF） bit2：反转（STR） bit3：— bit4：— bit5：— bit6：— bit7：— 正转：H02；反转：H04；停止：H00	2 位

正转：指令代码 HFA，指令内容 H02。

反转：指令代码 HFA，指令内容 H04。

停止：指令代码 HFA，指令内容 H00。

频率写入：指令代码 HED，指令内容 H0000～H9040。

频率输出：指令代码 H6E，指令内容 H0000～H2EE0。

指令代码和指令内容均须以 ASCII 码发送和接收。十六进制数转换成 ASCII 码时，如 H0～H9 转换成 ASCII 码时加 H30，而 A～F 转换成 ASCII 码时加 H31。因此，正转、反转和停止指令代码的 ASCII 码为 H46、H41，频率写入指令代码的 ASCII 码为 H45、H44。

控制变频器正转（电梯上）、反转（电梯下）和停止的程序梯形图如图 10-19 所示。

（4）等待时间

规定变频器收到从计算机来的数据和传输应答数据之间的等待时间，如图 10-20 所示。最小设定时间为 10ms（1 为 10ms），此时 Pr.123 应设为 9 999。

（5）数据

PLC 与变频器传输的数据，例如参数和频率，即指令代码中提到的指令内容。如表 10-14 所示，正转、停止和反转数据位为两位，其指令内容分别为 H02、H00 和 H04，对应 ASCII

码分别为正转 H30、H32，反转 H30、H34，停止 H30、H30。因此，将 H30 传送到 D106，同时 D107 寄存器的

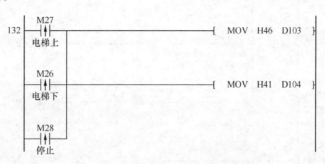

图 10-19　电梯上、下、停止程序梯形图

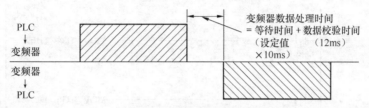

图 10-20　变频器等待时间

值根据 M27（正转、电梯上）、M26（反转、电梯下）和 M28（停止）的状态，在其为"ON"的上升沿赋予相应的数值，分别对应 H32、H34 和 H30。

程序块五：电梯上、下和停控制

图 10-21 所示为电梯上、下和停控制程序，通过改变指令内容实现。

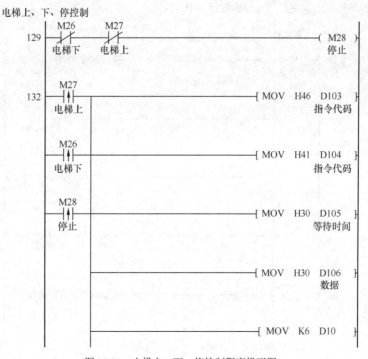

图 10-21　电梯上、下、停控制程序梯形图

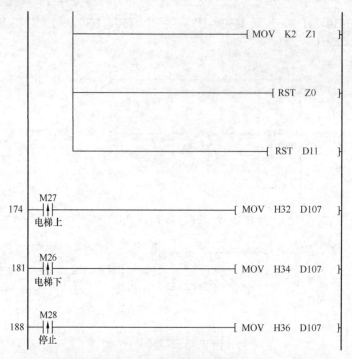

图 10-21　电梯上、下、停控制程序梯形图（续）

程序块六：变频器运行频率写入

电梯运行速度的控制，即变频器频率的控制，通过改变指令内容实现。如表 10-14 所示，变频器设定频率的数据位为 4 位，因此将寄存器 D600 内数值进行 ASCII 码转换后存入 D106～D109。图 10-22 所示为变频器运行频率写入程序。

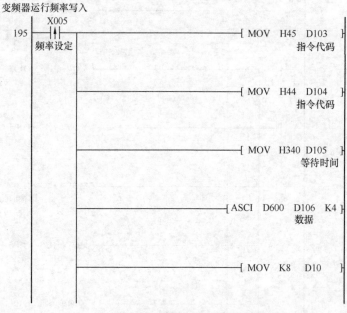

图 10-22　变频器运行频率写入程序梯形图

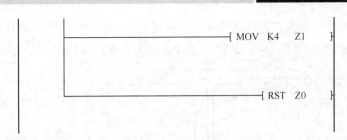

图 10-22　变频器运行频率写入程序梯形图（续）

（6）总和校验

总和校验是由被检验的 ASCII 数据总和（二进制）的最低一个字节（8 位）表示的 2 个 ASCII 数字（十六进制），如图 10-23 所示。

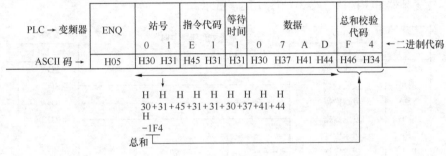

图 10-23　总和校验示例

程序块七：总和校验程序

梯形图如图 10-24 所示。

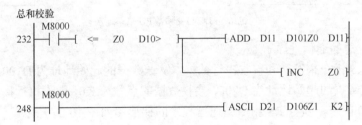

图 10-24　总和校验程序梯形图

总和校验程序分为两种情况。

① 正转、反转、停止控制时，D10 = 6，Z1 = 2，将站号（D101、D102）、指令代码（D103、D104）、等待时间（D105）、数据（D106、D107）进行叠加，累加值保存在 D21 寄存器，然后对累加值进行 ASCII 码转换保存到 D（106 + Z1），即 D108 中。

② 频率设定时，D10 = 8，Z1 = 4，将站号（D101、D102）、指令代码（D103、D104）、等待时间（D105）、数据（D106、D107、D108、D109）进行叠加，累加值保存在 D21 寄存器，然后对累加值进行 ASCII 码转换保存到 D（106 + Z1），即 D110 中。

2．PLC 与变频器 FRS500 通信

PLC 可通过通信电缆与变频器 PU 接口连接进行通信操作。图 10-25 所示为变频器接口

的端子定义。按接口定义，五芯电缆线的一端接 FX$_{2N}$-485-BD，另一端用专用接口（如 RJ-45）压接，再接到变频器的 PU 口。其中，插针 2 和 8 在 RS-485 通信时不用。

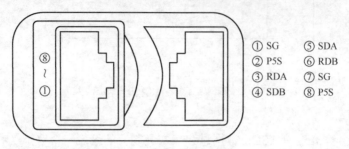

图 10-25　变频器 PU 接口的端子定义

PLC 与变频器 PU 接口连接，如图 10-26 所示。

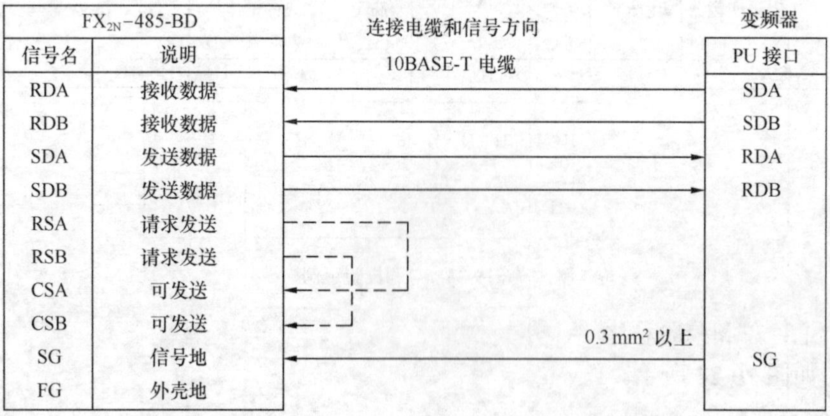

FX$_{2N}$-485-BD		连接电缆和信号方向	变频器
信号名	说明	10BASE-T 电缆	PU 接口
RDA	接收数据		SDA
RDB	接收数据		SDB
SDA	发送数据		RDA
SDB	发送数据		RDB
RSA	请求发送		
RSB	请求发送		
CSA	可发送		
CSB	可发送	0.3 mm² 以上	
SG	信号地		SG
FG	外壳地		

图 10-26　PLC 与变频器 PU 接口连接

程序块八：总的通信程序

程序通过 RS 指令来发送和接收串行数据。发送数据的起始地址为 D100，发送数据的点数为 K12，接收数据的起始地址为 D200，接收数据的点数为 K0，即不执行接收任务。当 PLC 运行时，M8000 闭合，执行 RS 指令。通信程序的梯形图如图 10-27 所示。

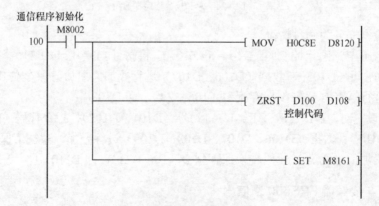

图 10-27　通信程序梯形图

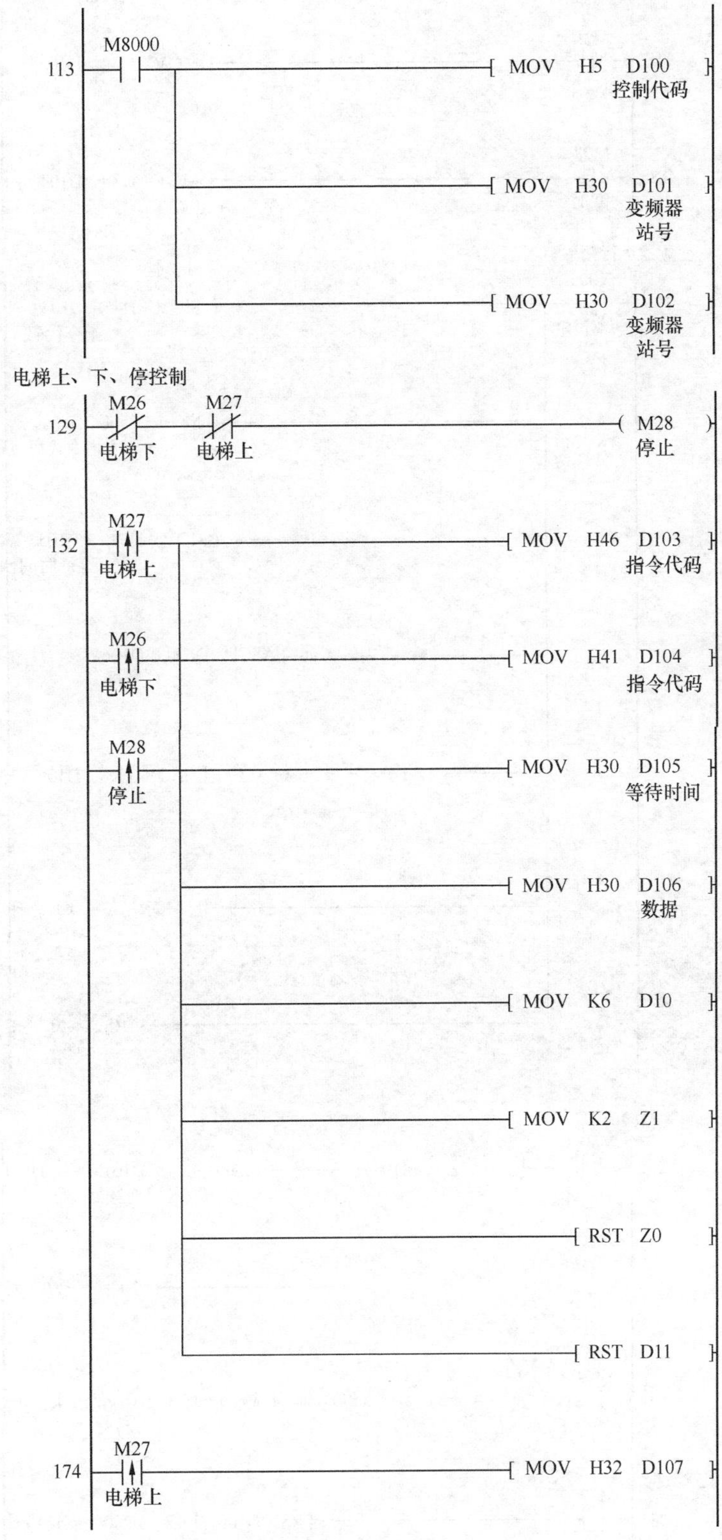

113 ─┤M8000├──┬─────────────────────[MOV   H5   D100]
                                              控制代码

              ├─────────────────────[MOV   H30   D101]
                                              变频器
                                              站号

              └─────────────────────[MOV   H30   D102]
                                              变频器
                                              站号

电梯上、下、停控制

129 ─┤ M26 ├──┤ M27 ├─────────────────────────(M28)
       电梯下   电梯上   停止

132 ─┤↑M27├──┬─────────────────────[MOV   H46   D103]
       电梯上   指令代码

     ─┤↑M26├──┤─────────────────────[MOV   H41   D104]
       电梯下   指令代码

     ─┤↑M28├──┤─────────────────────[MOV   H30   D105]
       停止   等待时间

              ├─────────────────────[MOV   H30   D106]
                                              数据

              ├─────────────────────[MOV   K6   D10]

              ├─────────────────────[MOV   K2   Z1   ]

              ├─────────────────────[RST   Z0   ]

              └─────────────────────[RST   D11   ]

174 ─┤↑M27├─────────────────────────[MOV   H32   D107]
       电梯上

图 10-27　通信程序梯形图（续）

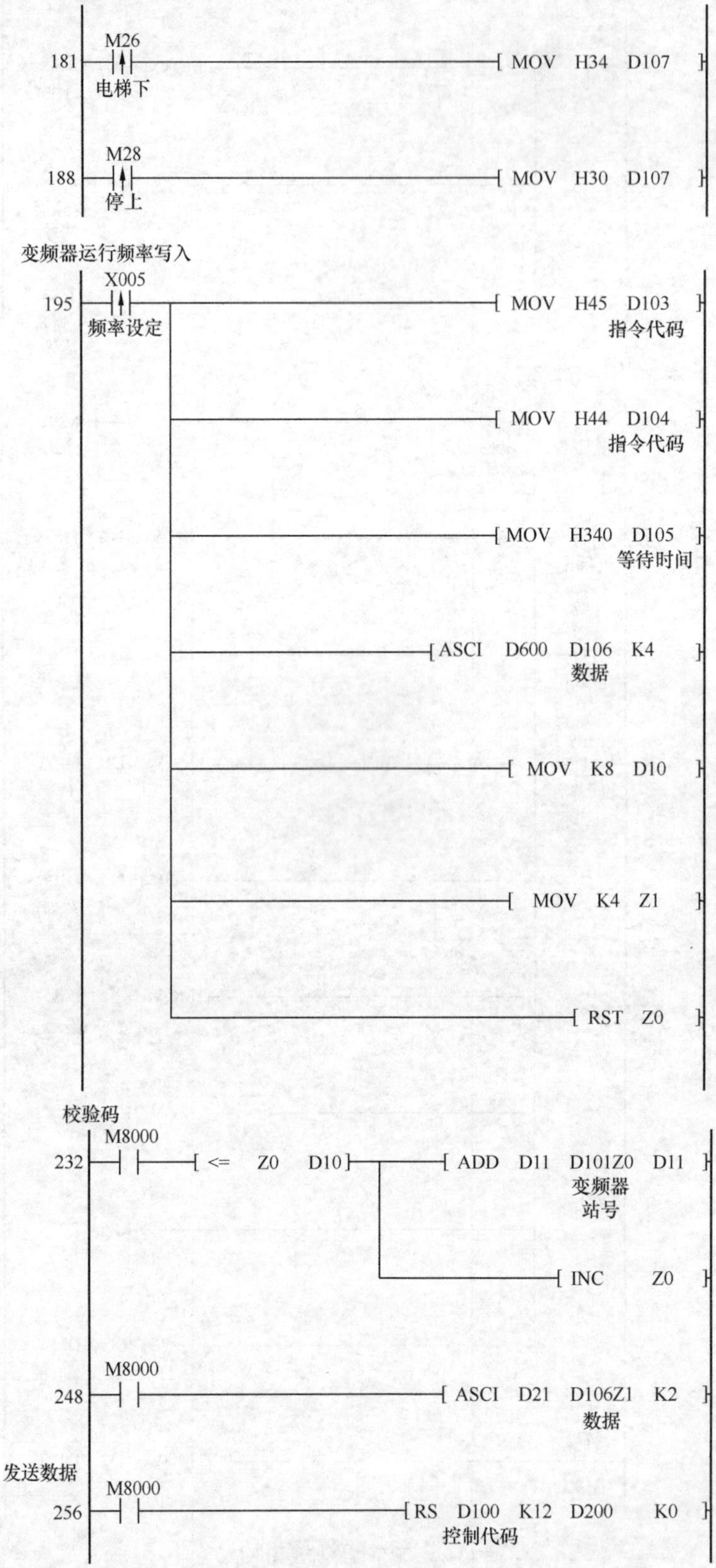

```
        M26
181  ──┤↑├──────────────────────────────[ MOV  H34   D107 ]
        电梯下

        M28
188  ──┤↑├──────────────────────────────[ MOV  H30   D107 ]
        停上
```

变频器运行频率写入

```
        X005
195  ──┤↑├──────────────────────────────[ MOV  H45   D103 ]
        频率设定                                      指令代码

     ├──────────────────────────────────[ MOV  H44   D104 ]
                                                    指令代码

     ├──────────────────────────────────[ MOV  H340  D105 ]
                                                    等待时间

     ├──────────────────────────────[ ASCI  D600  D106  K4 ]
                                                    数据

     ├──────────────────────────────────[ MOV  K8    D10 ]

     ├──────────────────────────────────[ MOV  K4    Z1 ]

     ├──────────────────────────────────[ RST  Z0 ]
```

校验码

```
        M8000
232  ──┤├──[ <=  Z0  D10 ]──┬──[ ADD  D11  D101Z0  D11 ]
                            │                变频器
                            │                站号
                            │
                            └──────────────[ INC     Z0 ]

        M8000
248  ──┤├──────────────────────────[ ASCI  D21  D106Z1  K2 ]
                                                  数据
```

发送数据

```
        M8000
256  ──┤├──────────────────────[ RS  D100  K12  D200  K0 ]
                                          控制代码
```

图 10-27　通信程序梯形图（续）

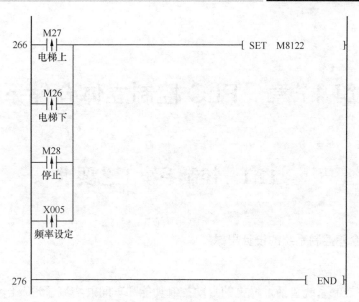

图 10-27　通信程序梯形图（续）

当需要电梯上升（M27）、下降（M26）、停止（M28）或频率设定（X005）时，在这些信号的上升沿对 M8122 置位，执行发送任务，从 D100 到 D100＋K12 的数据被发送。当发送完成时，M8122 自动复位。

10.5　本章小结

本章以 3 层电梯模型为例，介绍了轿厢上、下行逻辑控制，重点讲述了利用 FX$_{2N}$-485-BD 模块实现 PLC 与变频器通信的方法。通过本章学习，应掌握变频器相关参数的设置和 PLC 特殊寄存器的设置，以及使用 RS 指令来实现对电动机的（正转、停止和反转控制，以及运行速度控制）。

第 11 章　PLC 控制立体仓储系统

11.1　控制系统工艺要求

1. 立体仓库控制系统的设计思想

（1）系统功能及运行方式

立体仓库控制系统包括堆垛机的自动控制功能和车间的物流管理及作业调度。为了实现对立体仓库的动态管理和作业监控,立体仓库中的物流工作站主机采用多任务实时操作系统、C 语言编程、TCP/IP 网络支持等。

堆垛机控制系统采用可编程控制器并使用梯形图语言编程,实现控制系统与管理监控系统之间联机通讯。堆垛机控制系统具有多种功能,可满足物流系统的要求,控制系统的总体结构见图 11-1。

（2）多种控制及作业方式

开发堆垛机控制器实现立体仓库的自动存取,这套控制系统具有三种不同级别的控制方式:①在线自动运行;②离线自动运行;③人工手动运行。现实生活中以在线自动运行方式为主,其他两种方式用于堆垛机的调试和维修作业,

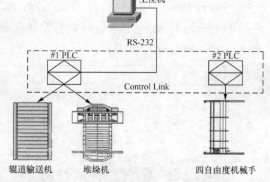

图 11-1　立体仓库控制系统总体结构图

如入库、出库、库外拣选入库、库内拣选入库、库内拣选出库、调到指定位置等十几种作业方式。在线自动运行时,控制器接受工作站的操作指令,控制物品的速度、动作、存取等,还能接受反馈信息,作业完成或发生故障时则返回相应的信息,以等待后续处理。

（3）多种检测及保护功能

本系统中具有水平和垂直方向的认址检测,两种货物高度的检测,货物不正的检测、左右的货位探测。另外,还具有水平及垂直方向终点附近的限速及停车检测,机电故障检测,货叉位置检测等,可以保证堆垛机作业的正常运行。以上检测大部分是光电检测,提高了系统的可靠性和反应速度。

2. 立体仓库控制系统的总体结构图

由图 11-1 可知,在物流中有三条辊道传输带,三个出入货站台,一个四自由度机械手,一个全自动堆垛机以及两排货架组成。将系统中的可编程控制器、传感器和执行器连接,通过相应的控制程序,就可以用 PLC 来控制物流工序。

控制系统分为三个部分：辊道控制，堆垛机控制，机械手控制。在进行设计时，采用两台 PLC 作为立体仓库的控制装置，其中#1 PLC 主要用来控制辊道部分和堆垛机部分，#2 PLC 主要用来控制四自由度机械手。2 台 PLC 通过 CC-LINK 网络连接，经由数据交换，可实现三个被控部分之间的协同，实现综合控制。

在控制系统中配置了一台上位机，通过 RS-232 与 PLC 相连，上位机的主要作用有两个：①用于两台 PLC 控制程序的编辑、下载及调试；②上位机用来监视、管理自动化立体仓库体统，在此系统中使用三个变频器分别来控制三个辊道传送带的运转情况。辊道可以正转和反转，可以根据实际情况自由组合使用。变频器的使用降低了电动机的噪声，为电动机提供了良好的保护。除此之外它还有很高的运行可靠性和功能多样性。

使用 2 相 8 拍混合式步进电机对机械手进行控制，X 轴，Z 轴，底盘和机械手分别装有 1 个步进电动机；使用两个步进电动机分别控制堆垛机的升降和行走；货叉控制采用直流电动机。对这六个步进电动机的控制实际上是对它们所用驱动器的控制。

3．主要器件简介

（1）PLC

可编程逻辑控制器是种专门为在工业环境下应用而设计的数字运算电子系统。它采用一种可编程的存储器，在其内部存储执行逻辑运算、顺序控制、定时、计数和算术运算等操作的指令，通过数字式或模拟式的输入输出来控制各种机械设备或生产过程。具有可靠性高、编程容易、组态灵活、输入/输出功能模块齐全、安装方便、运行速度快等特点。

（2）传感器

是一种检测装置，能感受到被测量的信息，并能将感受到的信息，按一定规律变换成为电信号或其他所需形式的信息输出，以满足信息的传输、处理、存储、显示、记录、控制等要求。

传感器的特点包括微型化、数字化、智能化、多功能化、系统化、网络化。它是实现自动检测和自动控制的首要环节。传感器的存在和发展，让物体有了触觉、味觉和嗅觉等感官，让物体慢慢变得活了起来。通常根据其基本感知功能分为热敏元件、光敏元件、气敏元件、力敏元件、磁敏元件、湿敏元件、声敏元件、放射性敏感元件、色敏元件和味敏元件十大类。

（3）堆垛机

堆垛机也称堆垛起重机，是立体仓库中最重要的起重运输设备，是代表立体仓库特征的标志。堆垛起重机的主要作用是在立体仓库的通道内来回运行，将位于巷道口的货物存入货架的货格，或者取出货格内的货物运送到巷道口。

它由上/下横梁、立柱、行走机构、载货台、货叉、升降机构及控制系统构成，其结构如图 11-2 所示。

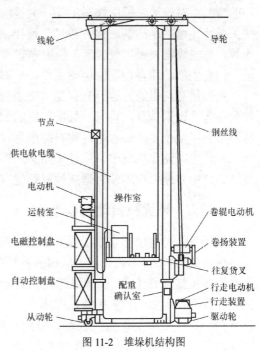

图 11-2　堆垛机结构图

11.2 自动化仓库系统的关键技术

11.2.1 自动化仓库的自动寻址

自动化仓库的自动寻址就是自动寻找存放/提取货物的位置。计算机控制的自动化仓库都具有自动寻址的功能。

在同一巷道内的货位地址由三个参数组成：第几排货架；第几层货格；左侧或右侧。当自动化仓库接收到上级管理机的存取指令和存取地址后，即向指定货位的方向运行。

认址装置由认址片和认址器组成。认址器即是某种传感器，目前常用的是红外传感器。发射与接收红外光在同侧时，用反射式的认址片，否则用透射式的。

认址检测方式通常分为绝对认址和相对认址两种。绝对认址是为每一个货位制定一个绝对代码，为此需要为每个货位制作一个专门的认址片。显然，绝对认址方法可靠性高，但认址片制作复杂，控制程序的设计也十分复杂。

相对认址时，货位的认址片结构相同。每经过一个货位，只要进行累加就可以得到货位的相对地址。与绝对认址相比，相对认址可靠性较低，但认址片制作简单，编程也较简单。为了提高相对认址的可靠性，可以增加奇偶校验。

11.2.2 自动识别系统

AS/RS 货物管理的基本技术是对货物进行自动识别和跟踪。自动识别是指在没有人工干预的情况下对流动过程中物料的某一关键特性的确定。每一关键特性都与生产活动有关。这些关键特性包括产品的名称、数量、设计、质量、物料来源、目的地、体积、重量、运输路线等。这些数据被采集处理后，能用来确定产品的生产计划、运输路线/路程、库存、存储地址、销售生产、库存控制、运输文件、单据、记账等。

货物信息可以通过声、光、磁、电子等多种介质获取。具体实现时，是在生产的关键部位配备自动识别装置，将每一处所获取的信息经过计算机网络进行传输，并进行统一处理，从而实现在整个生产过程中对物料的信息跟踪。

现代生产物流系统中，广泛采用条形码自动识别技术。这是因为条形码具有读取快、精度高、使用方便、成本低、适应性好等优点。

11.2.3 堆垛机自动控制系统

控制系统是自动化仓库运行成功的关键。没有好的控制，系统运行的成本就会很高。为了实现自动运转，自动化仓库内所用的各种存取设备和输送设备本身必须配备各种控制装置。这些控制装置种类较多，从普通开关和继电器，到微处理器、单片机和可编程控制器（PLC），根据各自的设定功能，它们都能完成一定的控制任务。如巷道式堆垛机的控制要求就包括了位置控制、速度控制、货叉控制、方向控制等。所有这些控制都必须通过各种控制装置去实现。

控制系统能对搬运设备（堆垛机等）、运输设备（输送机、小车、转轨车等）进行自动控制，它是自动化仓库的核心部分之一，直接关系到仓库作业的正常进行。因此，控制系统中所采用的材料、设备、传感器和元件都应采用可靠性高、寿命长、易于维护和更换的产品，否则将存在安全隐患。

堆垛机的控制现多采用模块化控制方式，驱动系统一般为交流电机，采用无级调速。这种方式技术成熟，应用广泛，既能实现堆垛机的高速运行，又能平稳进行停车对位。在控制系统中，还应采取一系列自检和联锁保护措施，确保在工作人员操作错误时不发生事故。对机械及电器故障能进行判断、报警和向主机系统传递故障信息。控制系统应能适应多种操作方式的需要。

11.2.4 监控调度系统

监控系统是自动化仓库的信息枢纽，是实现自动化仓库实时控制的重要组成部分。它在整个系统中起着举足轻重的作用，负责协调系统中各个部分的运行。自动化仓库系统使用了很多运行设备，各设备的运行任务、运行路径、运行方向等都需要由监控系统来统一调度，按照指挥系统的命令进行货物搬运活动。通过监控系统的监视画面可以直观地看到各设备的运行情况。

在自动化仓库的实际作业过程中，监控调度系统根据主机系统的作业命令，按运行时间最短、作业间的合理配合等原则对作业的先后顺序进行优化组合排队，并将优化后的作业命令发送给各控制系统，对作业进程、作业信息及运行设备（如堆垛机、输送机等）进行实时监控，以便操作人员对现场情况进行监视和控制。操作人员还可通过操作台上的控制开关或键盘对设备进行紧急操作。

11.2.5 计算机管理系统

计算机管理系统（主机系统）是自动化仓库的指挥中心，相当于人的大脑，它指挥着仓库中各设备的运行。它主要完成整个仓库的作业管理和账目管理，并担负着与上级系统的通信任务和企业信息管理系统的部分任务。

自动化仓库的信息管理是基于现代信息管理理论和现代控制理论而创立的一个分支。对于一个自动化仓库来说，它可以是独立的，但对于一个企业，它又是其管理信息系统（MIS）的一个子系统。它不仅对信息进行管理，也对物流进行管理与控制，集信息流和物流于一体，是现代化企业物流和信息流管理的重要组成部分。

计算机管理系统（主机系统）是自动化仓库的核心。它一般由较先进的计算机组成，有时甚至构成计算机网络。它应具有大容量、高速度、强大的功能，这个系统处理整个仓库生产活动中的主要数据。随着计算机的高速发展，微型计算机的功能越来越强，运算速度越来越快，微型机在这一领域中日益发挥重要的作用。自动化仓库管理系统的主要功能是对仓库所有入、出库活动进行最佳记录和控制，并对数据进行统计分析，以便决策者及早发现问题，采取相应的措施，最大限度地降低库存量，加快货物流通，创造经济和社会效益。

11.3　立体仓库的硬件设计

11.3.1　堆垛机的结构设计

1．堆垛机的工作条件

① 正常情况下，堆垛机使用环境温度在 0～40℃，湿度在 45%～85%，当温度较低时相对湿度可以高一些。

② 堆垛机的供电情况应符合安全操作规程：电源频率是 50Hz、电压是 380V 的三相交流电、电压波动偏差值在±10% 。

③ 环境污染应在堆垛机的正常使用允许范围内。

2．堆垛机的结构

堆垛机是自动化立体仓库的主要作业机械，负担着出库、进库、盘库等任务，是自动化立体仓库的核心部件。

巷道式堆垛机主要由机架、起升机构、货叉、载货台、电器设备及各种安全保护装置等部分组成；主要包括行走、升降和货叉三部分，三维立体存取，准确地依照上位机给出的出入库地址将货物取出或放入有关货位，并将工作过程的状态信息反馈给监控系统。

3．堆垛机运行控制方案

堆垛机运行采用半闭环控制方案，通过实验来确定各种运行曲线。这些曲线存储在变频器里，当主控机得到上位机发出的当前任务的目的地址和当前地址时，通过比较要运行的起止距离，用 PLC 对变频器的运行曲线进行变换，达到调速和停准的目的，

在这种控制方案中，速度采用闭环控制，由变频器完成；位移则是采用开环控制。堆垛机的半闭环控制原理如图 11-3 所示。

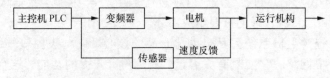

图 11-3　堆垛机半闭环控制原理图

堆垛机速度控制的难点在于其运行起止位置的不确定性和惯性较大，为保证升降及走行的平衡，采用多级速度控制。起动时，PLC 设定变频器为高速运行，距离目的货位 4～6m 时设定为中速运行，距离目的货位 1～2m 时切换到低速运行，接近目的货位时自动切换为对位速度运行，对正货位后走行停止。其速度曲线如图 11-4 所示。

在综合考虑经济性和运行性能的情况下，堆垛机半闭环控制的硬件配置如图 11-5 所示。

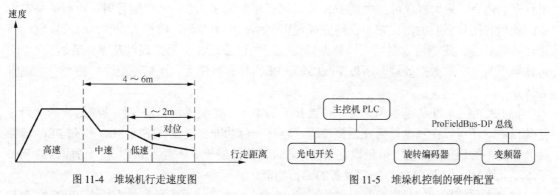

图 11-4　堆垛机行走速度图　　　　　图 11-5　堆垛机控制的硬件配置

因为在主控机 PLC、变频器、光电开关之间需要频繁的交换数据，所以变频器、光电开关都挂在 PROFIBUS-DP 总线上，这是一种高速现场总线，最大通信速率为 12Mbit/s，传输可靠性高，可以满足现场需要。

11.3.2　传感器的选择

在该立体仓库控制系统中采用 8 个欧姆龙系列对射式光电传感器作限位控制：4 只对射式光电传感器分别作为 X 和 Y 轴的限位控制，当入光时输入晶体管 ON；2 只对射式光电传感器分别作为货架在 X 轴和 Y 轴的到位检测，当遮光时输出晶体管 ON，如果货架未到达正确位置，Z 轴电机将不能运行以确保当 PLC 程序出错时不至于损坏设备；2 只对射式光电传感器作为 Z 轴的限位控制，当遮光时输出晶体管 ON，其信号对应 PLC 的输出点是 X4 和 X5。

11.3.3　仓库的消防系统设计

自动化立体仓库是无人仓库，针对库房内物品运输和储存时可能发生火灾的特点，消防系统（如图 11-6 所示）的总体方案设计应贯彻"预防为主，防消结合"的方针，立足自防自救，使库区内发生的隐燃火患和明火能及时探知和报警，对局部火灾能自动扑灭，对万一酿成的火灾有扑救设施。

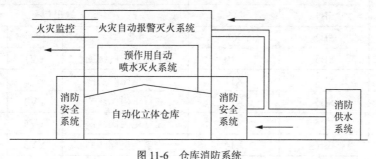

图 11-6　仓库消防系统

11.3.4　PLC 的选型及 I/O 分配

1．PLC 的选择

FP0 系列 PLC 是超小型机，I/O 点数最大可扩展到 256 点。它有内置 8K 步的 RAM，使用存储卡盒后，最大容量可扩大到 16K 步。编程指令达 327 条。PLC 运行时，对一条基本指令的处理时间只要 0.08μs。它不仅能完成逻辑控制、顺序控制、模拟量控制、位置控制、高速计数等功能，还能做数据检索、数据排列、三角函数运算、平方根以及浮点数运算、PID 运算等更为复杂的数据处理。所以 FPO 系列 PLC 具有容量大、运行速度快、指令功能完善等特点。

在 FPO 系列 PLC 基本单元上，可连接扩展单元、扩展模块以及各种功能的特殊单元、特殊模块，还可以在基本单元左侧接口上，连接一台功能扩展板。完成 FPO 些列 PLC 与各种外部设备的通信，实现模拟量设定功能。通过功能扩展模板还可将 FPO 系列适配器与 FPO 基本单元连接，增强 PLC 与外部设备的通信功能。

结合本系统用到的最大点数是堆垛机的 PLC，故决定选用一个型号为松下 FPO 的 PLC 作为基本控制器件。

2. PLC 的 I/O 资源分配

机械手 I/O 资源分配

四自由度机械手采用步进电机进行控制，需要输出高速脉冲，故采用晶体管型 PLC，并留有 10%～20%的裕量，所以机械手 I/O 资源配置如表 11-1 所示。

表 11-1　　　　　　　　　　　　　机械手 I/O 资源配置表

输入信号			输入信号		
名称	代号	输入点代码	名称	代号	输入点信号
手动挡	S	X0	松开按钮	SB8	X15
回原挡	S	X1	下限位按钮	SQ1	X16
单步挡	S	X2	上限位按钮	SQ2	X1
单周期挡	S	X3	右限位按钮	SQ3	X20
连续挡	S	X4	左限位按钮	SQ4	X21
回原位按钮	SB9	X5			
启动按钮	SB1	X6	输出信号		
停止按钮	SB2	X7	名称	代号	输出点信号
下降按钮	SB3	X10	下降电磁阀线圈	YV1	Y0
上升按钮	SB4	X11	上升电磁阀线圈	YV2	Y1
右行按钮	SB5	X12	右行电磁阀线圈	YV3	Y2
左行按钮	SB6	X13	左行电磁阀线圈	YV4	Y3
夹紧按钮	B6	X14	松紧电磁阀线圈	YV5	Y4

11.3.5　I/O 连接图

图 11-7 为机械手的外部接线图。

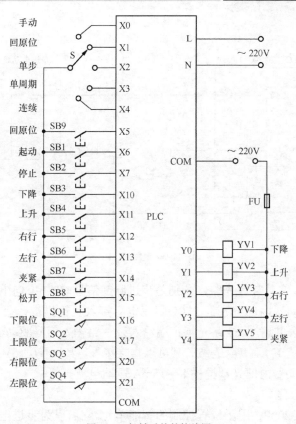

图 11-7　机械手的外接线图

11.3.6　机械手部分的控制

　　四自由度机械手为圆柱坐标型，可以实现 X 轴伸缩、Z 轴升降、地盘/腕回转功能，驱动全部采用步进电机控制，夹爪采用气动方式控制。机械手主要完成从 3 台辊道输送带到立体仓库出货台之间的货物传递，其示意图如图 11-8 所示。

　　Z 轴：最大移动距离 420mm。

　　X 轴：最大移动距离 420mm。

　　底盘回转：最小控制角 0.9°，最大回转角小于等于 300°。

　　机械手伸缩、升降、转盘、抓手运动都是由步进电机驱动器来控制，型号为 SH-2H057。其步进电机驱动器输入脉冲和电平信号由 PLC 上 NC111 模块来提供，其电路原理图如

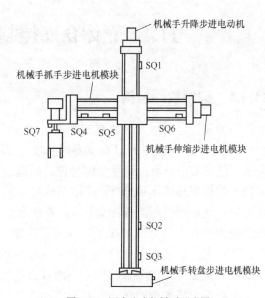

图 11-8　四自由度机械手示意图

（1：3 号辊道货台、2：2 号辊道货台、3：抓手步进电机、4：1 号辊道货台、5：升降步进电机、6 和 8：堆垛机、7：转盘直流电动机）。

图 11-9 所示。

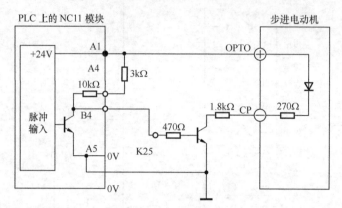

图 11-9　电路原理图

① 本驱动器输入信号共有 3 路，分别是步进脉冲信号 CP、方向电平信号 DIR、脱机信号 FREE。他们在驱动器内部分别经 270Ω 限流电阻接入负输出端，且电路形式完全相同。OPTO 端为 3 路信号公共正端（3 路光耦正端输入），3 路输入信号驱动器内部接成共阳方式，OPTO 端须接外部系统 V_{CC}。V_{CC} 是+5V 则可以直接接入，V_{CC} 不是+5V 则需要外部另外加限流电阻 R，保证给驱动器内部光耦提供 8～15mA 驱动电流。

② NC111 工作原理

C200-NC111 是 C200PC 用于位置控制的智能单元。它可以为步进电机驱动器或伺服电机驱动器输出磁脉冲，以控制运动部件的位置和速度。

11.4　立体仓库控制系统软件设计

11.4.1　控制软件结构

流程图的设计可以给人最直观的感觉，使读者一目了然、思路清晰，它能反映整个运行及控制过程的脉络，为软件设计提供参考依据，由堆垛机的工作过程可知：一个工作循环（以取货为例）包括多个阶段：选择仓库号位，所选仓号位物品，0 号位没有物品，选取指令，X 轴和 Y 轴步进电机运行至该仓库，Z 轴正转将伸竿伸入取货，Y 轴步进电机抬起，Z 轴电机运行至 0 号位。该控制过程流程图如图 11-10 所示。

PLC 把每次作业的完成情况及现场信息反馈给上级计算机，并接收上级计算机发来的作业命令。由于在控制过程中来自上级计算机和现场的信息量比较大，因此，各部分之间的协调工作是极为重要的。在整个软件中，通过有关运行标志的判断、设置和清除，使系统按照一定的工作顺序完成各个动作，并对一些动作的处理采取了特殊措施，另外，还分别对不同的干扰经行了软件方面的滤波，消除了这些干扰对系统运行的不良影响。

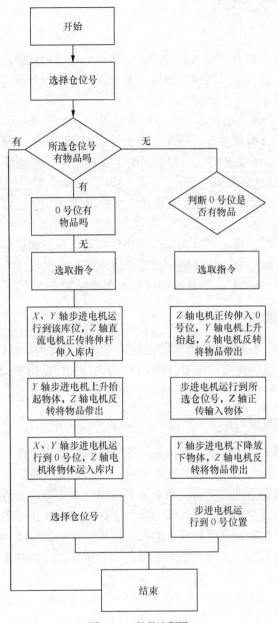

图 11-10　软件流程图

11.4.2　实时监控系统

本 系 统 以 MICROSO FT C/C ++7.0 和 MASM6.0 为基础软件，采用模块化的编程方法实现仓库实时监控，系统的模块图如图 11-11 所示。

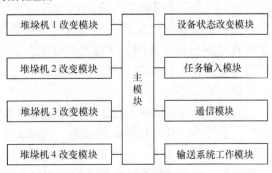

图 11-11　系统的模块图

11.4.3　故障处理

在启动时，系统首先检查自身的各种状态，执行自我诊断功能，当所需状态正常时才开始工作。本控制系统中具有一系列故障报警、安全保护以及部分故障的自动处理功能，其故障情况可分为以下三类。

① 出现故障后，面板发出提示，并返回给物流工作站信息，但系统可以继续工作，如"数据设定错误""作业数据重复"等需要重新设定或重新发送的情况。

② 出现故障后，面板发出提示，并返回给上位机信息，停止堆垛机运行，等待人工处理。如"机电故障""认址器故障"等。

③ 出现故障后，面板发出提示，并返回给上位机信息，系统可以自动处理。如"载货台状态错""存货占位"等。

本系统的安全保护能保证在任何人为性误操作或通信数据错误的情况下不发生事故。例如，厂房立柱的所在区域是禁止作业的，否则将发生事故。当操作员启动堆垛机时，堆垛机将不运行，并提示"数据错误"，等待操作员修改数据后重新作业。

11.4.4　通信功能块

本系统中监控机和下位机 PLC 控制器通信采用总线型的拓扑结构，与 PLC 交换作业信息、应答信息、查询信息。监控机与下位机 PLC 的通信接口采用 RS232C 串行通信方式，波特率为 9600bit/s，7 位数据位，2 位校验位（偶校验）。

11.4.5　管理软件设计

本系统设计时遵循人机工程学基本原则，编程时按照模块化设计的思想对组成系统的各功能模块经行精心组织。考虑到系统扩充，留有一定的扩展功能和系统接口。

鉴于系统设计的简化原则和现场功能要求的考虑，本仓库系统的主要功能有用户选择、用户管理、库存管理、货位管理、出入库管理、字典管理、报表打印、数据维护等。其中出入库管理是自动化立体仓库管理监控系统的核心模块，作用是实现上位监控机对堆垛机控制器—PLC 的直接管理与监控，从而完成仓库系统的各项作业（如整箱出库、整箱入库、拣选出库、添加入库等）。

系统设计时为方便用户操作，尽可能给用户提示，以便误操作造成仓库数据的紊乱，而且让系统操作员输入的信息尽可能少，这样可以提高操作效率：如操作员选择"整箱入库"作业方式并选择了作业的巷道后，系统自动以表格显示仓库中某巷道的所有有货货位，操作员直接选择想要入库货箱的货位地址，而不用键入作业地址。另外，从仓库货架存放直观图上可以看到全部仓库货位的材料存放情况和每个货位存放材料的具体信息，从而为系统的出入库提供了强有力的依据。当然，操作员也可以从直观图上直接选择出入库的货位。

可靠性是系统能否正常工作的前提。本系统除了采用双硬盘对系统数据进行实时备份的硬件冗余措施之外，软件方面也进行了冗余设计方面的考虑：如系统软件采用如前所述三种控制方式的灵活切换，正是软件设计的可靠性考虑；除此之外，系统设计时，进行了许多其他冗余设计，以确保在大多数情况下不会造成系统的阻塞、甚至死机现象。

11.5　本章小结

在空间资源日益紧张的当今，自动化立体仓储在泊车、模具中心、大型超市等行业受到广泛青睐。它要求控制系统定位精确，方便快捷，以不损伤物品且物流畅通为目的。而可编程控制器以其可靠性、灵活性及功能强大适应了现场控制的要求。在自动立体仓储系统中，PLC 发挥了极其重要的作用，实现了对多台步进电机的脉冲输出功能及高速脉冲计数功能。整个控制系统采用上位机进行集中管理、PLC 进行分散控制的集散控制系统，是机电一体化的重要手段和发展方向。

第 12 章 PLC 制冷剂自动充填控制系统

制冷剂又称制冷工质，它是在制冷系统中不断循环并通过其本身的状态变化来实现制冷的工作物质，属于冷媒的一部分（冷媒包括制冷剂与载冷剂）。冷媒自动充填机是冰箱、空调生产线上的重要设备，专为产品加充冷媒，外观可参看图 12-1。本章将以执行机构为冷媒自动充填机的制冷剂自动充填控制系统为例，分析如何使用 PLC 及相关特殊功能模块实现自动充填控制。

图 12-1 冷媒自动充填机

12.1 控制系统工艺要求

冷媒自动充填机内有两条通道，即真空通道和冷媒通道；通过真空泵提供真空环境，真空泵的样式可参看图 12-2。

灌注冷媒之前，必须先把充填机内冷媒通道抽真空。为此，在充填冷媒之前，首先打开电磁阀驱动的快速接头，压缩空气使针状阀顶开充填机内冷媒通道，然后打开真空阀门，抽真空电动机启动，开始抽真空。

真空度满足要求后，开始灌液。灌液之前，先把冷媒送入计量缸。在计量缸中，由驱动装置控制的移动活塞把冷媒推入充填机中。驱动装置由计量电动机、变频调速器、编码器与丝

图 12-2 冷媒自动充填机真空泵

杠组成。冷媒注入量的精度为±1g。变频调速器控制计量电动机的转速，通过带动丝杠的转动使活塞上下移动。丝杠上装了编码器，丝杠转一圈，编码器产生 240 个脉冲，一个脉冲对应 0.14g 冷媒。同时，要对冷媒通道中的温度和压力进行实时测量和控制，以确保冷媒注入量的精度不变。

12.2 相关知识点

本节主要介绍区间比较指令、高速计数器的区间比较/置位指令、速度检测指令和边沿信

号指令，并介绍了 BFM 寄存器及其写入/读出指令等相关知识。

12.2.1　区间比较指令 ZCP

（1）指令格式

该指令的指令名称、助记符、功能号、操作数及程序步长见表 12-1。

表 12-1　　　　　　　　　　　　　　区间比较指令表

指令名称	助记符、功能号	操作数			程序步长	适用机型	备　注
		[S1.]	[S2.]	[D.]			
区间比较	FNC11 DZCPP	K、H、KnX、KnY、KnM、KnS、T、C、D、V、Z		Y、M、S	16 位——7 步 32 位——13 步	FX$_{1s}$、FX$_{1N}$、FX$_{2N}$、FX$_{3UC}$	① 16/32 位指令 ② 脉冲/连续执行

（2）指令说明

区间比较指令 ZCP 的使用说明如图 12-3 所示。它是将一个数据[S.]与两个源数据[S1.]、[S2.]进行代数比较，比较结果影响存储到目标操作数[D.]中。X0 为"ON"，C1 的当前值与 K100 和 K120 比较，若 C1<K100，则 M0=1；若 K100≤C1≤K120 时，则 M1=1；若 C1>K120 时，则 M2=1。区间比较指令的数据均为二进制数，且带符号位比较。

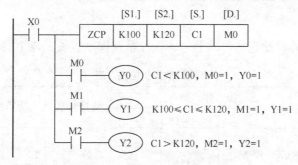

图 12-3　区间比较指令使用说明

12.2.2　高速计数器区间比较指令 HSZ（FNC55）

（1）指令格式

该指令的指令名称、助记符、功能号、操作数及程序步长见表 12-2。

表 12-2　　　　　　　　　　　　高速计数器区间比较指令表

指令名称	助记符、功能号	操作数			程序步长	适用机型	备　注
		[S1.]	[S2.]	[D.]			
高速计数器区间比较	FNC55 DHSZ	K、H、KnY、KnX、KnM、KnS、T、C、D、V、Z	C（C235～C255）	Y、M、S	16 位——7 步	FX$_{2N}$、FX$_{3UC}$	① 16 位指令 ② 连续执行

（2）指令说明

高速计数器区间比较指令（HSZ）与传送比较功能指令组中的区间比较指令（ZCP）相

似。图 12-4 所示为高速计数器区间比较指令的功能说明。当 X0 合上后，C251 计数器的值与 K1000 和 K2000 比较，满足下列条件时，相应的 Y0、Y1、Y2 有输出。

当 K1000＜C251 时，Y0=ON，Y1=OFF，Y2=OFF；

当 K1000≤C251≤K2000 时，Y0=OFF，Y1=ON，Y2=OFF；

当 C251＞K2000 时，Y0=OFF，Y1=OFF，Y2=ON。

HSZ 指令是 32 位专用指令，所以必须以 DHSZ 指令输入。此外 Y0、Y1、Y2 的动作仅仅是在计数器 C251 有脉冲信号输入，其当前值从 999～1 000 或 1 999～2 000 变化时，输出 Y0、Y1、Y2 才有变化。因此在图 12-5 中，若没有脉冲输入，即使 X0=ON 时，给 C251 传送 K3000，即 C251=K3000，输出 Y2 也不会变为"ON"。

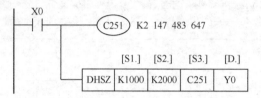

图 12-4　高速计数器区间比较指令功能说明

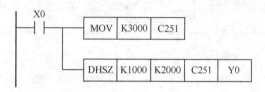

图 12-5　脉冲输入指令功能说明

12.2.3　高速计数器置位指令 HSCS（FNC53）

（1）指令格式

该指令的指令名称、助记符、功能号、操作数及程序步长见表 12-3。

表 12-3　　　　　　　　　　　　　　高速计数器置位指令表

指令名称	助记符 功能号	操　作　数			程序步长	适用机型	备　　注
		[S1.]	[S2.]	[D.]			
高速计数 器置位	FNC53 DHSCS	K、H、KnY、 KnX、KnM、 KnS、T、C、 D、V、Z	C （C235～ C255）	Y、M、 S	32 位—— 13 步	FX$_{1S}$、FX$_{1N}$、 FX$_{2N}$、FX$_{3UC}$	① 32 位指令 ② 连续执行

（2）指令说明

图 12-6 所示为高速计数器置位指令功能说明。X0 为 1 时，高速计数器 C255 的当前值由 99 变为 100，或由 101 变为 100，Y0 立即置"1"。该指令仅有 32 位指令操作，即 DHSCS 操作。

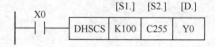

图 12-6　高速计数器置位指令功能说明

12.2.4　速度检测指令 SPD（FNC56）

（1）指令格式

该指令的指令名称、助记符、功能号、操作数及程序步长见表 12-4。

（2）指令说明

速度检测指令是用来检测给定时间内编码器脉冲个数的指令。当执行条件满足时，执行速度检测指令，[S1.]指定输入点，[S2.]指定计数时间，单位为 ms。[D.]共有 3 个单元指定存放计数结果。其中 D0 存放计数个数，D1 存放计数当前值，D2 存放剩余时间。

表 12-4　　　　　　　　　　　　速度检测指令表

指令名称	助记符、功能号	操 作 数			程序步长	适用机型	备 注
		[S1.]	[S2.]	[D.]			
速度检测	FNC56 SPD	X0 ～ X5	K、H、KnY、KnX、KnM、KnS、T、C、D、V、Z	T、C、D、V、Z	16 位——7 步	FX$_{1S}$、FX$_{1N}$、FX$_{2N}$、FX$_{3UC}$	① 16 位指令 ② 连续执行

通过测定，转速 N 可利用下述公式求出。

$$N = \frac{60 \times (D0)}{n \times t} \times 10^3 \text{(r/min)} \quad (n \text{ 为每转脉冲个数})$$

12.2.5　边沿信号指令 PLS、PLF

（1）指令格式

该组指令的功能、电路表示和可编程元件以及所占的程序步见表 12-5。

表 12-5　　　　　　　　　　　　边沿信号指令表

符 号 名 称	功 能	电路表示和可编程元件	程 序 步
PLS 上升沿脉冲	上升沿微分输出	├─┤ ├────[PLS │ Y、M]	1
PLF 下降沿脉冲	下降沿微分输出	├─┤ ├────[PLF │ Y、M]	1

（2）指令说明

PLS 用于将指令信号的上升沿进行微分，并将微分结果（接通一个扫描周期的脉冲）送到 PLS 指令后面所指定的目标编程元件中。在图 12-7 中，X0 即为 PLS 指令所要进行微分的信号，M0 为目标编程元件。

PLF 用于将指令信号的下降沿进行微分，并将微分结果（接通一个扫描周期的脉冲）送到 PLF 指令后面所指定的目标编程元件中。在图 12-7 中，X1 即为 PLF 指令所要进行微分的信号，M1 为目标编程元件。

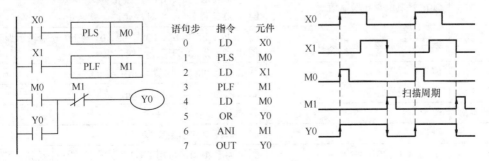

图 12-7　PLS、PLF 指令功能说明

12.2.6 缓冲寄存器（BFM）介绍

FX-4AD 模拟量模块内部有一个数据缓冲寄存器（BFM）区，它由 32 个 16 位的寄存器组成，编号为 BFM#0～#31，其内容与作用如表 12-6 所示。数据缓冲寄存器区中的内容可以通过 PLC 的 FROM 和 TO 指令来读、写。

表 12-6　　　　　　　　　　　FX-4AD 缓冲寄存器（BFM）的分配

BFM 编号	内　　　容		备　　　注
#0（*）	通道初始化，用 4 位十六进制数字 H××××表示，4 位数字从右至左分别控制 1、2、3、4 四个通道		每位数字取值范围为 0～3，其含义如下： 0 表示输入范围为−10～+10V 1 表示输入范围为+4～+20mA 2 表示输入范围为−20～+20mA 3 表示该通道关闭 默认值为 H0000
#1（*）	通道 1	采样次数设置	采样次数用于得到平均值，其设置范围为 1～4 096，默认值为 8
#2（*）	通道 2		
#3（*）	通道 3		
#4（*）	通道 4		
#5	通道 1	平均值存放单元	根据#1～#4 缓冲寄存器的采样次数，分别得出每个通道的平均值
#6	通道 2		
#7	通道 3		
#8	通道 4		
#9	通道 1	当前值存放单元	每个输入通道读入的当前值
#10	通道 2		
#11	通道 3		
#12	通道 4		
#13、#14	保留		
#15（*）	A/D 转换速度设置		设为 0 时：正常速度，15 毫秒/通道（默认值）； 设为 1 时：高速度，6 毫秒/通道
#16～#19	保留		
#20（*）	复位到默认值和预设值		默认值为 0；设为 1 时，所有设置将复位默认值
#21（*）	禁止调整偏置和增益值		b1、b0 位设为 1、0 时，禁止； b1、b0 位设为 0、1 时，允许（默认值）
#22（*）	偏置、增益调整通道设置		b7 与 b6、b5 与 b4、b3 与 b2、b1 与 b0 分别表示调整通道 4、3、2、1 的增益与偏置值
#23（*）	偏置值设置		默认值为 0000，单位为 mV 或 µA
#24（*）	增益值设置		默认值为 5 000，单位为 mV 或 µA
#25～#28	保留		
#29	错误信息		表示本模块的出错类型
#30	识别码（K2010）		固定为 K2010，可用 FROM 读出识别码来确认此模块
#31	禁用		

12.2.7 BFM 写入指令 TO（FNC79）

（1）指令格式

该指令的指令名称、助记符、功能号、操作数和程序步长见表 12-7。

表 12-7　　　　　　　　　　　特殊功能模块数据写入指令表

指令名称	助记符、功能号	操 作 数				程序步长	适用机型	备　注
		m_1	m_2	[S.]	n			
特殊功能模块数据写入	FNC79 DTOP	K、H（m_1= 0～7）	K、H（m_2= 0～31）	KnY、KnM、KnS、T、C、D、V、Z	K、H n=1～32	16 位——9 步 32 位——17 步	FX$_{1N}$、FX$_{2N}$、FX$_{3UC}$	① 16/32 位指令 ② 脉冲/连续执行

（2）指令说明

该指令为 PLC 向特殊功能模块缓冲器 BFM 写入数据的指令。当条件满足时，将 PLC 指定的源数据送至特殊功能模块中指定的 BFM 号中，传送字数在指令中给定。

m_1 表示特殊功能模块号，m_1=0～7。

m_2 表示缓冲器起始元件号，m_2=0～31。

n 表示待传送数据的字数，n=1～16（16 位），M=1～32（32 位）。

FROM 和 TO 指令是特殊功能模块编程必须使用的指令。TOP 为脉冲执行型指令。当进行 32 位数据写入时，采用 DTO 指令。

12.2.8 BFM 读出指令 FROM（FNC78）

（1）指令格式

该指令的指令名称、助记符、功能号、操作数和程序步长见表 12-8。

表 12-8　　　　　　　　　　　特殊功能模块数据读出指令表

指令名称	助记符、功能号	操 作 数				程序步长	适用机型	备　注
		m_1	M_2	[D.]	n			
特殊功能模块数据读出	FNC78 DFROMP	K、H（m_1=0～7）	K、H（m_2=0～32 767）	KnY、KnM、KnS、T、C、D、V、Z	K、H n=1～32 767	16 位——9 步 32 位——17 步	FX$_{1N}$、FX$_{2N}$、FX$_{3UC}$	① 16/32 位指令 ② 脉冲/连续执行

（2）指令说明

该指令为特殊功能模块缓冲存储器数据的读出指令。当执行条件满足时，通过 FROM 指令将编号为 m_1 的特殊功能模块从模块缓冲存储器（BFM）编号为 m_2 开始的 n 个数据读入 PLC，并存入[D.]指定元件为起始地址的 n 个数据寄存器中。

m_1 表示特殊功能模块号，m_1=0～7。

m_2 表示缓冲寄存器（BFM）号，m_2=0～32 767。

n 表示待传送数据的字节数，n=1～32 767。

接在 FX$_{2N}$ 基本单元右边扩展总线上的功能模块（例如模拟量输入单元、模拟量输出单元、高速计数器单元等），从最靠近基本单元那个开始，顺次编号 0～7。

FROMP 为脉冲执行型指令。当进行 32 位数据读出时，采用 DFROM 指令。

12.2.9 减法、除法、乘法指令 SUB（FNC21）、DIV（FNC23）、MUL（FNC22）

（1）指令格式

这 3 个指令的指令名称、助记符、功能号、操作数及程序步长见表 12-9。

表 12-9　　　　　　　　减法指令、除法指令、乘法指令表

指令名称	助记符、功能号	操作数			程序步长	备注
		[S1.]	[S2.]	[D.]		
减法	FNC21 DSUBP	K、H、KnX、KnY、KnM、KnS、T、C、D、V、Z		KnY、KnM、KnS、T、C、D、V、Z	16 位——7 步 32 位——13 步	① 16/32 位指令 ② 脉冲/连续执行
除法	FNC23 DIV	K、H、KnX、KnY、KnM、KnS、T、C、D、Z		KnY、KnM、KnS、T、C、D	16 位——7 步 32 位——13 步	① 16/32 位指令 ② 脉冲/连续执行
乘法	FNC22 MUL	K、H、KnY、KnX、KnM、KnS、T、C、D、Z		KnY、KnM、KnS、T、C、D、	16 位——7 步 32 位——13 步	① 16//32 位指令 ② 脉冲/连续执行

（2）指令说明

① 减法指令 SUB（FNC21）

减法指令 SUB 将[S1.]指定的元件中的数减去[S2.]指定的元件中的数，将结果送到[D.]指定的目标元件。图 12-8 中的 X1 由"OFF"变为"ON"时，执行（D0）-22→（D0）。因运算结果送入存放源操作数的 D0，故必须使用脉冲执行方式（即在指令后面加 P）。

② 乘法指令 MUL（FNC22）

16 位乘法指令 MUL 将源元件中的二进制数相乘，结果（32 位）送入指定的目标元件。图 5-8 中的 X2 为"ON"时，执行（D0）×（D2）→（D5、D4），乘积的低位字送

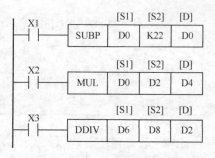

图 12-8　算术运算指令

到 D4，高位字送到 D5。32 位乘法的结果为 64 位，只能用两个字节分别监视运算结果的高 32 位和低 32 位。目标元件（如 KnM）的位数如果小于运算结果的位数，只能保存结果的低位。

③ 除法指令 DIV（FNC23）

除法指令 DIV 用[S1.]除以[S2.]，商送到目标元件，余数送到[D.]的下一个元件。如图 5-8 中的 X3 为"ON"时，执行 32 位除法运算，（D7、D6）/（D9、D8），商送到 D3、D2，余数送到 D5、D4。如果除数只有一个字（假设放到 D8 中），32 位除法运算之前应先将除数的高位字 D9 清零。

若除数为零则出错，不执行该指令。若位元件被指定为目标元件，不能获得余数。商和余数的最高位为符号位。

12.3　控制系统硬件设计

本控制系统选用 FX$_{2N}$-64MR 作为主控部件，同时组合使用 FX-4AD 四通道模拟量输入模块完成整个系统的设计。下面具体介绍其硬件选型和电气控制原理。

12.3.1　控制系统图

原来的冷媒自动充填机是通过继电器、接触器控制的。经分析，该系统有 21 个输入量，26 个输出量，均为开关量信号；另外还有 2 路模拟量信号（温度和压力）需要测量和控制。

根据系统 I/O 信号的性质和数量，本设计选用 FX$_{2N}$-64MR 主机加 FX-4AD 四通道模拟量输入模块进行组合，共有 32 点输入，32 点输出，可以满足系统 I/O 信号数量的要求。冷媒自动充填机 PLC 控制系统的组成如图 12-9 所示。

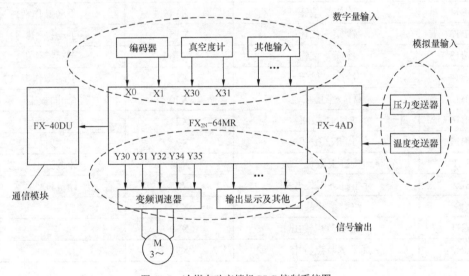

图 12-9　冷媒自动充填机 PLC 控制系统图

外部设备输入的数字信号直接输入 PLC 主机，模拟信号通过 A/D 转换变为数字信号后输入主机，主机再根据输入信号和预设程序输出信号，从而驱动外围设备。另外，主机通过通信模块与触摸屏幕或上位机传输数据。各 I/O 信号需要与 PLC 系统 I/O 端口相连接，各端口具有相应的地址编号，PLC 系统内部通过这些地址编号实现对控制信息的采集与对外围设备的控制。

12.3.2　系统资源分配

输入信号主要用于向 PLC 提供信息，以实现特定的控制功能，不同的输入信号通过其对应的地址编号来区分。本设计中，外围设备输入信号对应的 PLC 地址编号如表 12-10 所示。

表 12-10　　　　　　　　　　输入信号及 PLC 地址编号

名　　称	功　　能	地址编号	备　　注
SR1	编码器 A	X0	
SR2	编码器 B	X1	
SB1	真空泵开关按钮	X2	手动操作柜内
SB2	计量开关按钮	X3	手动操作柜内
SB3	计时开关按钮	X4	手动操作柜内
SB4	自动开关按钮	X5	手动操作柜内
SB5	手动开关按钮	X6	手动操作柜内
SB6	真空形成按钮	X7	手动操作柜内
SB7	真空度检测按钮	X10	手动操作柜内
SB8	充填按钮	X11	手动操作柜内
SB9	抽真空按钮	X12	手动操作柜内
SB10	冷媒 1 按钮	X13	手动操作柜内
SB11	冷媒 2 按钮	X14	手动操作柜内
SB12	冷媒 3 按钮	X15	手动操作柜内
SB13	冷媒 4 按钮	X16	手动操作柜内
SB14	冷媒 5 按钮	X17	手动操作柜内
SB15	复位/停止按钮	X20	面板上
SB16	RUN1 按钮	X21	面板上
SB17	RUN2 按钮	X23	注射枪上
SL1	计量缸上限位开关	X24	计量缸上限位
SL2	计量缸下限位开关	X25	计量缸下限位
QS	注射系统故障	X27	
YH1	真空度节点输出 1	X30	
YH2	真空度节点输出 2	X31	

　　输出信号则主要用于控制过程显示和驱动执行设备，不同输出信号通过其对应的地址编号来区分。本设计中输出信号对应的 PLC 地址编号如表 12-11 所示。

表 12-11　　　　　　　　　　输出信号及 PLC 地址编号

名　　称	功　　能	地址编号	备　　注
HL2	真空泵按钮灯（黄）	Y0	手动操作柜内
HL3	计时按钮灯（黄）	Y1	手动操作柜内
HL4	计量按钮灯（黄）	Y2	手动操作柜内
HL5	自动按钮灯（绿）	Y3	手动操作柜内
HL6	手动按钮灯（绿）	Y4	手动操作柜内
HL7	真空形成按钮灯（黄）	Y5	手动操作柜内

续表

名　　称	功　　能	地 址 编 号	备　　注
HL8	真空度测量灯（黄）	Y6	手动操作柜内
HL9	充填按钮灯（黄）	Y7	手动操作柜内
HL10	抽真空灯（黄）	Y10	手动操作柜内
HL11	冷媒 1	Y11	手动操作柜内
HL12	冷媒 2	Y12	手动操作柜内
HL13	冷媒 3	Y13	手动操作柜内
HL14	冷媒 4	Y14	手动操作柜内
HL15	冷媒 5	Y15	手动操作柜内
HL16	复位灯（红）	Y16	手动操作柜内
HL17	RUN1（绿）	Y17	面板上
HL19	运行等待（绿）	Y21	面板上
YV1	快速接头打开	Y24	手动控制柜内
K5	真空通道关闭	Y25	控制箱内
YV3	真空阀门打开	Y26	控制箱内
K2	正转	Y30	控制箱内
K3	反转	Y31	控制箱内
K4	高速	Y32	控制箱内
K6	低速	Y34	控制箱内
K7	停转	Y35	控制箱内
KM1	真空泵运转	Y36	控制箱内
K1	蜂鸣器	Y37	控制箱内

12.4　控制系统软件设计

　　硬件设计完成后，还需要根据控制系统的工艺要求设计出相应的软件。以下是 PLC 制冷剂自动充填控制系统的程序流程图及梯形图设计。

12.4.1　控制系统流程图

　　首先，从工艺流程中抽象出过程控制流程图。本设计的冷媒自动充填机控制流程如图 12-10 所示。

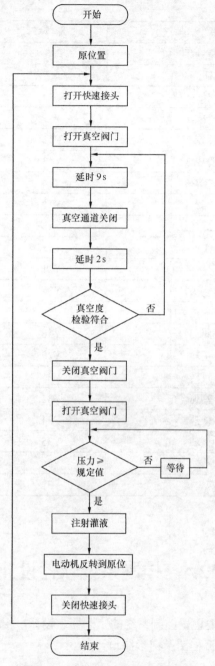

图 12-10　冷媒自动充填机控制流程图

12.4.2　系统软件设计

根据设计好的控制流程图，结合现场人工/自动控制要求，本节按照表 12-10 及表 12-11 对 PLC 地址的分配进行 PLC 控制的梯形图设计。整个程序经过两次判断来完成注射灌液。首先要进行真空度检验，达到要求则关闭真空阀门，同时打开真空通道，然后接着判断压力是否大于等于规定值，如不符合条件则一直等待，直到符合条件才开始进行注射灌液。完成后电动机反转到原位，并关闭快速接头，整个注射灌液过程结束。冷媒自动充填机的 PLC 控制梯形图如图 12-11～图 12-36 所示。

程序块一：真空泵电动机控制

按下真空泵开关按钮时，启动或关闭真空泵电动机，梯形图如图 12-11 所示。

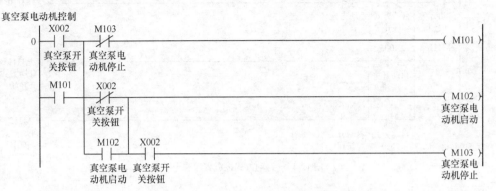

图 12-11 真空泵电动机控制程序梯形图

程序块二：计量方式控制

按下计量开关按钮，控制计量的启动和停止，梯形图如图 12-12 所示。

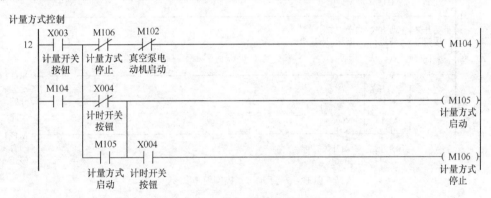

图 12-12 计量方式控制程序梯形图

程序块三：计时方式控制

按下计时开关按钮，控制计时方式的开始和停止，梯形图如图 12-13 所示。

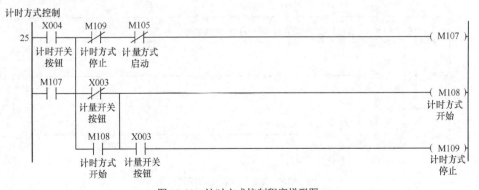

图 12-13 计时方式控制程序梯形图

程序块四：自动方式控制

按下自动开关按钮，控制自动方式的开始和停止，梯形图如图 12-14 所示。

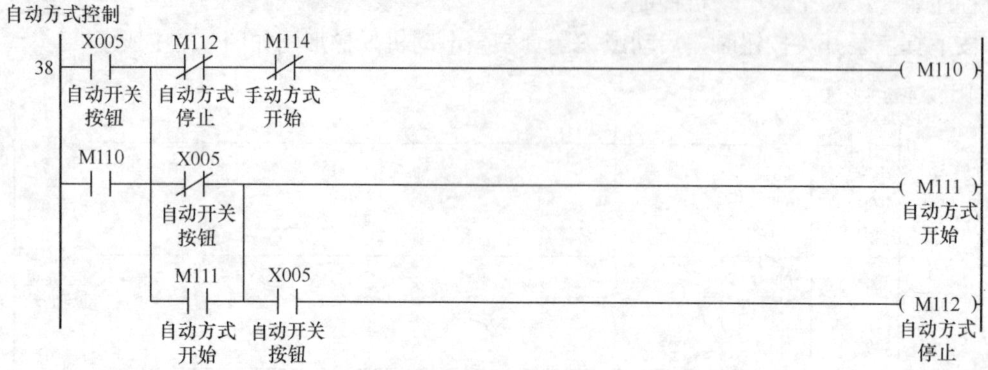

图 12-14　自动方式控制程序梯形图

程序块五：手动方式控制

按下手动开关按钮，控制手动方式的开始和停止，梯形图如图 12-15 所示。

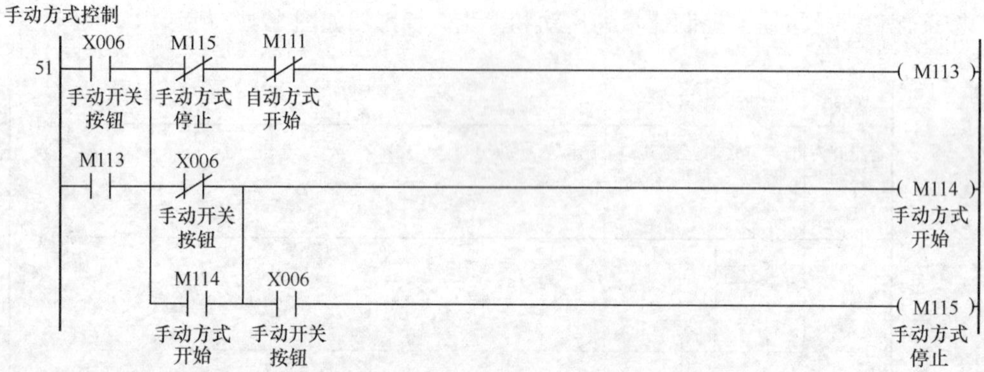

图 12-15　手动方式控制程序梯形图

程序块六：真空形成控制

按下真空形成开关按钮，控制真空形成的开始和停止，梯形图如图 12-16 所示。

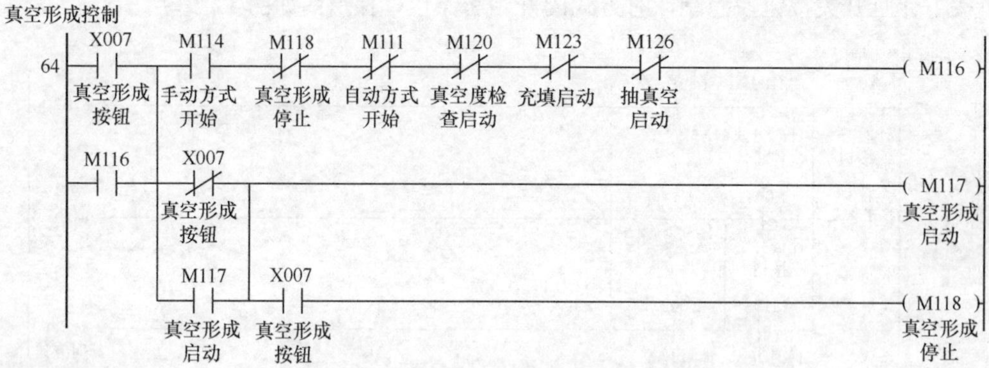

图 12-16　真空形成控制程序梯形图

程序块七：真空度检查控制

按下真空度检测按钮，控制真空度检查的启动和停止，梯形图如图 12-17 所示。

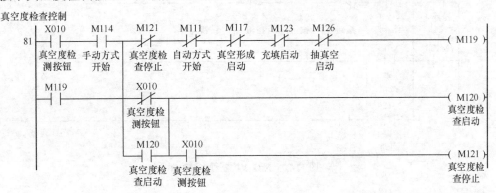

图 12-17　真空度检查控制程序梯形图

程序块八：充填控制

按下充填按钮，控制充填的启动和停止，梯形图如图 12-18 所示。

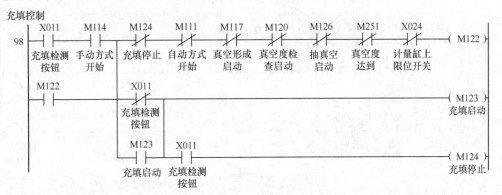

图 12-18　充填控制程序梯形图

程序块九：抽真空控制

按下抽真空按钮，控制抽真空的启动和停止，梯形图如图 12-19 所示。

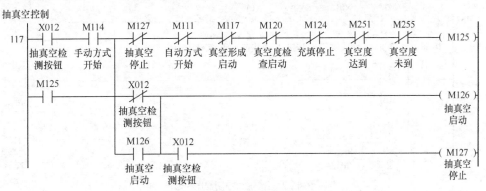

图 12-19　抽真空控制程序梯形图

程序块十：冷媒 1 控制

按下冷媒 1 按钮，控制冷媒 1 的启动和停止，梯形图如图 12-20 所示。

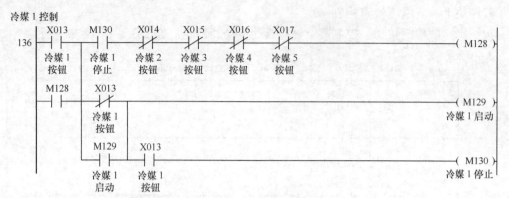

图 12-20 冷媒 1 控制程序梯形图

程序块十一：冷媒 2 控制

按下冷媒 2 按钮，控制冷媒 2 的启动和停止，梯形图如图 12-21 所示。

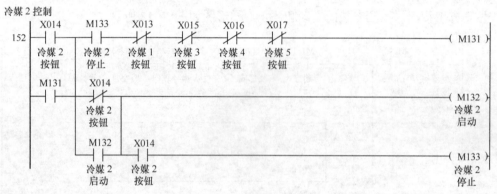

图 12-21 冷媒 2 控制程序梯形图

程序块十二：冷媒 3 控制

按下冷媒 3 按钮，控制冷媒 3 的启动和停止，梯形图如图 12-22 所示。

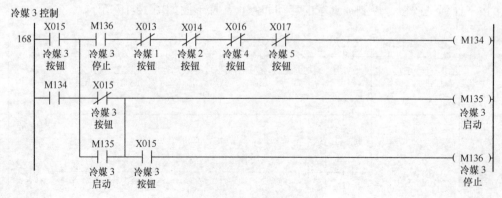

图 12-22 冷媒 3 控制程序梯形图

程序块十三：冷媒 4 控制

按下冷媒 4 按钮，控制冷媒 4 的启动和停止，梯形图如图 12-23 所示。

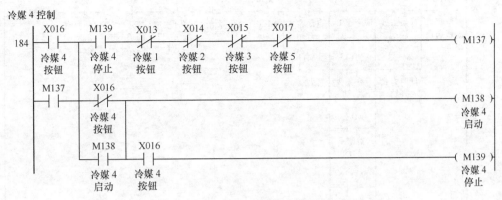

图 12-23　冷媒 4 控制程序梯形图

程序块十四：冷媒 5 控制

按下冷媒 5 按钮，控制冷媒 5 的启动和停止，梯形图如图 12-24 所示。

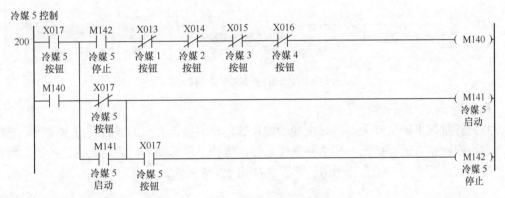

图 12-24　冷媒 5 控制程序梯形图

程序块十五：RESET 控制

按下复位/停止按钮，控制 RESET 的开和关，梯形图如图 12-25 所示。

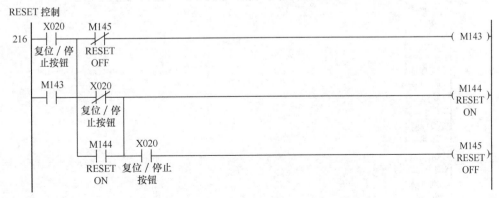

图 12-25　RESET 控制程序梯形图

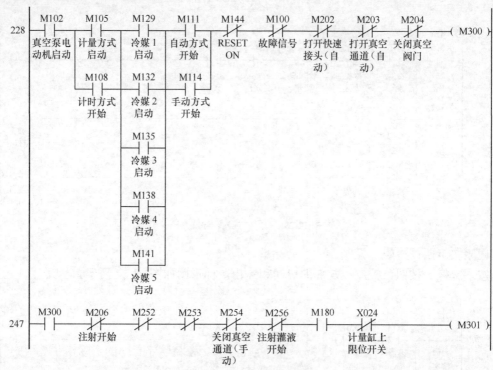

图 12-25　RESET 控制程序梯形图（续）

程序块十六：运行等待

打开计量缸下限位开关，同时使变频器反转，然后按下真空形成、真空度检测、充填及抽真空按钮，打开运行按钮 1 和 2 使系统运行，等待一段时间后，启动真空度检查，对抽真空计时，完成后手动关闭真空通道。梯形图如图 12-26 所示。

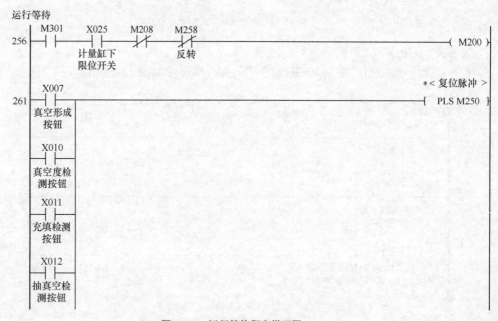

图 12-26　运行等待程序梯形图

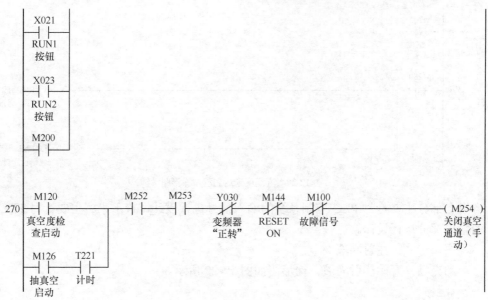

图 12-26　运行等待程序梯形图（续）

程序块十七：真空度达到

启动真空形成并开始真空度检查，对抽真空计时，等待真空度达到。梯形图如图 12-27 所示。

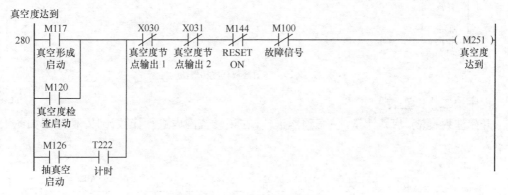

图 12-27　真空度达到程序梯形图

程序块十八：真空度未达到

启动抽真空，开启计时，等待真空度达到。梯形图如图 12-28 所示。

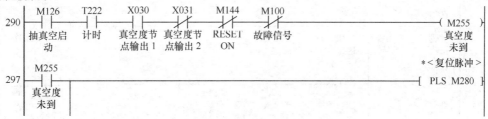

图 12-28　真空度未达到程序梯形图

219

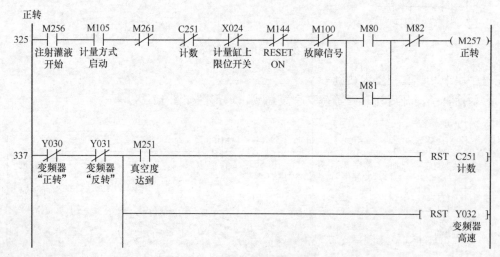

图 12-28　真空度未达到程序梯形图（续）

以上部分主要是对 PLC 控制系统的输入信号进行设计，接下来将主要针对 PLC 控制系统的输出部分进行设计。

程序块十九：注射灌液

启动充填，开始注射灌液。梯形图如图 12-29 所示。

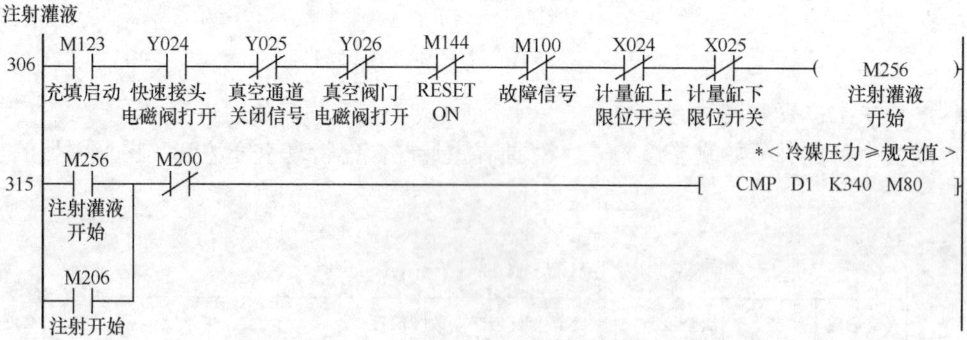

图 12-29　注射灌液程序梯形图

程序块二十：正转

开始注射灌液，启动计量，使变频器正转，在正转范围内进行计数计时。梯形图如图 12-30 所示。

图 12-30　正转程序梯形图

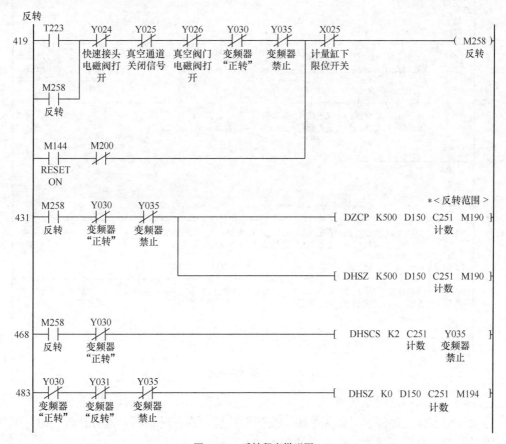

图 12-30　正转程序梯形图（续）

程序块二十一：反转

打开真空通道，按下计量缸下限位开关，使变频器反转，在反转范围内进行计数计时；系统运行一段时间后，自动打开快速接头和真空通道，真空度达到，关闭真空阀门。梯形图如图 12-31 所示。

图 12-31　反转程序梯形图

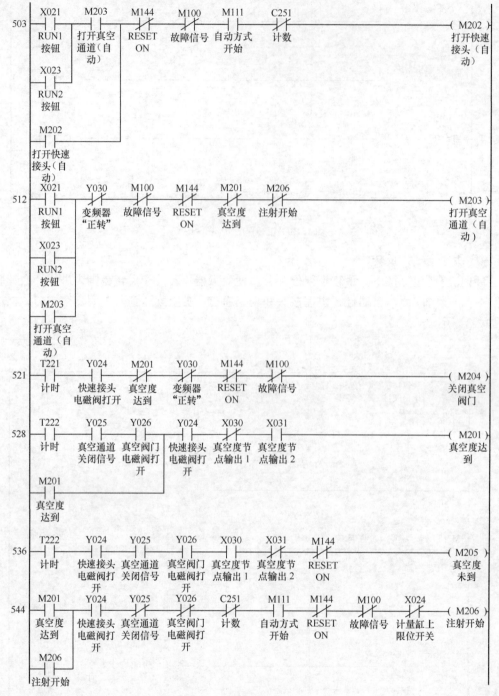

图 12-31　反转程序梯形图（续）

程序块二十二：注射正转

启动计量方式开始注射，如无故障，变频器正转，在正转范围内进行计数计时，系统运行一段时间后，禁止变频器。梯形图如图 12-32 所示。

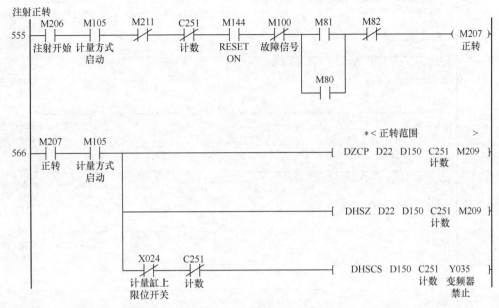

图 12-32　注射正转程序梯形图

程序块二十三：输出信号指示灯及功能

启动真空泵电动机，开启各种输出信号，系统运行一段时间后，读 AD 模块，得到当前温度值和压力值，并进行流量计算。梯形图如图 12-33 所示。

图 12-33　输出信号指示灯及功能程序梯形图

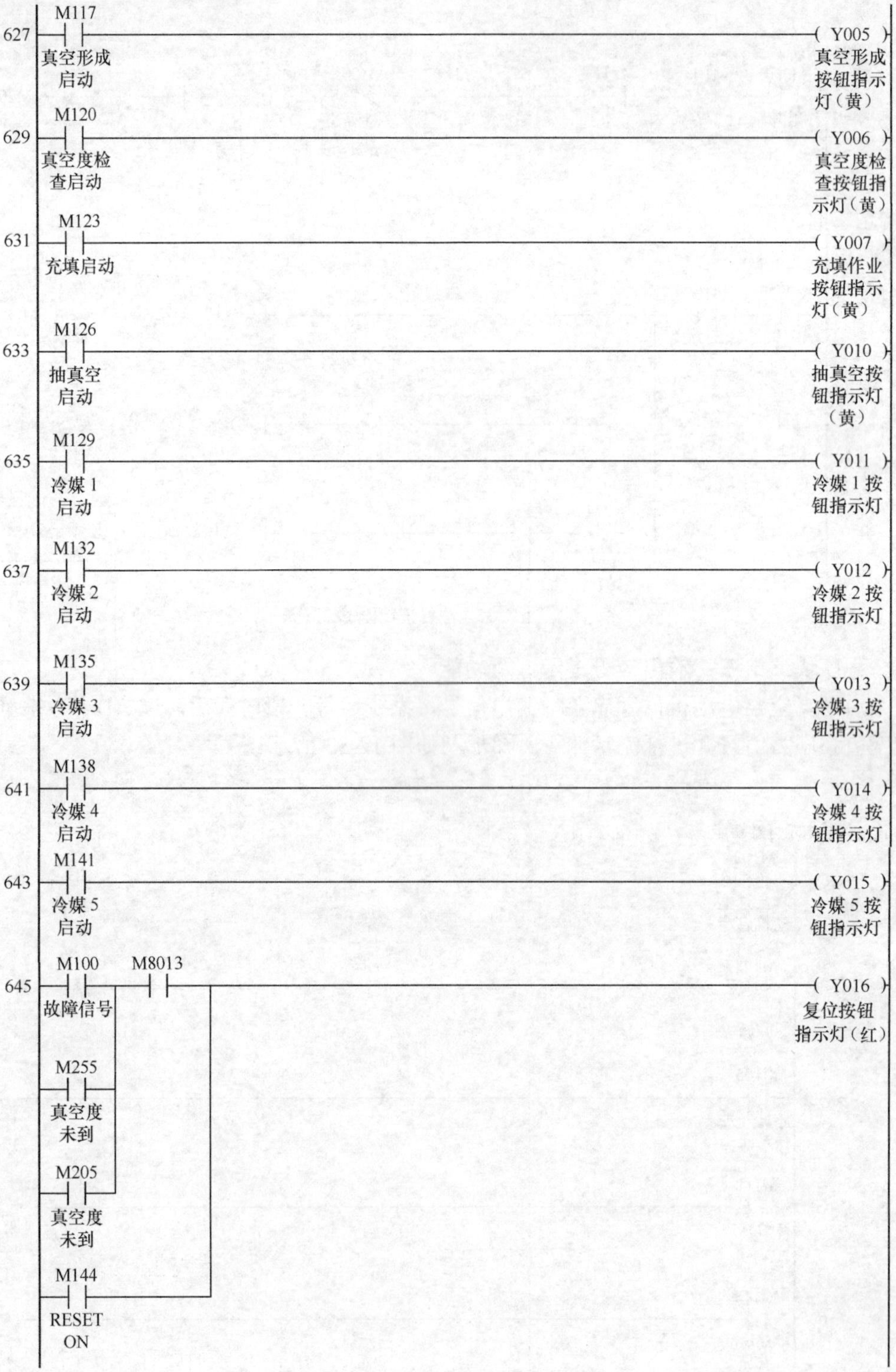

图 12-33　输出信号指示灯及功能程序梯形图（续）

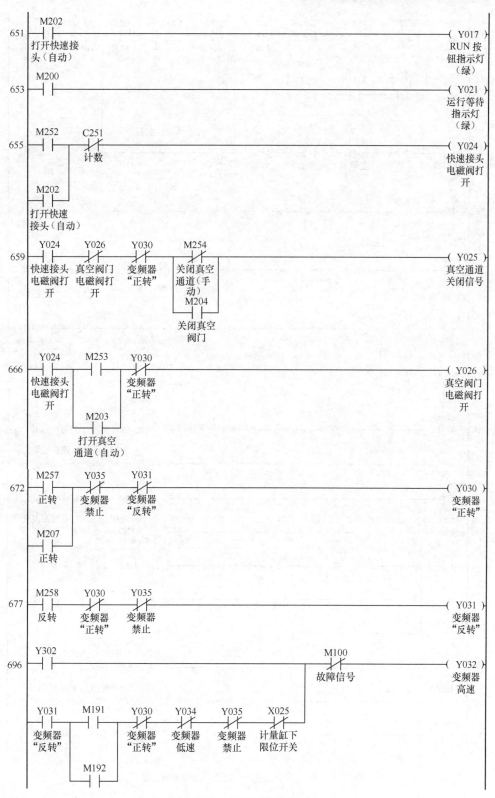

图12-33 输出信号指示灯及功能程序梯形图（续）

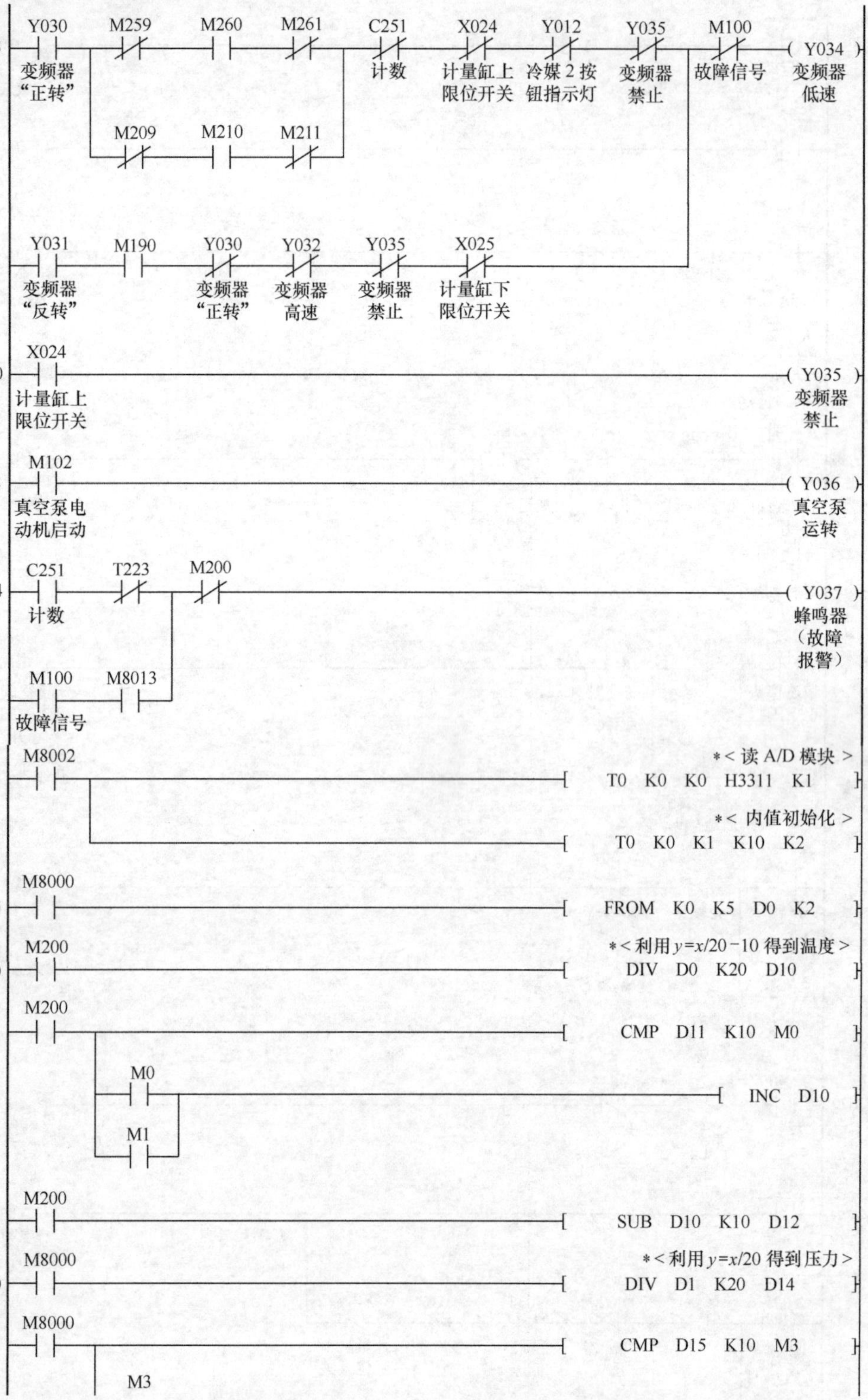

708 ┤ Y030 ┤/├ M259 ┤├ M260 ┤/├ M261 ┤/├ C251 ┤/├ X024 ┤├ Y012 ┤/├ Y035 ┤/├ M100 (Y034)

变频器   计数   计量缸上   冷媒2按   变频器   故障信号   变频器
"正转"   限位开关   钮指示灯   禁止   低速

┤/├ M209 ┤├ M210 ┤/├ M211

┤├ Y031 ┤├ M190 ┤/├ Y030 ┤/├ Y032 ┤/├ Y035 ┤├ X025

变频器   变频器   变频器   变频器   计量缸下
"反转"   "正转"   高速   禁止   限位开关

730 ┤├ X024 (Y035)

计量缸上   变频器
限位开关   禁止

732 ┤├ M102 (Y036)

真空泵电   真空泵
动机启动   运转

734 ┤├ C251 ┤/├ T223 ┤/├ M200 (Y037)

计数   蜂鸣器
                                                               （故障
┤├ M100 ┤├ M8013   报警）

故障信号

741 ┤├ M8002   *< 读 A/D 模块 >
                                                    T0 K0 K0 H3311 K1

                                                    *< 内值初始化 >
                                                    T0 K0 K1 K10 K2

760 ┤├ M8000   FROM K0 K5 D0 K2

770 ┤├ M200   *< 利用 $y=x/20-10$ 得到温度 >
                                                    DIV D0 K20 D10

778 ┤├ M200   CMP D11 K10 M0

┤├ M0   INC D10

┤├ M1

792 ┤├ M200   SUB D10 K10 D12

800 ┤├ M8000   *< 利用 $y=x/20$ 得到压力 >
                                                    DIV D1 K20 D14

808 ┤├ M8000   CMP D15 K10 M3

M3

图 12-33 输出信号指示灯及功能程序梯形图（续）

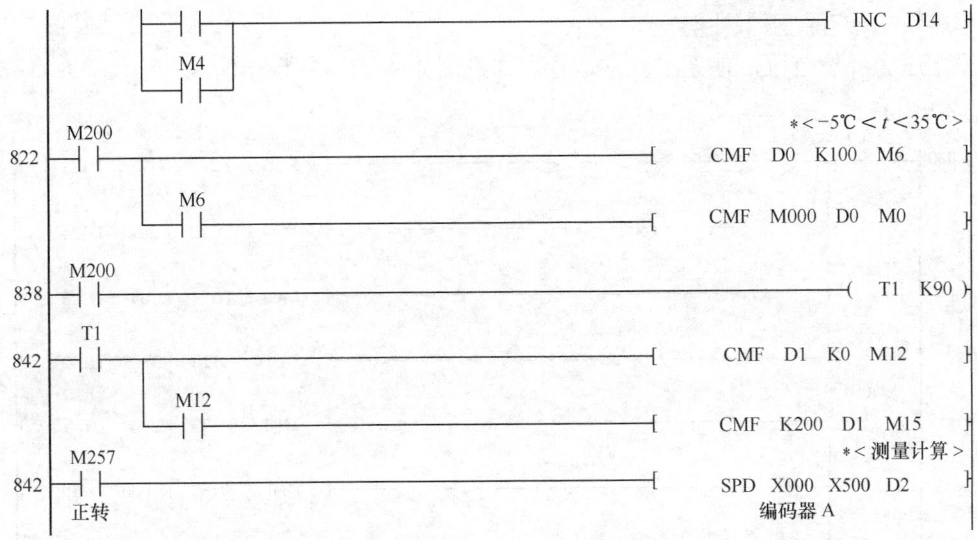

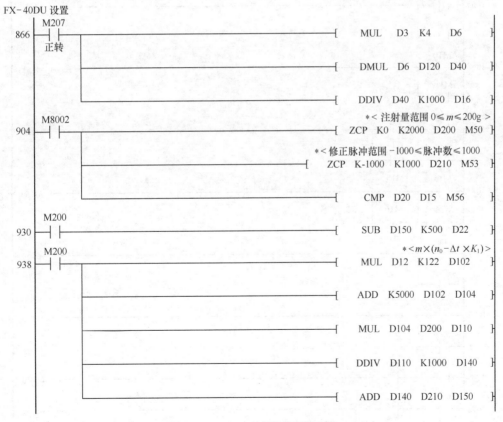

图 12-33 输出信号指示灯及功能程序梯形图（续）

程序块二十四：FX-40DU 设置

使变频器正转，进行 FX-40DU 设置，设定其注射量范围和修正脉冲范围，使系统正常运行。梯形图如图 12-34 所示。

图 12-34 FX-40DU 设置程序梯形图

程序块二十五：压力补偿

设定压力补偿范围，使系统正常运行。梯形图如图 12-35 所示。

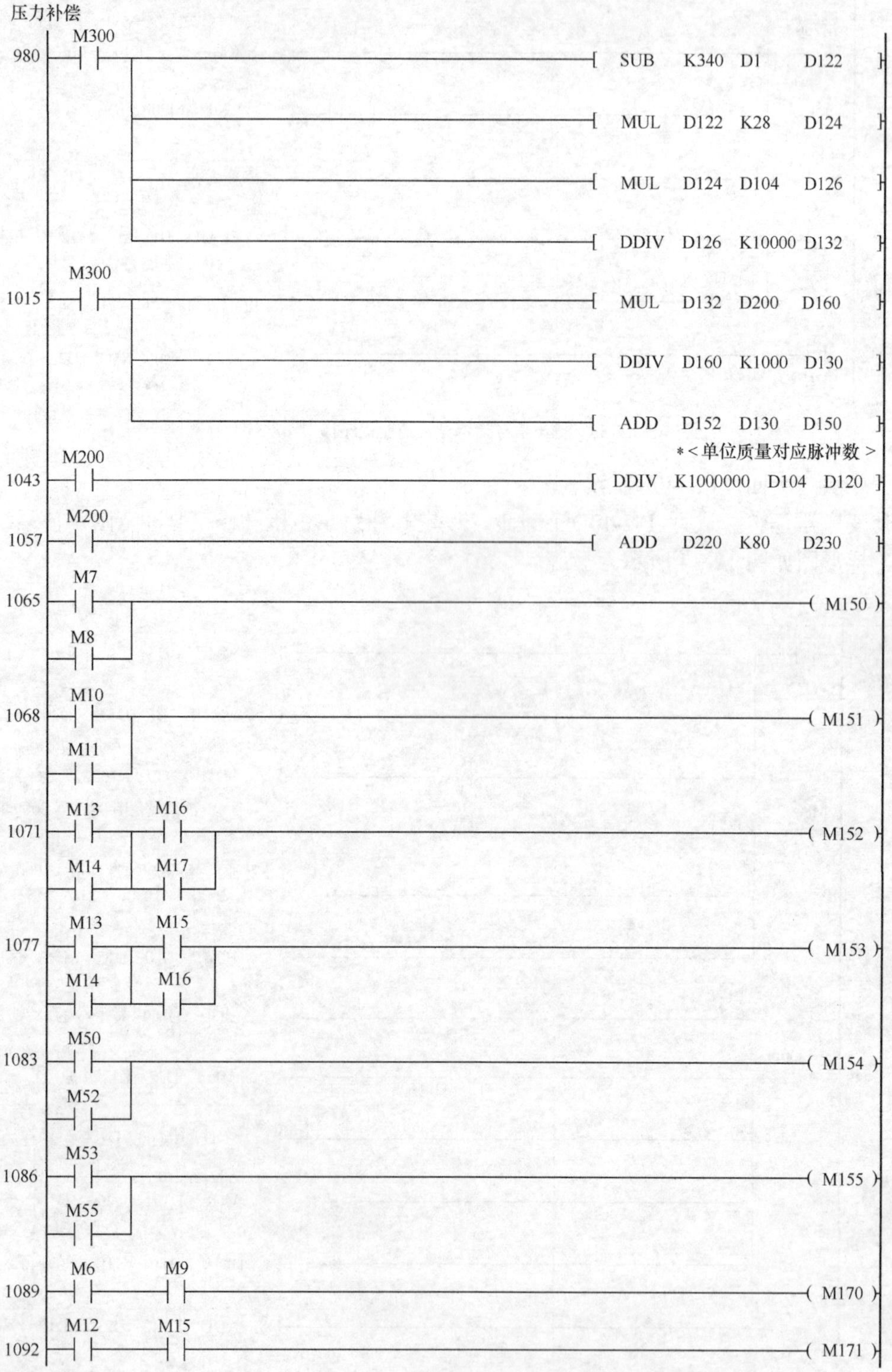

压力补偿

图 12-35　压力补偿程序梯形图

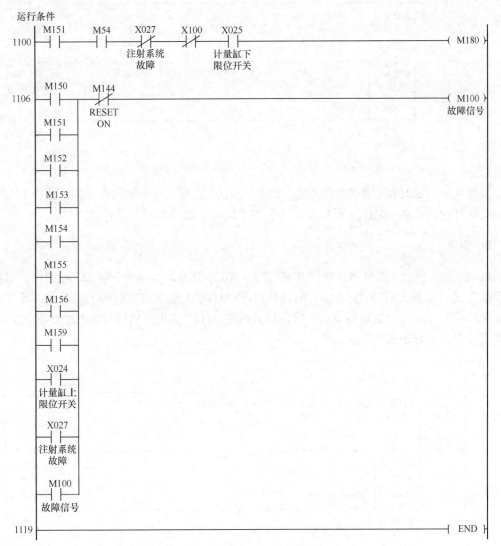

图 12-35　压力补偿程序梯形图（续）

程序块二十六：运行条件

设定系统运行条件，使系统正常运行，如果注射系统有故障，发出故障报警信号。梯形图如图 12-36 所示。

图 12-36　运行条件程序梯形图

12.4.3　分析举例

本节以图 12-37～图 12-39 所示部分典型环节的控制梯形图为例进行分析，余下部分读者可参考指令表和注释自行分析。

1．例 1

如图 12-37 所示，冷媒自动充填机通过真空泵提供真空环境。当真空泵开关按钮 SB1 按下，X002 常开触点闭合，M101 线圈通电，其常开触点吸合，M101 完成自锁；松开 SB1，X002 常闭触点恢复，M102 通电，其常开触点吸合，M102 亦完成自锁，真空泵电动机持续工作。

真空泵电动机控制

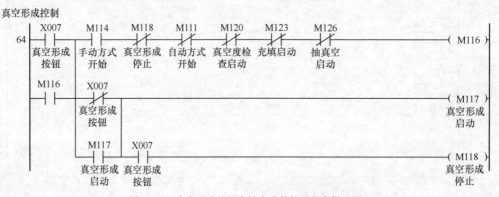

图 12-37　真空泵开关按钮自锁电路的程序梯形图

当再次按下 SB1 时，X002 常开触点闭合，M103 通电，其常闭触点分离，致使 M101 失电，其常开触点分离；SB1 复原后，该部分完全断电，真空泵停止工作。

2．例 2

如图 12-38 所示，真空形成按钮 SB6 按下，X007 常开触点吸合，若 M114 通电，即系统为手动方式，且 M118、M111、M120、M123 和 M126 未通电流，则 M116 通电，其常开触点吸合；松开 SB6，电流通过 X007 常闭触点致使 M117 通电，M117 常开触点吸合，M117 电路完成自锁，开始真空形成工作。

真空形成控制

图 12-38　真空形成按钮自锁电路的扩展程序梯形图

当再次按下 SB6 时，X007 常开触点闭合，M118 通电，其常闭触点分离，致使 M116 失电，其常开触点分离；SB6 复原后，该部分完全断电，真空形成停止。

3. 例 3

如图 12-39 所示，仅当 M102 通电、M105/M108 中至少有 1 个通电、M129/M132/M135/M138/M141 中有任意 1 个通电、M111/M114 中至少有 1 个通电、M144/M100/M202/M203/M204 中没有 1 个通电时，线圈 M300 通电，引发后续动作。

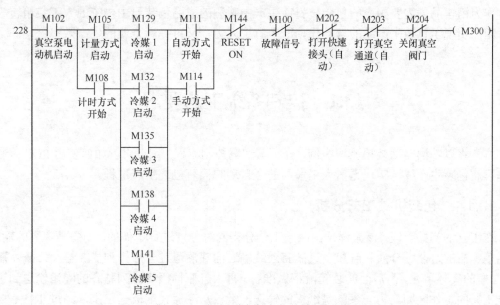

图 12-39　常开和常闭触点串/并联组合电路

12.5　本章小结

本章以冷媒自动充填机 PLC 控制系统为例，介绍了 BFM 缓冲寄存器及其写入/读出指令。通过对本章的学习，应了解 PLC 控制制冷剂充填的总体流程，对 PLC 在制冷剂自动充填系统中的应用有一定的认识。

第 13 章 PLC 啤酒瓶包装控制系统

随着人们生活水平的提高和饮食结构的变化，啤酒已成为消费者日常生活中的重要饮品。作为销售品，需要相应的包装。目前生产中啤酒的成品包装已由传统的人工装箱转为自动封箱，实现了包装生产线的自动化，既节省了人力，又可提高企业的生产效率。

13.1 控制系统工艺要求

本章将以啤酒自动装箱流程为例，介绍其逻辑控制流程，重点讲解如何使用 PLC 控制整个啤酒瓶包装生产线，实现无需人工参与的全自动啤酒瓶包装生产过程。

13.1.1 包装机械工艺分析

在工艺的初始阶段，该流程是由两条工艺分支同时分别进行工作的。一条是啤酒的输送，包括了啤酒的进瓶、分瓶和赶瓶。进瓶将连续输送的啤酒通过分瓶排列成 3 排、每排 4 瓶、共 12 瓶的集体单元，为后面的装箱流程做准备，再由赶瓶伺服将排列整齐的啤酒输送到进行包装工艺的工作区间。另一条就是纸板的输送，纸板从摩擦式纸板仓出来，经过 1 区、2 区和 3 区输送电动机的传送，由升降电动机和吸盘将其送到轧辊电动机，轧辊电动机轧辊向外传送，然后通过爬坡伺服将其送到包装的工作区间。这个工作区间便是两条工艺支流的汇合点，在包装工作区间里，通过准确的定位将排列整齐的啤酒和纸板整合在一起（纸板在下方，啤酒位于纸板上方的相应位置），由折箱伺服和折页伺服将纸板折合成型，并且将啤酒包装在箱子里面，然后由喷胶伺服上胶，再由压箱伺服将纸箱固定好，至此便完成了整个工艺流程，可以将成品送往下个工作车间进行装载和配送。整个工艺流程如图 13-1 所示。

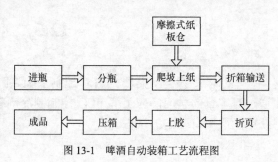

图 13-1 啤酒自动装箱工艺流程图

13.1.2 控制需求分析

基于上述的工艺流程分析，系统的控制点数和位置可以概括为以下几点。

（1）电气控制

电动机控制：1 区输送电动机、真空泵、胶机、2 区输送电动机、链条输送电动机、3 区输送电动机和振瓶电动机。

电磁阀控制：长汽缸、吸板、吸盘、链道、喷胶和轧辊等。

（2）伺服控制

分瓶伺服控制、赶瓶伺服控制、吸纸伺服控制、爬坡伺服控制、折箱伺服控制、折页伺服控制、压箱伺服控制。

（3）变频控制

进瓶电动机变频控制、上纸升降电动机变频控制、轧辊电动机变频控制、上纸过渡升降电动机变频控制。

13.1.3 系统构成设计

根据设计方案的要求，选用如表 13-1 所示的产品来构成啤酒自动装箱机控制系统。

表 13-1　　　　　　　　　　　　选用的 FA 产品列表

项　　目	产品型号	数　　量
基板	Q38B	1
电源	Q61P-A1	1
CPU	Q00 CPU	1
定位模块	QD70P8	1
伺服放大器	MR-J2S	8
伺服电动机	HC-SFS-502B	8
输入模块	QX41	2
输出模块	QY41	1
网络模块	QJ61BT11N	1
变频器	FR-F740	4

图 13-2 所示为选用的控制部件安装在基板上的系统连接图。其安装顺序为：电源模块→CPU→QD70P8→输入模块→输出模块→CC-Link 网络模块。

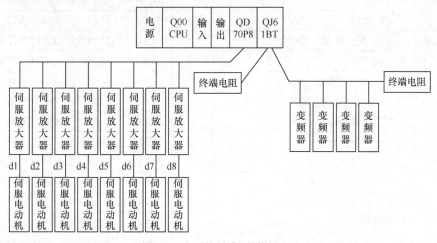

图 13-2　伺服控制系统结构组成图

由于啤酒自动装箱机是实际的工厂应用项目，它所使用的是三相交流 380 V/50 Hz 工业电压，为了保证电动机的安全使用，电气设备（如继电器、接触器、电磁阀、低压断路器和刀开关等）的配合使用是必需的。所选用的电气设备及其功能解说（具体的电气接线图请参考啤酒自动装箱系统的电气原理图）见表 13-2。

表 13-2　　　　　　　　　　　　电气设备列表

产品	编号	功　能	产品	编号	功　能
电磁继电器	KA1	与 KM1 配合控制胶机开断路	电磁阀	YV1	控制左侧喷胶 1
	KA2	与 KM2 配合控制真空泵开断路		YV2	控制左侧喷胶 2
	KA3	与 KM3 配合控制振瓶电动机开断路		YV3	控制右侧喷胶 1
	KA4	与 KM4 配合控制 1 区输送电动机开断路		YV4	控制右侧喷胶 2
	KA5	与 KM5 配合控制 2 区输送电动机开断路		YV5	控制顶喷胶
	KA6	与 KM6 配合控制链条输送电动机开断路		YV9-1	控制吸板向前
	KA7	与 KM7 配合控制 3 区输送电动机		YV9-2	控制吸板向后
	KA9	与 YV9-1 配合控制吸板向前		YV11-1	控制链道升
	KA10	与 YV9-2 配合控制吸板向后		YV11-2	控制链道降
	KA11	与 YV10 配合控制吸盘 1 吸气		YV12-1	控制轧辊开
	KA12	与 YV13 配合控制吸盘 2 吸气		YV12-2	控制轧辊合
	KA13	与 YV11-1 配合控制链道上升		YV13	控制吸盘 2 吸气
	KA14	与 YV11-2 配合控制链道下降		YV13-1	控制长汽缸向前
	KA15	与 YV12-1 配合控制轧辊打开		YV13-2	控制长汽缸向后
	KA16	与 YV12-2 配合控制轧辊闭合	低压断路器	QF1	控制总电源开断路
	KA17	与 YV13-1 配合控制长汽缸向前		QF2	控制真空泵开断路
	KA18	与 YV13-2 配合控制长汽缸向后		QF3	控制胶机开断路
	KA19	备用		QF4	控制压箱伺服开断路
	KA24	与 YV5 配合控制顶喷胶		QF5	控制折页伺服开断路
	KA25	与 YV1 配合控制左侧喷胶 1		QF6	控制折箱输送伺服开断路
	KA26	与 YV2 配合控制左侧喷胶 2		QF7	控制分瓶 A 伺服开断路
	KA27	与 YV3 配合控制右侧喷胶 1		QF8	控制分瓶 B 伺服开断路
	KA28	与 YV4 配合控制右侧喷胶 2		QF9	控制赶瓶伺服开断路
电磁式接触器	KM1	控制胶机开断路		QF10	控制吸纸伺服开断路
	KM2	控制真空泵开断路		QF11	控制爬坡伺服开断路
	KM3	控制振瓶电动机开断路		QF12	控制进瓶电动机开断路
	KM4	控制 1 区输送电动机开断路		QF13	控制振瓶电动机开断路
	KM5	控制 2 区输送电动机开断路		QF14	控制 1 区输送电动机开断路
	KM6	控制链条输送电动机开断路		QF15	控制 2 区输送电动机开断路
	KM7	控制 3 区输送电动机		QF16	控制链条输送电动机开断路
	KM9	控制上纸过渡升降电动机升降		QF17	控制 3 区输送电动机开断路
	KM10	控制上纸升降电动机升降		QF18	控制上纸升降电动机 A 开断路

13.2 相关知识点

本节主要介绍字逻辑与、或、异或指令，三菱 Q 系列的指令系统，CC-Link 网络以及伺服控制原理等相关知识。

13.2.1 字逻辑与、或、异或指令 WAND、WOR、WXOR

（1）指令格式

字逻辑与、或、异或指令的指令名称、助记符、功能号、操作数及程序步长见表 11-3。

表 13-3   字逻辑与、或、异或指令表

指令名称	助记符、功能号	操 作 数			程序步长	适用机型	备 注
		[S1.]	[S2.]	[D.]			
字逻辑与	⒟WAND⒫（FNC26）	K、H、KnX、KnY、KnM、KnS、T、C、D、V、Z		KnY、KnM、KnS、T、C、D、V、Z	16 位——7 步 32 位——13 步	FX₁ₛ、FX₁ₙ、FN₂ₙ、FX₃ᵤᴄ	① 16/32 位指令 ② 脉冲/连续执行
字逻辑或	⒟WOR⒫（FNC27）						
字逻辑异或	⒟WXOR⒫（FNC28）						

（2）指令说明

字逻辑运算指令的功能说明见表 13-4。当执行条件满足时，各指令指定的数据进行相应的逻辑运算操作。这些指令以位（bit）为单位进行相应的运算，WXOR 指令与求反指令（CML）组合使用可以实现"异或非"运算。表 13-5 所示为字逻辑运算结果实例。

表 13-4   字逻辑与、或、异或指令功能说明表

指 令 名 称	指 令 格 式	指 令 功 能
字逻辑与（WAND）	X0 — [WAND | D10 | D12 | D14]	各位进行与运算：（D10）∧（D12）→（D14） 1·1=1，0·1=0，1·0=0，0·0=0
字逻辑或（WOR）	X0 — [WOR | D10 | D12 | D14]	各位进行或运算：（D10）∨（D12）→（D14） 1+1=1，1+0=1，0+1=1，0+0=0
字逻辑异或（WXOR）	X0 — [WXOR | D10 | D12 | D14]	各位进行异或运算：（D10）⊕（D12）→（D14） 1⊕1=0，1⊕0=1，0⊕1=1，0⊕0=0

表 13-5 字逻辑运算的结果

源操作数 S1	0101 1001 0011 1011
源操作数 S2	1111 0110 1011 0101
"与" 的结果	0101 0000 0011 0001
"或" 的结果	1111 1111 1011 1111
"异或" 的结果	1010 1111 1000 1110

13.2.2 三菱 Q 系列的指令系统介绍

Q 系列 PLC 与 FX 系列 PLC 相比，在性能和使用功能方面有了很大的提高。其指令系统大致可以分为基本指令（顺序指令）、应用指令、数据连接指令、QCPU 指令和冗余系统指令等几大类。指令的具体分类和功能参见表 13-6。

表 13-6 Q 系列 PLC 指令分类及功能

指 令 类 型		含 义
基本指令（顺序指令）	触点指令	逻辑运算
	堆栈、转换指令	梯形图块的连接，从操作结果产生的脉冲，存储/读操作结果
	输出指令	位设备输出，脉冲输出，输出倒置
	移位指令	位设备移动
	主站控制指令	主站控制
	终止指令	程序终止
	其他指令	程序停止，其他指令，和上述范畴内的操作都不同的指令
基本应用指令	比较操作指令	比较操作 如= 、>
	算术操作指令	BIN 或 BCD 的加法、减法、乘法或除法
	BCD BIN 转换指令	将 BCD 转换成 BIN 和将 BIN 转换成 BCD
	数据转移指令	传送指定的数据
	程序分支指令	程序跳转
	程序运行控制指令	允许或禁止中断程序
	I/O 刷新指令	运行局部刷新
	其他使用方便的指令	用于以下目的的指令：计数器增加/减小、数字定时器、特殊功能定时器、旋转台最短距离控制等
其他应用指令	逻辑操作指令	逻辑操作，如逻辑加、逻辑乘等
	循环指令	指定数据的循环移位
	移位指令	指定数据的移位
	位处理指令	位置位和复位，位测试，位编程元件的批复位
	数据处理指令	16 位数据查找，数据处理（如解码和编码）
	结构体创建指令	重复操作，子程序调用，梯形图中的索引修改
	表操作指令	读/写 FIFO 表
	缓冲存储区访问指令	特殊功能模块的数据读/写

指 令 类 型		含 义
其他应 用指令	显示指令	打印 ASCII 码，LED 字符显示等
	调试和故障诊断指令	检查，状态检查，采样跟踪，程序跟踪
	字符串处理指令	BIN/BCD 和 ASCII 之间的转化：BIN 和字符串之间的转化、浮点 十进制数据和字符串之间的转化、字符串处理等
	特殊功能指令	三角函数功能，角度和弧度之间的转化，指数操作，自然对数， 方根运算
	数据控制指令	最高和最低限控制，死区控制，范围带控制
	交换指令	文件寄存器块号码交换，文件寄存器和注释文件的指定
	时钟指令	年、月、日、小时、分钟、秒和星期几的读/写：时间显示方式（时、 分、秒）的变换
	外围设备指令	连接到外围设备的 I/O
	程序指令	用于转换程序执行情况的指令
	其他指令	其他不符合以上范畴的指令，如看门狗定时器复位指令和定时时 钟指令
数据连 接指令	连接刷新指令	指定网络的刷新
	专门用于 QnA 的连接指 令	对其他站数据的读/写，发往其他站的数据传输信号，发往其他站 的处理请求
	用于 A 系列兼容连接的 指令	对指定站点字编程元件的读/写，从远程 I/O 站特殊功能模块中读/ 写数据
	路由信息读/写指令	读、写和寄存器路由信息
QCPU 指令	用于 QCPU 的指令	读取模块信息：跟踪的设置/复位，二进制数据的读/写，从存储卡 中安装/卸载/安装＋卸载程序，文件寄存器中高速块传输
冗余系 统指令	用于 Q4ARCPU 的指令	CPU 启动时操作模式的设置，CPU 切换时操作模式设置指令；数 据跟踪；缓冲存储区刷新

　　Q 系列 PLC 在 FX 系列 PLC 的基础上又增加了一些编程元件，继电器类如锁存继电器（L）、信号报警器（F）、边沿继电器（V）、通信继电器（B）、特殊通信继电器（SB）和步进继电器（S），寄存器类如数据寄存器（D）、文件寄存器（R）、通信寄存器（W）和特殊寄存器（SD）。

13.2.3　CC-Link 网络（RS-485）介绍

　　CC-Link（Control & Communication Link）是连接 PLC、控制设备、传感器、驱动设备的现场总线网络的简称，它包括 CC-Link 与 CC-Link/LT 两个层次，可以满足不同规模现场控制系统的需要。

　　CC-Link 是一种用于工业现场控制的高速网络，它能够通过同一电缆同时传输与处理控制层信息与 I/O 数据，最高的传输速率可以达到 10 Mbit/s，最远距离可以达到 1 200m（与传输速率有关），模块采用光隔离，占用 8 个 I/O 点。网络可以通过中继器进行扩展，并支持高速循环通信与大容量数据的瞬时通信。

　　CC-Link 现场总线由 CC-Link 主控站 PLC（带 E71 型以太网通信模块）、CC-Link 总线电

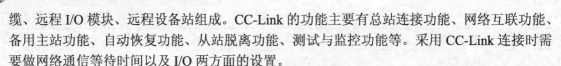

缆、远程 I/O 模块、远程设备站组成。CC-Link 的功能主要有总站连接功能、网络互联功能、备用主站功能、自动恢复功能、从站脱离功能、测试与监控功能等。采用 CC-Link 连接时需要做网络通信等待时间以及 I/O 两方面的设置。

安装了 FX$_{2N}$-32CCL-M CC-Link 系统主站模块后，FX$_{1N}$ 和 FX$_{2N}$ PLC 在 CC-Link 网络中可以作为主站，7 个远程 I/O 站和 8 个远程 I/O 设备可以连接到主站上。网络还可以连接三菱和其他厂家的符合 CC-Link 通信标准的产品，例如变频器、交流伺服装置、传感器和变送器等。

使用 FX$_{2N}$-32CCL、CC-Link 接口模块的 FX 系列 PLC 在 CC-Link 网络中作远程设备站使用。一个站点最多有 32 个远程输入点和 32 个远程输出点。

13.2.4 伺服控制介绍

所谓"伺服控制"，指对物体运动的有效控制，即对物体运动的速度、位置和加速度进行控制。

伺服系统（servo-system）亦称随动系统，属于自动控制系统的一种，它被用来控制被控对象的转角（或位移），使其能自动、连续、精确地复现输入指令的变化规律。它通常是具有负反馈的闭环控制系统，有的场合也可以用开环控制来实现其功能。实际应用中一般以机械位置或角度作为控制对象，如数控机床的位置等。伺服系统中使用的驱动电动机应具有响应速度快、定位准确、转动惯量较大等特点，这类专用的电动机称为伺服电动机。其基本工作原理和普通的交/直流电动机没有什么不同。该类电动机的专用驱动单元称为伺服驱动单元，有时简称为伺服，一般其内部包括转矩（电流）、速度和/或位置闭环单元。其工作原理简单地说就是在开环控制的交/直流电动机的基础上将速度和位置信号通过旋转编码器、旋转变压器等设备反馈给驱动器做闭环的负反馈 PID 控制。同时使用驱动器内部的电流闭环。通过这 3 个闭环调节，使电动机输出跟踪设定值的准确性和实时性大大提高。伺服系统是一个动态的随动系统，达到的稳态平衡是动态的平衡。

全数字伺服系统一般采用位置控制、速度控制和力矩控制的 3 环结构。系统硬件大致由以下几部分组成：电源单元、功率逆变和保护单元、检测器单元、数字控制器单元、接口单元。对应于伺服系统由外到内的"位置"、"速度"、"转矩" 3 个闭环，伺服系统一般分为 3 种控制方式。在使用位置控制方式时，伺服完成 3 个闭环的控制。在使用速度控制方式时，伺服完成速度和扭矩（电流）两个闭环的控制。

一般来讲，我们需要的位置控制系统，既可以使用伺服的位置控制方式，也可以使用速度控制方式，只是上位机的处理不同。另外，位置控制方式容易受到干扰；扭矩控制方式是伺服系统只进行扭矩的闭环控制，即电流控制，它只需要发送给伺服单元一个目标扭矩值，多用在单一的扭矩控制场合。比如在小角度裁断机中，一个电动机用速度或位置控制方式，用来向前传送材料；另一个电动机用扭矩控制方式，用来形成恒定的张力。

13.3 控制系统硬件设计

本控制系统选用基本型 QCPU 作为其主控部件。以下具体介绍其硬件选型和电气控制原理。

13.3.1 控制系统硬件选型

基本型 QCPU 以小规模系统为对象，最适合于简单而又紧凑的控制系统，支持最大 I/O 点数为 1 024 点，软元件存储器约为 19KB，且允许软元件在 16 000 字范围内任意分配，Q00CPU 还可将 32KB 的文件寄存器存入内置的标准 RAM 中。基本型 QCPU 内部都含有闪存（ROM），所以能在不使用存储卡的情况下对 ROM 进行操作。可以方便地用梯形图（LAD）、指令表（IL）、结构文本（ST）、顺序功能图（SFC）、功能块图（FBD）5 种编程语言对基本型 QCPU 进行编程。除了 Q00J 为 CPU、电源和主基板（可带 32 点 I/O）一体化以外，Q00/Q01 都为独立的 CPU 模块。Q00/Q01 CPU 内置串行通信功能，CPU 的 RS-232 接口能与使用 MC 通信协议的外围设备进行通信。

1. 基本特点

（1）可以控制多点 I/O

Q00 CPU 支持 1 024 点（X/Y0～3FF）作为 CC-Link 的远程 I/O，MELSEC NET/H 通信 I/O LX/LY 的刷新可以使用的 I/O 软元件点数，最多支持 2 048 点（X/Y0～7FF）。

（2）程序容量

Q00 CPU 具有 8KB 的程序容量。

（3）实现高速处理

LD 指令（LD X0）的处理速度如下所示。

Q00J CPU 为 0.20 μs

Q00 CPU 为 0.16 μs

Q01 CPU 为 0.10 μs

此外，利用 MELSEC，Q 系列基板的高速系统总线可以实现对智能功能模块的存取和高速的网络通信刷新，MELSEC NET/H 通信刷新速率为每 2.2ms 处理 2 000 字。

（4）通过和 GX 开发器的高速通信提高调试效率

基本型 Q CPU 的 RS-232 接口可以以最大 115.2kbit/s 的速率进行程序的写入/读出或监视。

（5）通过小型化节省空间尺寸

基本型 QCPU 的安装面积是 AnS 系列的 60%。

（6）最多可以连接 4 级扩展基板

Q00 CPU 最多可以连接 4 级扩展基板，包括主基板为 5 级，最多可安装 24 个模块。扩展电缆的合计延长距离最长为 13.2 m，可以高度灵活地配置扩展基板。

（7）利用串行通信功能和个人计算机显示器进行通信

采用 MELSEC 通信协议（以下简称 MC 协议），可以用 Q00 CPU 的 RS-232 接口和个人计算机显示器连接。

（8）内置标准 ROM

将闪存（ROM）作为标准配置，使参数和顺控程序的保护变得更加容易。

（9）CC-Link 系统操作简单

使用 1 块 CC-Link 系统的主控模块，可以在没有参数的情况下最多对 32 个远程 I/O 站进行控制。

（10）利用文件口令防止非法存取

利用文件口令设置程序存取的读保护/写保护，防止不正当存取引起程序的改变。

2. 功能解说

Q00 CPU 作为整个控制系统的主控部件，是连接各个智能模块的中心枢纽。在 Q00 CPU 的存储器里面储存着系统基本参数、网络参数和顺控程序等，当接通 QCPU 电源或者复位 CPU 时，QCPU 便将这些参数和程序传送到相应的智能模块中去，初始化这些模块，使它们和 CPU 模块建立通信连接，便于模块功能的实现。QCPU 还通过 I/O 模块接收和发送控制信号。检测装置输送过来的信号，由 CPU 进行必要的逻辑运算后转换为控制信号，有的通过输出模块控制外部线圈的通断，有的则通过 CPU 向智能模块传送控制信号，控制智能模块的伺服启动。这样，Q CPU 在 I/O 模块的配合下，运行根据工艺要求编写的顺控程序，总揽整个控制过程，引导控制流程一步步地按照工艺要求进行。

3. QCPU 的 I/O 连接

QCPU 所需要的控制信息都是经检测装置检测后发送到输入模块的，图 13-3 所示为检测信号和输入信号的连接图。图 13-3（a）所示为 X00～X0F 输入连接图。图 13-3（b）所示为 10～X1F 输入连接图。图 13-3（c）所示为 X20～X2F 输入连接图。图 13-3（d）所示为 X30～X3F 输入连接图。

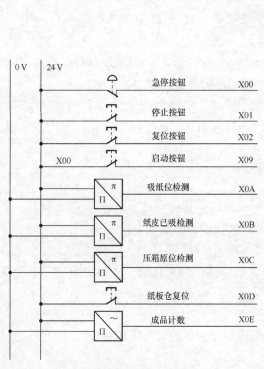

（a）X00～X0F 输入连接图　　　　（b）X10～X1F 输入连接图

图 13-3　检测信号和输入信号连接图

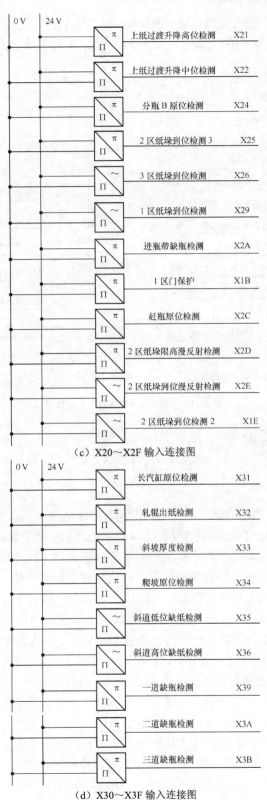

（c）X20～X2F 输入连接图

（d）X30～X3F 输入连接图

图 13-3　检测信号和输入信号连接图（续）

Q CPU 对外部的控制信号是通过输出模块输出的。图 13-4 所示为输出信号与外围设备的连接图。图 13-4 （a）所示为 Y40～Y4F 输出连接图，图 13-4 （b）所示为 Y50～Y56 输出连接图。

（a）Y40～Y4F 输出连接图

（b）Y50～Y56 输出连接图

图 13-4　输出信号与外围设备的连接图

13.3.2　电气原理图

1．电气控制部分

图 13-5 所示为 1 区输送电动机的主电路图及其控制电路图。除了上述输送电动机，需要实施电气控制的电动机还有真空泵、胶机、2 区输送电动机、链条输送电动机、3 区输送电动机和振瓶电动机。其他电动机的主电路图与电气控制图都和 1 区输送电动机的一样，只是各对应的继电器、接触器、低压断路器和输出点的编号做了相应调整。

1 区输送电动机控制流程的实现如下。纸垛从纸板仓出纸后在 1 区链条带上传送，在到达 1 区纸垛到位检测传感器（X29）后，传感器检测到纸信号动作为"ON"，并向 PLC CPU 发送纸板到位信号；当 2 区前纸垛到位检测传感器（X2E）为"OFF"，2 区链条已经升高时，CPU 将到达的信号集中进行逻辑运算后，向输出点 Y48 和 Y4A 输出控制信号，控制继电器 KA4、KA6 线圈导通，使得继电器开关变为"ON"，接通接触器 KM4、KM6 线圈，经过短暂的充电时间线圈闭合，从而接通 1 区输送电动机和 2 区链条机主电路，同时启动 1 区输送电动机与 2 区链条机，把纸垛从 1 区送往 2 区链条带，纸垛开始进入 2 区链条带输送区。

在 2 区输送区里，纸垛以不超过限制的高度（纸垛限高传感器检测信号 X2D 始终为"OFF"）在 2 区链条带上向前行进。当 2 区前纸垛到位检测传感器（X2E）检测到纸板到来便动作为"ON"时，CPU 将到达的信号进行逻辑运算，输出（Y50）控制信号，继电器 KA14 动作为"ON"，接通链道降电磁阀（YV11-2）电路，牵引 2 区链条带下降。如果此时 2 区纸垛到位检测传感器（X1D、X1E、X25）信号为"OFF"，在满足以上3个条件的情况下，PLC输出信号（Y49）控制继电器K45动作为"ON"，接触器KM5经过短时间充电后接通2区输送电动机的主电路，控制2区输送电动机启动，把2区链条带上的纸垛送到2区垛位。当上纸升降电动机（下文将进行介绍）低位检测传感器（X1B）信号为"ON"，并且3区纸垛到位检测传感器还未检测到纸信号，即X26为"OFF"时，也可以实现以上同样的功能。

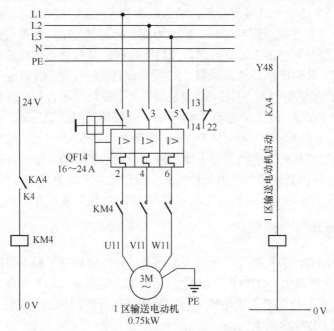

图13-5　1区输送电动机主电路及其控制电路图

在纸垛准确到达2区垛位后，2区垛位检测传感器（X1D、X1E、X25）检测到信号动作为"ON"，如果此时上纸升降电动机低位检测传感器（X1B）信号为"ON"，并且3区纸垛到位检测传感器还未检测到纸信号（X26为"OFF"），PLC从I/O口采集以上几个输入信号，经过逻辑运算后输出信号（Y4B），控制继电器KA7动作为"ON"，接触器KM7经过短暂的充电时间后接通3区输送电动机的主电路，控制3区输送电动机启动，配合2区输送电动机把纸垛输送到3区垛位。

图13-6所示为各电磁阀的控制电路图。它们分别控制长汽缸、吸板、吸盘、链道、喷胶和轧辊的运行，从而配合纸板输送工艺的运作。

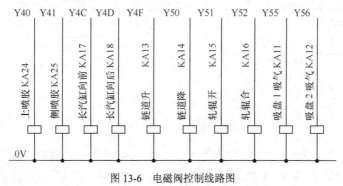

图13-6　电磁阀控制线路图

在纸垛准确到达吸纸位检测传感器（X0A）后，吸纸位检测传感器检测到信号，将该信号输送给 PLC，CPU 经过处理后输出信号 Y55，控制继电器 KA1 动作，接通吸盘 A 组电磁阀 YV10 电路，此时吸盘 A 组电磁阀的一个吸盘吸气，吸纸皮外端。在完成 A 组电磁阀的动作后，纸垛仍然在吸纸位，此时 CPU 接着输出控制信号 Y56，控制继电器 KA12 动作，接通吸盘 B 组电磁阀 YV13 电路。此时吸盘 B 组电磁阀的 4 个吸盘吸气，吸纸皮外端。当继电器 KA16 动作，接通 YV12-2 使轧辊闭合后，两组吸盘放气，KA11、KA12 动作为"OFF"。

在 A、B 两组吸盘完成吸纸动作后，已吸检测传感器（X0B）检测到信号，经过逻辑运算输出信号 Y50，控制继电器 KA10 导通，使短汽缸阀向前行进，把纸皮送到轧辊。纸皮经过轧辊处理后输出，轧辊出纸检测传感器（X32）检测到信号，使 CPU 输出信号 Y51，继电器 KA15 导通，从而接通电磁阀 YV12-2，使轧辊闭合。在轧辊闭合后，PLC 检测到该闭合信号，处理后输出信号 Y53，控制继电器 KA9 导通，从而使短汽缸阀后退。采集到短汽缸阀后退的信号后，CPU 经过运算输出控制信号 Y53，控制继电器 KA9 导通，使接触器 KM9 闭合，接通上纸过渡升降电动机的主电路，使上纸过渡升降电动机启动（短汽缸阀向前时该电动机停止运转）。如果轧辊出纸检测传感器未检测到出纸信号（X32 为"OFF"时），CPU 将输出 Y52，控制继电器 KA16 导通，从而接通电磁阀 YV12-1，使轧辊打开。

2. 伺服控制部分

伺服控制是啤酒自动装箱控制系统的关键环节，它主要解决机械设备的定位控制及其同步性问题。伺服控制模块由 QD70P8 定位模块、MR-J2S 伺服放大器和 HC-SFS 系列伺服电动机组成，三者通过专用的 SSCNET 电缆连接，构成高速可靠的伺服系统控制网络。

（1）定位模块 QD70P8

QD70P8 定位模块是用在多轴系统中、不需要复杂控制的定位模块，有许多定位控制系统所需的功能，诸如定位控制到任意位置和匀速控制等。QD70P8 定位模块的每个轴最多可以设置 10 项定位数据，包括定位地址、控制方法和运行形式等，这些定位数据用于对逐个轴执行定位控制。图 13-7 所示是 QD70P8 定位模块的定位控制原理。

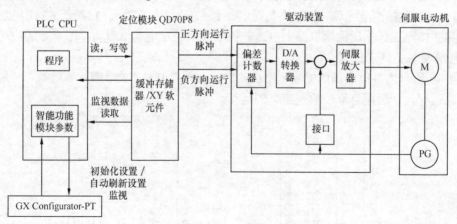

图 13-7　QD70P8 定位控制原理图

QD70P8 输出的是脉冲串，其输出的脉冲串由驱动装置中的偏差计数器计数并且存储在驱动装置中的偏差计数器中。D/A 转换器输出的直流电流值与偏差计数器内的值成比例（称为"脉冲累积"）。模拟直流电流用作伺服电动机的速度控制信号。

伺服电动机的旋转由来自驱动装置的速度控制信号控制。在伺服电动机旋转的时候，连接到伺服电动机的脉冲发生器（PG）生成反馈脉冲，其频率与旋转速度成比例。反馈脉冲反馈给驱动装置并使脉冲累积减量，脉冲计数由偏差计数器维持。由于脉冲累积维持在一定的级别，所以电动机保持旋转。

当QD70P8终止脉冲串的输出时，伺服电动机随着脉冲累积的减少而减速，并在计数降为零时停止。因此，当总的电动机旋转角与QD70P8输出的脉冲总数成比例时，伺服电动机旋转速度与脉冲频率成正比。因此，当给出每一脉冲的位移量时，通过脉冲串中的脉冲数就可以确定总的位移量。另一方面，脉冲频率决定伺服电动机的旋转速度（进给速度）。

（2）伺服放大器MR-J2S

三菱通用交流伺服放大器MR-J2S系列是在MR-J2系列基础上开发的性能更高、功能更丰富的交流伺服放大器。

其控制模式有位置控制、温度控制和转矩控制3种，还可以选择位置/速度切换控制、速度/转矩切换控制和转矩/位置切换控制。它不但可以用于机床和普通工业机械的高精度定位和平滑的速度控制，还可以用于线控制和张力控制等，应用范围十分广泛。此外，本产品有USB和RS-422串行通信功能；可以使用装有伺服设置软件的个人计算机，进行参数的设定、试运行、状态显示和增益调整等。本产品的实时自动调整功能可以根据机械自动调整伺服的增益。MELSERVO-J2S系列伺服电动机采用了分辨率为131 072脉冲/转（p/r）的绝对位置编码器，与MELSERVO-J2系列相比，可以进行更高精度的控制。伺服放大器只需安装电池，就可以构成绝对位置检测系统。这样，只需进行一次原点设定，在电源开启和报警发生时不再需要回归原点。

① 位置控制模式

可以使用最大1Mbit/s的高速脉冲串对电动机的转动速度和方向进行控制，执行分辨率为131 072p/r。另外还提供了位置平滑功能，可以根据机械情况从两种模式中进行选择。当位置指令脉冲急剧变化时，可以实现更平稳的启动和停止。由于急剧加减速或过载产生的主电路过流会影响功率晶体管，所以伺服放大器采用钳位电路以限制转矩。转矩的限制可通过外部模拟量输入或参数设置的方式实现。

② 速度控制模式

通过外部模拟速度指令（DC 0～±10V）或参数设置的内部速度指令（最大7速），可对伺服电动机的速度和方向进行高精度的平稳控制。另外，还具有用于速度指令的加减速时间常数设定功能、停止时的伺服锁定功能和用于外部模拟量速度指令的偏置自动调整功能。

③ 转矩控制模式

通过外部模拟量转矩输入指令（DC 0～±8V）或参数设置的内部转矩指令可以控制伺服电动机的输出转矩；具有速度限制功能（外部或内部设定），可以防止无负载时电动机速度过高，本功能可用于张力控制等场合。

（3）模块连接图

图13-8所示为伺服放大器的电气连接框图。图13-9所示为伺服控制模块的控制连接图。

图13-8 伺服放大器电气连接框图

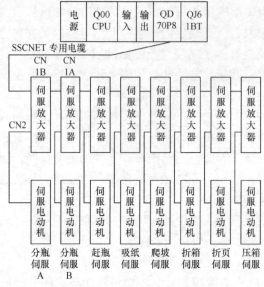

图 13-9 伺服控制模块控制连接图

图 13-10 所示是分瓶电动机的电气连接图。其他伺服放大器和伺服电动机的电气连接与分瓶电动机的相似，这里不再画出它们的电气图，可参考啤酒自动装箱机的电气原理图。

（4）伺服控制实现的功能

分瓶伺服控制是纸箱包装机控制过程中非常关键的一部分。分瓶控制的要求如图 13-11 所示，分瓶电动机 A 控制分瓶器 a 和 c，分瓶电动机 B 控制分瓶器 b 和 d，在同一个链条轴上同方向运动，分瓶器 a、b、c、d 之间的距离恒定不变，且分瓶器 a 在运动过程中不能够超越 d 的位置，分瓶器 d 在运动过程中不能超越 c 的位置，否则机械将出现故障。系统要求分瓶器 a 到达图示位置时分瓶器 b 也正好到达图示位置，这样刚好将 4 瓶产品与后面的产品分开，达到分瓶的目的。同理分瓶器 b 和 c 也在 a 和 b 的位置上分出 4 瓶同样的产品。这样，当分瓶器 a、b 出现在如图 13-11 所示的位置时，分瓶电动机 A 控制分瓶器 a 继续向前运动，而分瓶器 b 在分瓶电动机 B 的控制下停留在原来的位置上不动，这样在连续排列一定数量的瓶子时，b 便开始重复上述 a 的动作，而 c 就变成原来的 b，两分瓶器按照上述流程运转下去，分离出第二箱的啤酒。以后的运转也是按照上述的步骤进行，一直循环下去，将啤酒分好。在分瓶区里，通过分瓶器的配合动作，将啤酒分为 3 排、每排 4 瓶共 12 瓶的一个完整的包装单元。

由分瓶区出来的排列整齐的啤酒，在赶瓶伺服的控制下继续往下一个工艺流程输送。在赶瓶区里安装了 3 个接近开关（X7.1、X7.2、X7.3），用于检测分箱后每箱的瓶数，以保持瓶数的准确性。如果多瓶或者缺瓶，检测装置就发送出错信号给 PLC CPU，CPU 便送出报警信号，并且控制机器"在位停机"，此时应人为取出或添加机内多余或缺少的瓶数，然后主机才能重新启动。赶瓶示意图如图 13-12 所示。

啤酒经赶瓶伺服控制后送到包装工作区间，等待纸板的到来，并一起进行余下的工艺流程。在包装工作区间里，纸板位于啤酒的下方，而啤酒必须被准确地定位在纸板上相应的位置，通过高精度的伺服定位控制将啤酒和纸板整合在一块。随着传送带的转动，啤酒和纸板一起进入折箱区，并触发安装在折箱区的检测装置，发送物件已到信号，通知 CPU 启动折箱伺服程序对纸板进行折合动作，使纸板折叠成型，并将啤酒封装在纸箱的内部。传送带上也安装了必要的机械设备来辅助伺服动作，从而简化伺服程序，达到高精度的定位控制要求。纸箱成型后，就可以对纸箱进行封盖，这里是应用伺服电动机带动一对月牙形机构来折纸箱两侧页的。伺服动作的原理与上面的折箱伺服原理一样，这里就不再叙述。

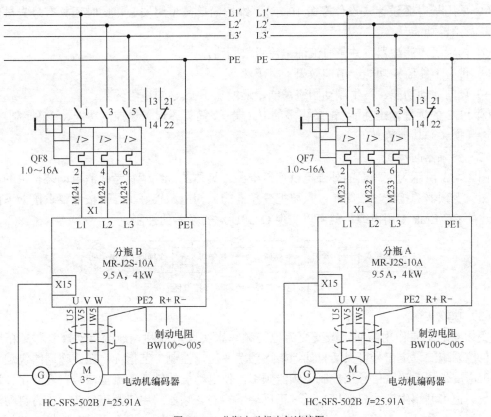

图 13-10 分瓶电动机电气连接图

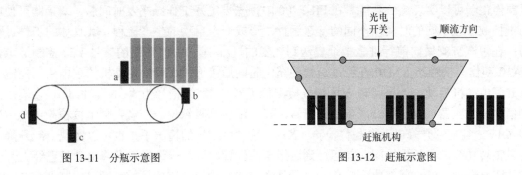

图 13-11 分瓶示意图

图 13-12 赶瓶示意图

3. 变频控制部分

（1）变频器功能介绍

FR-F740 系列变频调速器最适合风机、泵类负载使用。其秉承 F500 的优良特性，操作简单，并全面提升了各种功能。

① 功率范围：0.75～630kW。

② 简易磁通矢量控制方式，实现 3Hz 时输出转矩达 120%。

③ 采用最佳励磁控制方式，实现更高节能运行。

④ 内置 PID、变频器/工频切换、可以实现多泵循环运行功能。

⑤ 内置独立的 RS-485 通信口，增加支持 Modbus-RTU（Binary）协议。

⑥ 采用长寿命设计（设计寿命 10 年），维护简单，使用安心，同时还具有最先进的寿命诊断及预警功能。

⑦ 内置噪声滤波器，并带有浪涌电流吸收回路。

⑧ 带有节能监控功能，节能效果一目了然。

⑨ 反向启动功能、再生制动回避功能，还增加了 PTC 热电阻输入。

⑩ PLC 的远程输出功能、配备更多的 I/O 端子、简易磁通矢量控制功能、多泵控制功能、三角波（摆频）功能等。

（2）变频器的接线

图 13-13 所示为变频器的外部电气连接框图。具体的接线请参考啤酒自动装箱机的电气原理图。变频器的接线比较简单，只要把变频器的三相电源接好了，再按照要求接上下面即将叙述的 CC-Link 专用电缆，就可以实现 Q CPU 对变频器的控制。

图 13-13　变频器的电气连接框图

（3）功能实现

变频器的主要作用是通过改变交流电的频率来实现节能和调速等自动控制和高精度控制。自控系统的设定信号可灵活自如地指挥频率变化，控制工艺指标。在该啤酒的包装工序中，可由皮带称的流量信号来控制变频器频率，使电动机的转速随流量信号自动变化，调节进瓶数。也可利用生产线启停信号通过正反端子控制变频器的启停及正反转，成为自动流水线的一部分。此外，在流水生产线上，当前方设备有故障时后方设备应自动停机。变频器的紧急停止端可以实现这一功能。在 FR-F700 中预先设定好工作频率及时间后，变频器可使电动机按顺序在不同的时间以不同的转速运行，形成一个自动的生产流程。其具体的工作过程为：在短汽缸阀做向前行进、把纸皮送到轧辊的过程中，PLC 输出的信号 Y54 控制继电器 KA10 动作，接触器 KM10 在经过短暂的充电时间后接通上纸升降电动机的主电路，控制上纸升降电动机启动。如果此时 3 区垛位检测传感器（X26）信号为"ON"，PLC 还将输出控制信号使变频器控制上纸升降电动机正转，提升纸垛到吸纸位。或者在吸纸位检测（X0A）为 OFF，且上纸升降电动机高位检测（X19）为"OFF"的情况下，也可以实现上纸升降电动机正转功能。在长汽缸阀阀门前运行到达指定的位置，并且上纸过渡升降电动机已经上升一定的距离之后，PLC 将接收到的信号进行处理，然后输出控制信号使变频器控制上纸升降电动机反转，准备接收纸垛。

当长汽缸阀向前行进时，如果 PLC 采集到上纸升降电动机在中位检测传感器（X22）传送过来的信号并且上纸升降电动机已经上升一定距离，则 CPU 输出控制信号使在变频器控制下的电动机正转上升。在上升过程中，当中位检测传感器（X22）检测到信号后，CPU 发出信号 Y4D，控制继电器 KA18 导通，使电磁阀 YV13-2 闭合，从而使长汽缸阀后退。等待接收上纸升降电动机送来的托板架。在纸皮到达吸纸位或者上纸过渡升降电动机到达高位后，

CPU经过逻辑运算输出控制信号，断开继电器KA9和接触器KM9，使上纸过渡升降电动机的主电路断开，电动机停止上升。

当长汽缸返回至原位，传感器X31检测到信号时，CPU输出控制信号使在变频器控制下的电动机反转下降。当下降到达低位检测（X23）为"ON"时，CPU输出控制信号，断开继电器KA9和接触器KM9，使上纸过渡升降电动机的主电路断开，电动机停止下降。

4．网络连接

系统采用三菱电机公司推出的CC-Link开放式现场总线来实现主站Q CPU与远程设备站变频器之间的网络连接，从而实现了高效、可靠的网络控制。

CC-Link控制与通信链路系统的简称，是三菱电机公司于1996年推出的一种基于PLC系统的开放式现场总线，其数据容量大，通信速度多级可选择，而且它是一个复古的、开放的、适应性强的网络系统，能够适应于从较高的管理层网络到较低的传感器层网络的不同范围。它在实际工程中显示出强大的生命力，特别是在制造业得到了广泛的应用。

CC-Link是一个以设备层为主的网络。CC-Link具有很高的数据传输速率，最高可达10Mbit/s。CC-Link的底层通信协议遵循RS-485，一般情况下，CC-Link主要采用广播轮询的方式进行通信，CC-Link也支持主站与本地站、智能设备站之间的瞬间通信。

CC-Link丰富的功能还包括自动刷新功能、预约站功能、完善的RAS功能、互操作性和即插即用功能、瞬时接收和瞬时传送功能、优异的抗噪性能和强大的兼容性等。

总的来说，CC-Link提供给用户最简单的使用、维护方法和措施。

① 组态简单：仅需要在参数表中设置相关的参数便可以完成系统的组态工作；数据刷新映射关系也可以通过专用的参数配置软件进行设置。

② 接线简单：仅需要将3芯双绞线的3根电缆按照DA、DB、DG对应连接，接好屏蔽线和终端电阻，一般的系统接线便可完成。

③ 设置简单：每种兼容CC-Link的设备都有一块CC-Link接口卡，系统对每一个站的站号和速度及相关信息的设置，可以由这些接口卡上的相应开关进行设置。

④ 维护简单：CC-Link的卓越性能和丰富的RAS功能，为CC-Link的维护和运行可靠性提供了强有力的保证，其监视和自检测功能使CC-Link系统的维护和故障后恢复变得方便和简单。

将主站模块上的CC-Link接线端子排与设备站的接线端子排用CC-Link专用电缆连接起来，并且在电缆的两端都接上终端电阻，这样就可以建立起CC-Link网络。其端子排的接线如图13-14所示。

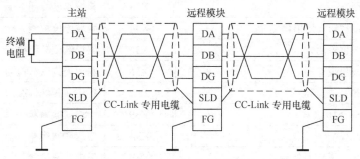

图13-14　CC-Link端子排接线图

在本控制系统中，CC-Link 主要用来连接变频器，使 Q CPU 与变频器之间可以进行高速的数据收发，实现系统的网络控制和变频控制。图 13-15 所示为变频器与 Q CPU 的 CC-Link 连接图。

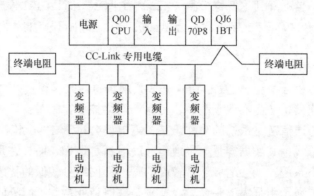

图 13-15　变频器与 Q CPU 的 CC-Link 连接图

13.4　控制系统软件设计

以下是 PLC 啤酒瓶包装控制系统的 I/O 分配及总体的程序流程图，Q CPU 在 I/O 模块的配合下，运行根据工艺要求编写的顺控程序，引导整个控制流程进行。

13.4.1　控制系统 I/O 分配

Q CPU 模块通过 I/O 点来获取信号和发送控制信号，从而实现系统伺服控制和电气控制。系统 I/O 点的分配如表 13-7 所示。

表 13-7　　　　　　　　　　　　　　I/O 分配表

I/O 点	备　　注	I/O 点	备　　注
X00	急停按钮	X2F	备用（赶瓶伺服）
X01	停止按钮	X31	长汽缸原位检测
X02	复位按钮	X32	轧辊出纸检测
X03	备用	X33	斜坡厚度检测
X09	启动按钮（压箱伺服）	X34	爬坡原位检测
X0A	吸纸位检测	X35	斜道低位缺纸检测
X0B	纸皮已吸检测	X36	斜道高位缺纸检测
X0C	压箱复位检测	X37	备用（爬坡伺服）
X0D	纸板仓复位	X39	一道缺瓶检测
X0E	成品检测	X3A	二道缺瓶检测
X0F	备用（压箱伺服）	X3B	三道缺瓶检测

I/O 点	备　注	I/O 点	备　注
X11	胶温达到	X3C	备用（折箱伺服）
X12	胶机故障	X3D	备用（折箱伺服）
X13	胶机液位检测	X3E	备用（折箱伺服）
X14	折页原位检测	X3F	备用（折箱伺服）
X15	喷胶激活	Y40	接 KA24 线圈，上喷胶中继
X16	赶瓶有瓶检测（备用）	Y41	接 KA25 线圈，侧喷胶中继
X17	备用（折页伺服）	Y42	备用（爬坡伺服 X31/X33 接线端子）
X19	上纸升降高位检测	Y43	备用（爬坡伺服 X31/X33 接线端子）
X1A	上纸升降中位检测	Y44	进瓶带变频使能
X1B	上纸升降低位检测	Y45	接 KA1 线圈，控制胶机启动
X1C	分瓶 A 原位检测	Y46	接 KA2 线圈，控制真空泵启动
X1D	2 区纸垛到位检测 1	Y47	接 KA3 线圈，控制振瓶启动
X1E	2 区纸垛到位检测 2	Y48	接 KA4 线圈，控制 1 区输送启动
X1F	备用（分瓶 A 伺服）	Y49	接 KA5 线圈，控制 2 区输送启动
X21	上纸过渡升降高位检测	Y4A	接 KA6 线圈，控制链条输送电动机启动
X22	上纸过渡升降中位检测	Y4B	接 KA7 线圈，控制 2 区输送电动机启动
X23	上纸过渡升降低位检测	Y4C	接 KA17 线圈，控制长汽缸向前
X24	分瓶 B 原位检测	Y4D	接 KA18 线圈，控制长汽缸向后
X25	2 区纸垛到位检测	Y4E	接 KA19 线圈（备用）
X26	3 区纸垛到位检测	Y4F	接 KA13 线圈，控制链条升
X27	备用（分瓶 B 伺服）	Y50	接 KA14 线圈，控制链条降
X29	1 区纸垛到位检测	Y51	接 KA15 线圈，控制轧辊合
X2A	进瓶带缺瓶检测	Y52	接 KA16 线圈，控制轧辊闭
X2B	1 区门保护	Y53	接 KA9 线圈，控制短汽缸向后
X2C	赶瓶原位检测	Y54	接 KA10 线圈，控制短汽缸向前
X2D	2 区纸垛限高漫反射检测	Y55	接 KA11 线圈，控制吸盘 1 吸气
X2E	2 区前纸垛到位漫反射检测	Y56	接 KA12 线圈，控制吸盘 2 吸气

13.4.2　系统软件设计

QD70P8 定位控制中需要的设置包括参数设置、定位数据设置和控制数据设置。它们可以通过顺控程序或者使用 GX Configurator-PT 进行设置。当使用顺控程序设置参数或者数据时，使用来自 PLC CPU 的 TO 命令在 QD70P8 中设置它们（当 PLC 中的 READY 信号 Y0 为"OFF"时执行设置）。当用 GX Configurator-PT 设置参数或数据时，不需要图 13-16 中[No.1]～[No.3]的程序。以下将通过顺控程序设置"轴 1"的定位控制程序。图 13-16 为程序控制流程图。

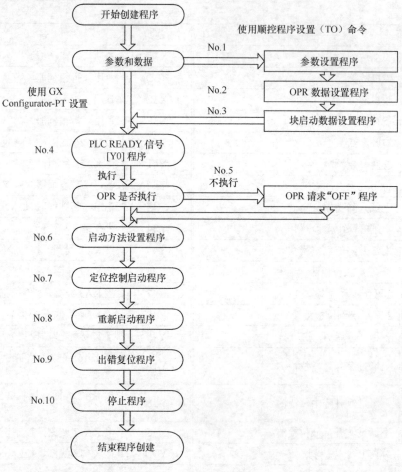

图 13-16 程序控制流程图

程序块一：参数设置程序

该程序模块设置了相关的时间、位移、温度等参数。梯形图如图 13-17 所示。

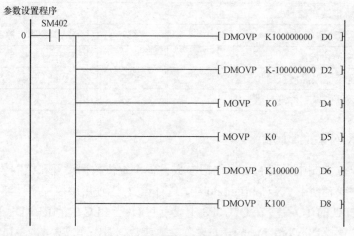

图 13-17 参数设置程序梯形图

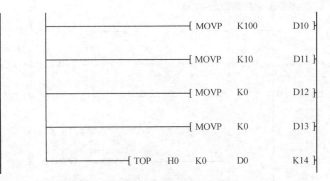

图 13-17　参数设置程序梯形图（续）

程序块二：数据设置程序

该程序模块设置了位检测、漫反射检测等相关 OPR 数据。梯形图如图 13-18 所示。

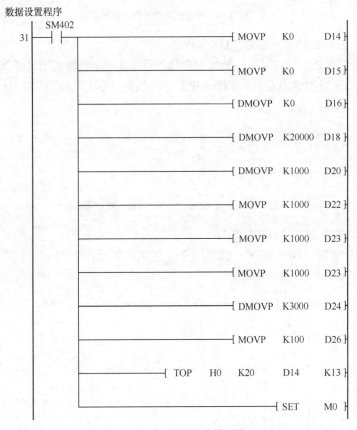

图 13-18　数据设置程序梯形图

程序块三：定位数据设置程序

该程序模块用于定位 No.1 轴而设置一些定位数据，以便实现相关模块的启动。梯形图如图 13-19 所示。

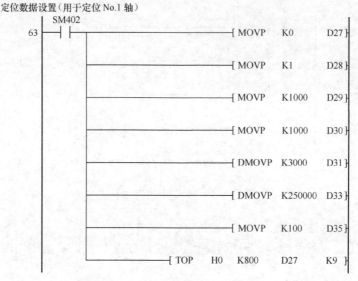

定位数据设置（用于定位 No.1 轴）

图 13-19　定位数据设置程序梯形图

程序块四：PLC READY 信号"ON"程序

READY 信号"ON"时，即在已初始化的情况下，X1 常闭触点闭合或 X0 常开触点闭合，M0"ON"时，Y0 线圈通电动作，判断 OPR 是否执行。梯形图如图 13-20 所示。

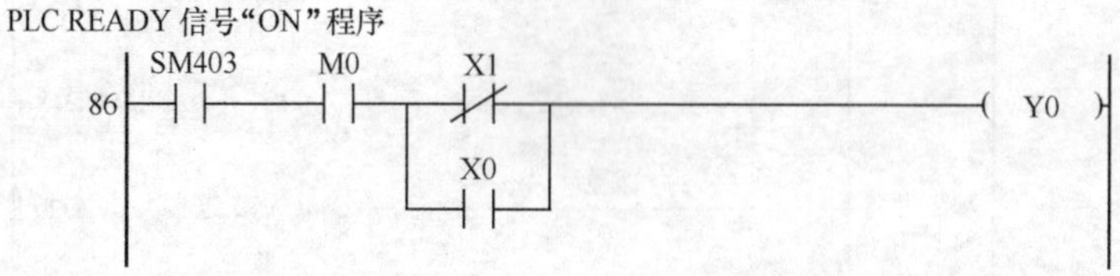

图 13-20　PLC READY 信号"ON"程序梯形图

程序块五：OPR 请求"OFF"程序

当不执行 OPR 时，OPR 请求"OFF"，M3 复位。梯形图如图 13-21 所示。

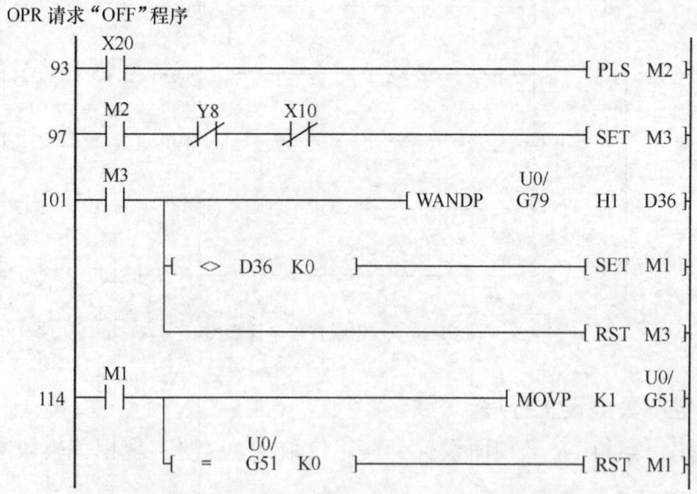

图 13-21　OPR 请求"OFF"程序梯形图

程序块六：定位控制（No.1 启动）程序

X23 对应定位控制按钮，当 X23 常开触点闭合时，定位控制程序运行，即启动方法设置程序。梯形图如图 13-22 所示。

图 13-22　定位控制（No.1 启动）程序梯形图

程序块七：定位控制启动程序

X27 常开触点闭合，发送一个上升沿脉冲指令，M6 在执行这条指令后变成高电平，进而启动定位控制程序。梯形图如图 13-23 所示。

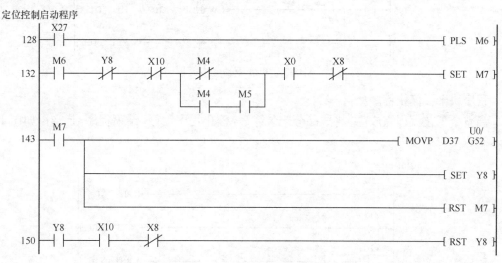

图 13-23　定位控制启动程序梯形图

程序块八：重新启动程序

定位控制完毕，X2B 常开触点闭合，发送一个上升沿脉冲指令，M11 在执行这条指令后变成高电平，重新启动，继续运行设定好的控制程序。梯形图如图 13-24 所示。

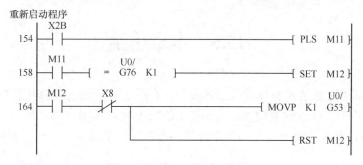

图 13-24　重新启动程序梯形图

程序块九：出错复位程序

在工艺流程出现错误的情况下（如检测出缺瓶），出错复位程序运行，纠正运行偏差。

梯形图如图 13-25 所示。

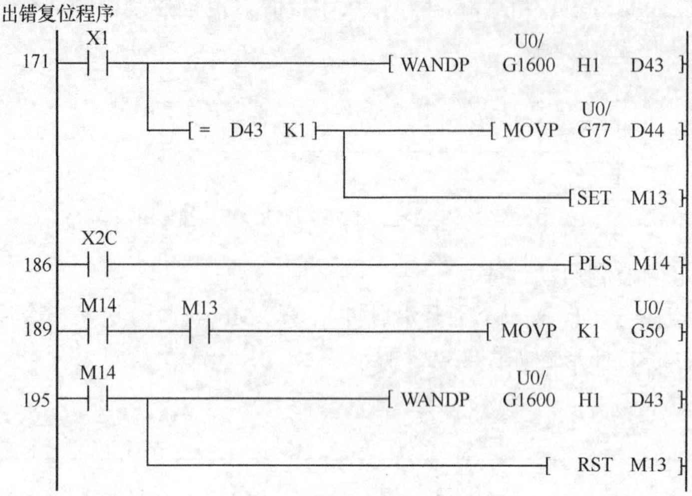

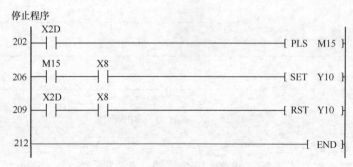

图 13-25　出错复位程序梯形图

程序块十：停止程序

当整个工艺流程完成，并将成品分配装载后，停止程序运行，结束程序。梯形图如图 13-26 所示。

停止程序

图 13-26　停止程序梯形图

13.5　本章小结

本章结合啤酒瓶包装控制系统的工艺流程，介绍了啤酒瓶包装控制系统的 PLC 逻辑控制。重点讲述了三菱 Q 系列的功能，介绍了 CC-Link 网络的特点以及伺服控制方面的知识。本章将 PLC 应用到各种机械设备和生产过程的自动控制系统中，是一个很好的 PLC 实践应用范例。

第14章 污水净化处理控制系统

控制技术在社会各行各业有着广泛的应用，多功能智能化 PLC 以其较好的通用性，较高的可靠性，较低的故障率等优势在工业控制领域获得了广泛的欢迎。本章在污水净化处理控制系统的模型上，分析了该系统的工业要求。进一步在选取了三菱 PLC 作为控制器、分配了 I/O 接口后，分析如何通过三菱的编程软件实现该系统的模拟设计。

14.1 污水净化处理系统工艺控制要求

14.1.1 污水净化处理系统工艺介绍

本章中列举的污水净化处理控制系统采用的是 SBR 污水生物处理工艺。该工艺主要分为四个步骤：进水、反应（曝气等）、沉淀、排水。将此四步定义为一个周期，在一个周期内实现对污水的净化处理。其工艺流程如图 14-1 所示。

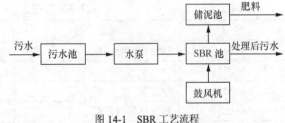

图 14-1　SBR 工艺流程

第一步：进水。进水阀门打开后，污水依次通过粗格栅过滤、水泵、细格栅过滤然后进入 SBR 池。

第二步：反应。进水到达一定水位后停止进水。空气阀门打开，鼓风机启动，开始曝气。潜水搅拌器和回流污泥泵在曝气的过程中同时运行。

第三步：沉淀。当空气阀门关闭，SBR 池停止曝气，潜水搅拌器和回流污泥泵停止运行后，开始重力沉淀和泥水分离。

第四部：排水。经过沉淀后，SBR 池达到最高的水位，将上清液（上面的清液）经由滗水器排出池外，直到池内的水位达到周期开始时的最低水位。污泥泵在滗水器停止运行后开始运行，将污泥排到储泥池。

14.1.2 污水净化处理系统设备控制要求

本系统为针对控制现场进行编程的污水处理工程，主要应用于污水处理厂。所有设备都包含自动和手动两种模式。当处于自动模式时，所有设备按 PLC 程序进行工作。现将设备的原理简介如下。

1. 根据时间间隔来控制两台粗格栅的开或者停。一般开一分钟需要停十分钟（实际情况下一般开十分钟，停一个小时）。

2．两台水泵主要由浮球控制。当水位较低时，两台水泵关闭。当水位较高时，一台水泵工作。当水位高时，两台水泵同时工作。当水位过高时，则系统发出警报。

3．根据时间间隔来控制两台细格栅的开或者停。一般开一分钟需要停十分钟（实际情况下一般开十分钟，停一个小时）。

4．在一台细格栅工作时，皮带运输机需要停滞十秒后再开启。

5．依次打开 SBR 池的进水阀门，当 1# SBR 进水池达到一定液位后关闭 1#进水池的进水阀门，打开 2# SBR 进水池的阀门，依此类推。

6．进水阀门关闭后，打开空气阀门，同时打开潜水搅拌器和回流污泥泵。曝气二十分钟（实际情况一般曝气三小时）后，关闭空气阀门以及潜水搅拌器和回流污泥泵。

7．空气阀门关闭二十分钟后（实际情况一般为关闭一小时后），滗水器开始运行，当 SBR 池下降到一定液位后停止运行。

8．剩余污泥泵在滗水器停止运行后开始工作，将污泥排至储泥池。当储泥池的液位达到高液位或者排泥一小时后停止。

9．当开启一个空气阀门时只需打开一台鼓风机，当开启两到三个空气阀门时需要打开两台鼓风机。

10．脱水机按水处理工艺的要求工作。

为了便于区分系统的设备，现将各设备对应编号。设备及其编号以及对应关系详见表 14-1 所示。

表 14-1　　　　　　　　　　　设备及其在工艺中的对应关系

代号	对应设备	代号	对应设备
M101	1#粗格栅除污机	M102	2#粗格栅除污机
M201	1#水泵	M202	2#水泵
M203	3#水泵	M301	1#细格栅除污机
M302	2#细格栅除污机	M4	皮带运输机
M501	1#沉砂池	M502	2#沉砂池
M6	砂水分离器	M701	1#SBR 池进水阀门
M702	2#SBR 池进水阀门	M703	3#SBR 池进水阀门
M704	4#SBR 池进水阀门	M801	1#池潜水搅拌器
M802	2#池潜水搅拌器	M803	3#池潜水搅拌器
M804	4#池潜水搅拌器	M901	1#池空气阀门
M902	2#池空气阀门	M903	3#池空气阀门
M904	4#池空气阀门	M10011、M10012	1#SBR 池两个滗水器
M1101	1#SBR 池剩余污泥泵	M10021、M10022	2#SBR 池两个滗水器
M1102	2#SBR 池剩余污泥泵	M10031、M10032	3#SBR 池两个滗水器
M1103	3#SBR 池剩余污泥泵	M10041、M10042	4#SBR 池两个滗水器
M1104	4#SBR 池剩余污泥泵	M1201	1#SBR 池回流污泥泵
M1202	2#SBR 池回流污泥泵	M1203	3#SBR 池回流污泥泵
M1204	4#SBR 池回流污泥泵	M1301	1#鼓风机
M1302	2#鼓风机	M1303	3#鼓风机

续表

代号	对应设备	代号	对应设备
M14	总的空气电动阀	LT101	集水池 1#浮球开关
LT102	集水池 2#浮球开关	LT103	集水池 3#浮球开关
LT104	集水池 4#浮球开关	LT301	储泥池 1#浮球开关
LT302	储泥池 2#浮球开关	LT201	1#SBR 池超声波液位计
LT202	2#SBR 池超声波液位计	LT203	3#SBR 池超声波液位计
LT204	4#SBR 池超声波液位计	FT1	液体流量计
FT2	气体流量计	AT101	1#SBR 池 DO 仪
AT102	2#SBR 池 DO 仪	AT103	3#SBR 池 DO 仪
AT104	4#SBR 池 DO 仪	M15	脱水机

在了解了该控制系统的工艺流程以及设计流程图的基础上，我们将重点介绍该污水处理系统的硬件选择和软件设计等具体实现问题。

14.2 控制系统硬件设计

该污水净化处理系统共需要数字量输入信号接口 128 个，12 通道的模拟量输入信号接口和 64 个输出信号接口。为满足以上要求本系统主要选择了三菱 Q00 作为系统的核心控制器，最大允许 I/O 接口达到 1 024 个，Q00 的详细介绍请读者参考本书第 4 章的相关内容。图 14-2 是 PLC 的 I/O 的具体分配。

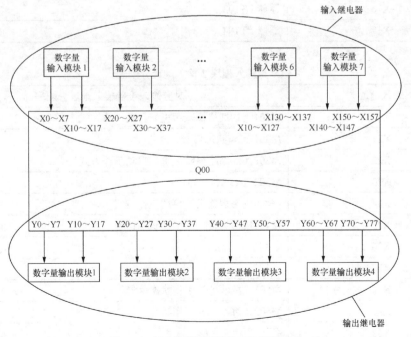

图 14-2 污水处理控制系统 PLC 资源分配

1. 数字量输入部分

该系统 PLC 器件的输入接口通过数字量输入模块分配给外围的控制设备。共用到了 PLC 器件的 128 个 I/O 接口。现根据不同的特点将这些接口分成 8 个模块。具体的分配信息详见表 14-2～表 14-9。

表 14-2   数字量输入模块 1 输入地址分配表

输入地址	对应输入设备
X0	M101（1#粗格栅除污机）自动工作方式
X1	M101 工作状态信号
X2	M102（2#粗格栅除污机）自动工作方式
X3	M102 工作状态信号
X4	M1（粗格栅除污机）液位超越
X5	备用
X6	M201 自动工作方式
X7	M202 自动工作方式
X10	备用
X11	M201 工作状态信号
X12	M202 工作状态信号
X13	备用
X14	浮球 LT101
X15	浮球 LT102
X16	浮球 LT103
X17	浮球 LT104

表 14-3   数字量输入模块 2 输入地址分配表

输入地址	对应输入设备输入地址分配表
X20	M301（1#细格栅除污机）自动工作方式
X21	M301 工作状态信号
X22	M302（2#细格栅除污机）自动工作方式
X23	M302 工作状态信号
X24	M4（皮带运输机）自动工作方式
X25	M4（皮带运输机）工作状态信号
X26	备用
X27	备用
X30	M501（沉沙池）工作状态信号
X31	M502（沉沙池）工作状态信号
X32	备用

续表

输入地址	对应输入设备输入地址分配表
X32	M6 工作状态信号
X34	M701（进水阀门）自动工作方式
X35	M701（进水阀门）开状态信号
X36	M701（进水阀门）关状态信号
X37	M702（进水阀门）自动工作方式

表 14-4   数字量输入模块 3 输入地址分配表

输入地址	对应输入设备
X40	M702（进水阀门）开状态信号
X41	M702（进水阀门）关状态信号
X42	M703（进水阀门）自动工作方式
X43	M703（进水阀门）开状态信号
X44	M703（进水阀门）关状态信号
X45	M704（进水阀门）自动工作方式
X46	M704（进水阀门）开状态信号
X47	M704（进水阀门）关状态信号
X50	M801（潜水搅拌器）运行状态信号
X51	M802（潜水搅拌器）运行状态信号
X52	M803（潜水搅拌器）运行状态信号
X53	M804（潜水搅拌器）运行状态信号
X54	M10011（滗水器）自动运行方式
X55	M10011（滗水器）自动状态信号
X56	备用
X57	备用

表 14-5   数字量输入模块 4 输入地址分配表

输入地址	对应输入设备
X60	M10012（滗水器）运行状态信号
X61	M10021（滗水器）自动工作方式
X62	M10021（滗水器）运行状态信号
X63	M10022（滗水器）运行状态信号
X64	M10031（滗水器）自动工作方式
X65	M10031（滗水器）运行状态信号
X66	M10032（滗水器）运行状态信号
X67	M10041（滗水器）自动工作方式
X70	M10041（滗水器）运行状态信号

输入地址	对应输入设备
X71	M10042（滗水器）运行状态信号
X72	M1101（剩余污泥泵）自动工作方式
X73	M1101（剩余污泥泵）运行状态信号
X74	M1102（剩余污泥泵）自动工作方式
X75	M1102（剩余污泥泵）运行状态信号
X76	备用
X77	备用

表 14-6 　　　　　　　　　　数字量输入模块 5 输入地址分配表

输入地址	对应输入设备
X100	M1103（剩余污泥泵）自动工作方式
X101	M1103（剩余污泥泵）运行状态信号
X102	M1104（剩余污泥泵）自动工作方式
X103	M1104（剩余污泥泵）运行状态信号
X104	浮球 LT301
X105	浮球 LT302
X106	M1201（回流污泥泵）自动工作方式
X107	M1201（回流污泥泵）运行状态信号
X110	M1202（回流污泥泵）自动工作方式
X111	M1202（回流污泥泵）运行状态信号
X112	M1203（回流污泥泵）运行状态信号
X113	M1203（回流污泥泵）自动工作方式
X114	M1204（回流污泥泵）自动工作方式
X115	M1204（回流污泥泵）运行状态信号
X116	M1301 自动工作方式
X117	M1302 自动工作方式

表 14-7 　　　　　　　　　　数字量输入模块 6 输入地址分配表

输入地址	对应输入设备
X120	备用
X121	M1301 运行状态信号
X122	M1302 运行状态信号
X123	备用
X124	M14（电动阀）自动工作方式
X125	M14（电动阀）开状态信号

续表

输入地址	对应输入设备
X126	M14（电动阀）关状态信号
X127	备用
X130	M901（空气阀门）自动工作方式
X131	M901（空气阀门）开状态信号
X132	M901（空气阀门）关状态信号
X133	M902（空气阀门）自动工作方式
X134	M902（空气阀门）开状态信号
X135	M902（空气阀门）关状态信号
X136	M903（空气阀门）自动工作方式
X137	M903（空气阀门）开状态信号

表 14-8　　　　　　　　　数字量输入模块 7 输入地址分配表

输入地址	对应输入设备
X140	M903（空气阀门）关状态信号
X141	M904（空气阀门）自动工作方式
X142	M904（空气阀门）开状态信号
X143	M904（空气阀门）关状态信号
X144	M15（脱水机）运行状态信号
X145	M15（脱水机）故障信号
X146	备用
X147	备用
X150	M10012 自动工作方式
X151	M10022 自动工作方式
X152	M10032 自动工作方式
X153	M10042 自动工作方式
X154	M10011 高位
X155	M10011 低位
X156	M10012 高位
X157	M10012 低位

表 14-9　　　　　　　　　数字量输入模块 8 输入地址分配表

输入地址	对应输入设备
X160	M10021 高位
X161	M10021 低位
X162	M10022 高位
X163	M10022 低位

续表

输入地址	对应输入设备
X164	M10031 高位
X165	M10031 低位
X166	M10032 高位
X167	M10032 低位
X170	M10041 高位
X171	M10041 低位
X172	M10042 高位
X173	M10042 低位
X174	备用
X175	备用
X176	备用
X177	备用

2. 模拟量输入部分

PLC 器件的模拟量输入模块的地址分配给对应的外部设备。系统通过对这些输入模拟量信息的判断对该系统的工艺流程进行识别与控制。具体的分配情况详见表 14-10~表 14-12。

表 14-10 模拟量输入模块 1 输入地址分配表

输入地址	对应的输入设备
信道 1	超声波液位计 LT201
信道 2	超声波液位计 LT202
信道 3	超声波液位计 LT203
信道 4	超声波液位计 LT204

表 14-11 模拟量输入模块 2 输入地址分配表

输入地址	对应的输入设备
信道 1	液体流量计 FT1
信道 2	气体流量计 FT2
信道 3	备用
信道 4	备用

表 14-12 模拟量输入模块 3 输入地址分配表

输入地址	对应的输入设备
信道 1	DO 仪 AT101
信道 2	DO 仪 AT102
信道 3	DO 仪 AT103
信道 4	DO 仪 AT104

3. 数字量输出部分

PLC 器件的数字量输出模块的地址通过该部分分配给外部的设备。系统通过对这些输出地址的识别来实现对该系统的控制与信息状态的显示等。共有 4 个模块 64 个输出口数字量输出模块的地址分配的详细情况见表 14-13～表 14-16。

表 14-13　数字量输出模块 1 输出地址分配表

输出地址	对应输出设备
Y0	开 1#粗格栅除污机（M101）
Y1	开 2#粗格栅除污机（M102）
Y2	开 1#水泵（M201）
Y3	开 2#水泵（M202）
Y4	备用
Y5	开 1#细格栅除污机（M301）
Y6	开 2#细格栅除污机（M302）
Y7	备用
Y10	开皮带运输机（M4）
Y11	备用
Y12	备用
Y13	备用
Y14	开 1#进水阀门（M701）
Y15	关 1#进水阀门（M701）
Y16	开 2#进水阀门（M702）
Y17	关 2#进水阀门（M702）

表 14-14　数字量输出模块 2 输出地址分配表

输出地址	对应输出设备
Y20	开 3#进水阀门（M703）
Y21	关 3#进水阀门（M703）
Y22	开 4#进水阀门（M704）
Y23	关 4#进水阀门（M704）
Y24	开 1#潜水搅拌器（M801）
Y25	开 2#潜水搅拌器（M802）
Y26	开 3#潜水搅拌器（M803）
Y27	开 4#潜水搅拌器（M804）
Y30	开 1#滗水器（M10011）
Y31	关 1#滗水器（M10011）
Y32	开 2#滗水器（M10012）

输出地址	对应输出设备
Y33	关 2#滗水器（M10012）
Y34	开 1#剩余污泥泵（M10011）
Y35	开 2#剩余污泥泵（M10012）
Y36	开 3#剩余污泥泵（M10013）
Y37	开 4#剩余污泥泵（M10014）

表 14-15　　　　　　　　　　　数字量输出模块 3 输出地址分配表

输出地址	对应输出设备
Y40	开 1#回流污泥泵（M1201）
Y41	开 2#回流污泥泵（M1202）
Y42	开 3#回流污泥泵（M1203）
Y43	开 4#回流污泥泵（M1204）
Y44	开 1#鼓风机（M1301）
Y45	开 2#鼓风机（M1302）
Y46	备用
Y47	备用
Y50	开电动阀（M1401）
Y51	关电动阀（M1401）
Y52	开 1#空气阀门（M901）
Y53	关 1#空气阀门（M901）
Y54	开 2#空气阀门（M902）
Y55	关 2#空气阀门（M902）
Y56	开 3#空气阀门（M903）
Y57	关 3#空气阀门（M903）

表 14-16　　　　　　　　　　　数字量输出模块 4 输出地址分配表

输出地址	对应输出设备
Y60	开 4#空气阀门（M904）
Y61	关 4#空气阀门（M904）
Y62	LT104 超高报警
Y63	开 3#滗水器（M10021）
Y64	关 3#滗水器（M10021）
Y65	开 4#滗水器（M10022）
Y66	关 4#滗水器（M10022）
Y67	开 5#滗水器（M10031）
Y70	关 5#滗水器（M10031）
Y71	开 6#滗水器（M10032）

续表

输出地址	对应输出设备
Y72	关 6#滗水器（M10032）
Y73	开 7#滗水器（M10041）
Y74	关 7#滗水器（M10041）
Y75	开 8#滗水器（M10042）
Y76	关 8#滗水器（M10042）
Y77	备用

14.3　控制系统软件设计

选取三菱 PLC 为污水净化处理控制系统的核心控制器，为了完成该系统的功能，现介绍功能实现的软件流程图以及具体的软件实现。

14.3.1　控制系统 I/O 分配

该污水净化处理器选择三菱 Q00 作为控制逻辑器件。下面将根据该系统的工艺要求编写梯形图和指令表。系统的软件流程图详见图 14-3。

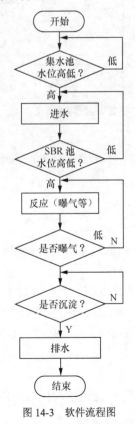

图 14-3　软件流程图

下节内容主要是根据流程图实现污水净化处理系统的梯形图与指令表。

14.3.2　系统软件设计

根据流程图设计污水净化处理控制系统的软件,分别编程实现对外网器件和阀门的控制。外网器件主要有粗格栅除污机、水泵、细格栅除污机。阀门主要包括进水阀门、空气阀门等。

1. 粗格栅除污机

在自动工作方式下,该系统控制两台粗格栅除污机的开停。粗格栅除污机控制的实现程序如图 14-4 所示。

如图 14-4 所示,该系统工作在自动工作方式下,由时间间隔来控制两台粗格栅除污机的开或停。一般情况下开 1min,停 10min。

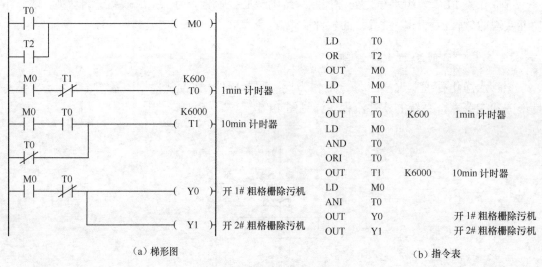

（a）梯形图　　　　　　　　　　　　　　　　（b）指令表

图 14-4　粗格栅除污机控制程序

2. 进水阀门

（1）辅助继电器

集水池控制辅助继电器 M1,不同的进水阀门控制辅助继电器 M2,M3,M4 的开启状态。辅助继电器控制的实现程序详见图 14-5。

辅助继电器 M1 在集水池水位为高、很高、超高时为"ON";当 2#、3#、4# 进水阀门有一个为开启状态,M2 为"ON";当 1#、3#、4# 进水阀门有一个为开启状态时,M3 为"ON";当 1#、2#、4# 进水阀门有一个为开启状态时,M4 为"ON";当 1#、2#、3# 进水阀门有一个为开启状态时,M5 为"ON"。

（2）进水阀门

该系统共包含四个进水阀门。其中 1# 进水阀门的控制程序详见图 14-6。

```
X15    X14
─┤├────┤/├──────────────────( M1 )  水位高，很高或超高
X16
─┤├─
X17
─┤├─

Y16
─┤├──────────────────────────( M2 )  2#，3#，4# 进水阀门，
Y20                                    其中一个是开的
─┤├─
Y22
─┤├─

Y14                                         LD    X15
─┤├──────────────────────────( M4 )        OR    X16
Y16                                         OR    X17
─┤├─                                        ANI   X14
Y22            1#，2#，4# 进水阀门，          OUT   M1      水位高，很高或超高
─┤├─            其中一个是开的               LD    Y16
                                            OR    Y20
Y14                                         OR    Y22
─┤├──────────────────────────( M5 )        OUT   M2      2#，3#，4# 进水阀门，其中一个是开的
Y15            1#，2#，3# 进水阀门，          LD    Y14
─┤├─            其中一个是开的               OR    Y16
Y20                                         OR    Y22
─┤├─                                        OUT   M4      1#，2#，4# 进水阀门，其中一个是开的
                                            LD    Y14
                                            OR    Y15
                                            OR    Y20
                                            OUT   M5      1#，2#，3# 进水阀门，其中一个是开的
```

（a）梯形图 　　　　　　　　　　　　　　　　　　　　　　（b）指令表

图 14-5　辅助继电器启动控制程序

```
 X34  M1                                M2
─┤├──┤├──[ > D4  K500 ]─[ < D4  K4000 ]─┤/├──( Y14 )   当污水池水位正常，且满足开启
                                                         条件时，开 1# 进水阀门
                                              ( K50 )
                                              ( T3  )

 X34  Y14  X36
─┤├──┤/├──┤/├──[ >= D4  K4000 ]────────────────( Y15 )  当污水池水位过高时，关1#
                                                         进水阀门
```

（a）梯形图

```
LD      X34
AND     M1
AND>    D4      K500        大于 500 的比较
AND<    D4      K4000       小于 4000 的比较
ANI     M2
OUT     Y14                 开 1# 进水阀门
OUT     T3      K50
LD      X34
ANI     Y14
ANI     X36
AND>=   D4      K4000       大于等于 4000 的比较
OUT     Y15                 关 1# 进水阀门
```

（b）指令表

图 14-6　1#进水阀门控制程序

如图 14-6 所示，系统工作在自动工作方式下，当集水池的水位处于高、很高、超高时，1#SBR 池水位低，且其余三个进水阀门都关闭时，打开 1#进水阀门。当水位上升到高水位后，关闭 1#进水阀门。

在 1#进水阀门处于关闭状态后，系统才会打开 2#进水阀门，2#进水阀门的实现程序详见图 14-7。

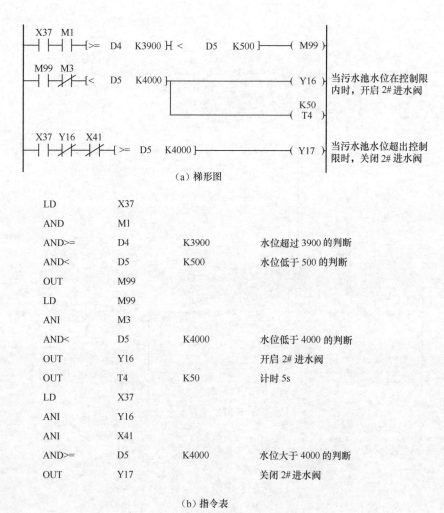

（a）梯形图

LD	X37		
AND	M1		
AND>=	D4	K3900	水位超过 3900 的判断
AND<	D5	K500	水位低于 500 的判断
OUT	M99		
LD	M99		
ANI	M3		
AND<	D5	K4000	水位低于 4000 的判断
OUT	Y16		开启 2# 进水阀
OUT	T4	K50	计时 5s
LD	X37		
ANI	Y16		
ANI	X41		
AND>=	D5	K4000	水位大于 4000 的判断
OUT	Y17		关闭 2# 进水阀

（b）指令表

图 14-7　2#进水阀门控制程序

如图 14-7 所示，当 1#进水阀门关闭后，打开 2#进水阀门，2# SBR 池上升到一定液位后，再关闭 2#阀门。

系统在 2#进水阀门关闭后，才会打开 3#进水阀门。3#进水阀门控制的实现程序具体如图 14-8 所示。

```
  X42  M1
  ─┤├──┤├──[>=  D5  K3900 ]─[<  D6  K500 ]────────────( M98 )

  M98  M4
  ─┤├──┤/├──[<  D6  K4000 ]───────────────────────────( Y20 )     当污水池水位在控制限
                                                                   内时，开启3#进水阀
                                                               ┌──K50
                                                               ─( T5 )

  X42  Y20  X44
  ─┤├──┤/├──┤/├──[>=  D6  K4000 ]─────────────────────( Y21 )     当污水池水位超出控制
                                                                   限时，关闭3#进水阀
```

（a）梯形图

LD	X42		
AND	M1		
AND>=	D5	K3900	水位超过3900的判断
ADN<	D6	K500	水位低于500的判断
OUT	M98		
LD	M98		
ANI	M4		
AND<	D6	K4000	水位低于4000的判断
OUT	Y20		开启3#进水阀
OUT	T5	K50	计时5s
LD	X42		
ANI	Y20		
ANI	X44		
AND>=	D6	K4000	水位大于4000的判断
OUT	Y21		关闭3#进水阀

（b）指令表

图 14-8　3#进水阀门控制程序

图 14-8 所示，在 2#进水阀门关闭后，再打开 3#进水阀门，3#SBR 池水位升到一定的液位后关闭 3#阀门。

系统在 3#进水阀门关闭后，才会打开 4#进水阀门。4#进水阀门的控制实现程序具体如图 14-9 所示。

```
  X45  M1
  ─┤├──┤├──[>=  D6  K3900 ]─[<  D7  K500 ]────────────( M97 )

  M97  M5
  ─┤├──┤/├──[<  D7  K4000 ]───────────────────────────( Y22 )     当污水池水位在控制限
                                                                   内时，开启4#进水阀
                                                               ┌──K50
                                                               ─( T6 )

  X45  Y22  X47
  ─┤├──┤/├──┤/├──[>=  D7  K4000 ]─────────────────────( Y23 )     当污水池水位超出控制
                                                                   限时，关闭4#进水阀
```

（a）梯形图

图 14-9　4#进水阀门控制程序

LD	X45		
AND	M1		
AND>=	D6	K3900	水位超过 3900 的判断
AND<	D7	K500	水位低于 500 的判断
OUT	M97		
LD	M97		
ANI	M5		
AND<	D7	K4000	水位低于 4000 的判断
OUT	Y22		开启 4# 进水阀
OUT	T6	K50	计时 5s
LD	X45		
ANI	Y22		
ANI	X47		
AND>=	D7	K4000	水位大于 4000 的判断
OUT	Y23		关闭 4# 进水阀

（b）指令表

图 14-9　4#进水阀门控制程序（续）

如图 14-9 所示，在 3#进水阀门关闭后，再打开 4#进水阀门，4#SBR 池水位升到一定的液位后关闭 4#阀门。

3．水泵

在控制系统中，为了满足后续要求，系统打开水泵时至少有一个进水阀门应该已经被打开，此时用辅助继电器 M6 来判断 4 个进水阀门是否满足至少有一个为“ON”状态。两个水泵在获取系统工作状态等信息后，开启或关闭一个（或两个）水泵。水泵对应的控制程序如图 14-10 所示。

（a）梯形图

LD	T3	1# 进水阀门是处于打开状态
OR	T4	2# 进水阀门是处于打开状态
OR	T5	3# 进水阀门是处于打开状态
OR	T6	4# 进水阀门是处于打开状态
OUT	M55	
LD	X15	2# 水池液位正常
OR	X16	3# 水池液位正常
OR	X17	4# 水池液位正常
ANI	X14	1# 水池液位正常
AND	X6	
AND	M6	
OUT	Y2	开启 1# 进水阀
LD	X16	
OR	X17	
ANI	X14	
AND	X7	
AND	M6	
OUT	Y3	开 1# 进水阀

（b）指令表

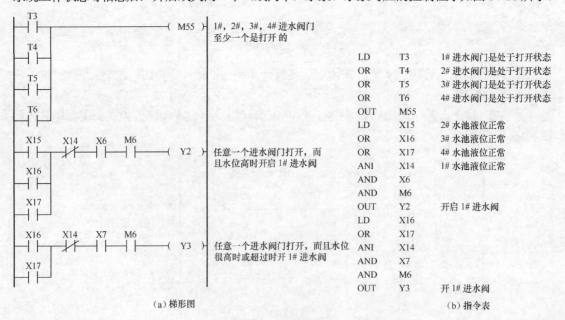

图 14-10　水泵控制程序

如图 14-10 所示，在自动工作模式中，集水池浮球和进水阀门对两台水泵进行操控。当集水池在低水位时，所有水泵都会被关闭；当集水池水位在较高状态且有进水阀门被打开时，开启一台水泵；当集水池在水位高的状态且有进水阀门被打开时，开启两台水泵；当水位很高且有进水阀门被打开时，开两台水泵并发报警信号。

4. 细格栅除污机

自动工作状态中，系统根据要求在不同的时间内间隔地控制两台细格栅除污机进行打开或者关闭（开 1min，停 10min）。对应的程序实现如图 14-11 所示。

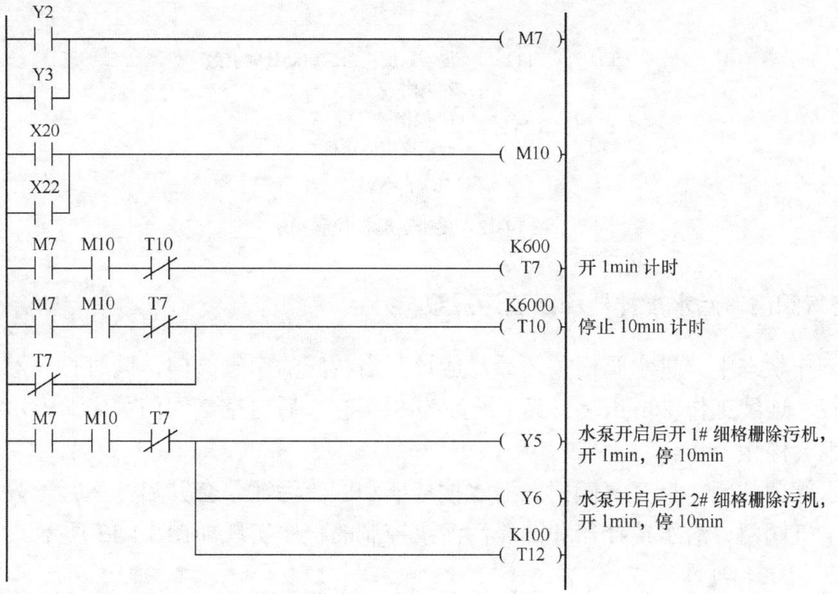

梯形图（a）

梯形图中各触点与输出：

- Y2 / Y3 → (M7)
- X20 / X22 → (M10)
- M7 M10 T10 → (T7) K600 开 1min 计时
- M7 M10 T7 / T7 → (T10) K6000 停止 10min 计时
- M7 M10 T7 → (Y5) 水泵开启后开 1# 细格栅除污机，开 1min，停 10min
- (Y6) 水泵开启后开 2# 细格栅除污机，开 1min，停 10min
- (T12) K100

（a）梯形图

```
LD    Y2
OR    Y3
OUT   M7
LD    X20
OR    X22
OUT   M10
LD    M7
AND   M10
ANI   T10
OUT   T7     K600     开 1min 计时
LD    M7
AND   M10
AND   T7
ORI   T7
OUT   T10    K6000    停止 10min 计时
LD    M7
AND   M10
ANT   T7
OUT   Y5     水泵开启后开 1# 细格栅除污机，开 1min，停 10min
OUT   Y6     水泵开启后开 2# 细格栅除污机，开 1min，停 10min
OUT   T12    K100     皮带运输机滞后启动计时
```

（b）指令表

图 14-11 细格栅除污机控制程序

5. 皮带运输机

细格栅除污机处于工作状态时，皮带运输机需要停顿短时间（10s）才能开机。皮带运输机控制的程序实现如图 14-12 所示。

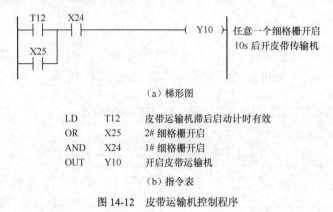

（a）梯形图

LD	T12	皮带运输机滞后启动计时有效
OR	X25	2# 细格栅开启
AND	X24	1# 细格栅开启
OUT	Y10	开启皮带运输机

（b）指令表

图 14-12 皮带运输机控制程序

6. 空气阀门、潜水搅拌器和回流污泥泵

自动工作状态中，进水阀门关闭后，应该开启相应的空气阀门，同时打开潜水搅拌器和回流污泥泵，连续工作 20min（工况下一般为 3 小时）后将空气阀门关闭，潜水搅拌器和回流污泥泵也会停止工作。

1#进水阀门关闭，1#空气阀门、潜水搅拌器和回流污泥泵会开启，运行一段时间后结束工作。1#空气阀门、潜水搅拌器和回流污泥泵控制的程序实现如图 14-13 所示。

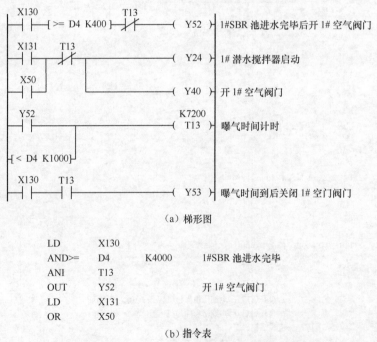

（a）梯形图

LD	X130	
AND>=	D4	K4000	1#SBR 池进水完毕
ANI	T13	
OUT	Y52	开 1# 空气阀门
LD	X131	
OR	X50	

（b）指令表

图 14-13 1#空气阀门、潜水搅拌器和回流污泥泵控制程序

```
ANI      T13
OUT      Y24                1# 潜水搅拌器启动
OUT      Y40                1# 回流污泥泵启动
LD       Y52
OR<      D4      K1000
OUT      T13     K7200      曝气时间计时
LD       X130
AND      T13                曝气时间到
OUT      Y53                关闭 1# 空气阀门
```

(b) 指令表（续）

图 14-13　1#空气阀门、潜水搅拌器和回流污泥泵控制程序（续）

如图 14-13 所示，为 1#空气阀门、潜水搅拌器和回流污泥泵的控制程序。自动工作状态中，1#进水阀门关闭，开启 1#空气阀门，潜水搅拌器和回流污泥泵同时开启，连续工作 20min（工况下一般为 3 小时）后关闭 1#空气阀门，对应的潜水搅拌器和回流污泥泵也会停止运行。

2#进水阀门关闭后，打开 2#空气阀门、潜水搅拌器和回流污泥泵，运行一段时间结束工作。2#空气阀门、潜水搅拌器和回流污泥泵控制的程序如图 14-14 所示。

```
X133              T15
├─┤├─ >= D5 K4000 ─┤/├──────( Y54 )  2#SBR 池进水完毕后开 1# 空气阀门

X134     T15
├─┤├──────┤/├────────────────( Y25 )  2# 潜水搅拌器启动

X51
├─┤├─────────────────────────( Y41 )  开 2# 空气阀门

Y54                           K7200
├─┤├─────────────────────────( T15 )  曝气时间计时

├─┤< D5 K1000├─

X133     T15
├─┤├──────┤├─────────────────( Y55 )  曝气时间到后关闭 2# 空气阀门
```

（a）梯形图

```
LD       X133
AND>=    D5      K4000      2#SBR 池进水完毕
ANI      T15
OUT      Y54                开 2# 空气阀门
LD       X134
OR       X51
ANI      T15
OUT      Y25                2# 潜水搅拌器启动
OUT      Y41                2# 回流污泥泵启动
LD       Y54
OR<      D5      K1000
OUT      T15     K7200
LD       X133
AND      T15                曝气时间到
OUT      Y55                关闭 2# 空气阀门
```

（b）指令表

图 14-14　2#空气阀门、潜水搅拌器和回流污泥泵控制程序

如图 14-14 所示，自动工作状态中，2#进水阀门结束开启之后打开 2#空气阀门，之后同时打开潜水搅拌器和回流污泥泵，连续工作 20min（工况下一般为 3 小时）后关闭空气阀门，潜水搅拌器和回流污泥泵也会停止运行。

3#进水阀门关闭之后，打开 3#空气阀门、潜水搅拌器和回流污泥泵，运行一段时间后结束。3#空气阀门、潜水搅拌器和回流污泥泵控制的程序如图 14-15 所示。

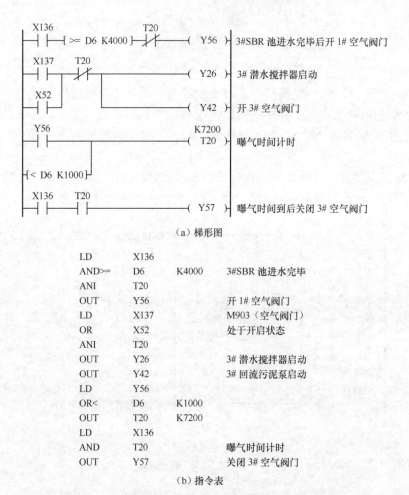

（a）梯形图

LD	X136		
AND>=	D6	K4000	3#SBR 池进水完毕
ANI	T20		
OUT	Y56		开 1# 空气阀门
LD	X137		M903（空气阀门）
OR	X52		处于开启状态
ANI	T20		
OUT	Y26		3# 潜水搅拌器启动
OUT	Y42		3# 回流污泥泵启动
LD	Y56		
OR<	D6	K1000	
OUT	T20	K7200	
LD	X136		
AND	T20		曝气时间计时
OUT	Y57		关闭 3# 空气阀门

（b）指令表

图 14-15　3#空气阀门、潜水搅拌器和回流污泥泵控制程序

如图 14-15 所示，自动工作状态中，3#进水阀门关闭后，打开 3#空气阀门，同时打开潜水搅拌器和回流污泥泵，连续工作 20min（工况下一般为 3 小时）之后将空气阀门关闭，潜水搅拌器和回流污泥泵也会停止运行。

4#进水阀门关闭后，打开 4#空气阀门、潜水搅拌器和回流污泥泵，工作一段时间后停止。4#空气阀门、潜水搅拌器和回流污泥泵对应的梯形图如图 14-16 所示。

如图 14-16 所示，自动工作状态中，打开 4#空气阀门之前需要关闭 4#进水阀门，同时打开潜水搅拌器和回流污泥泵，连续工作 20min（工况下一般为 3 小时）后关闭空气阀门，潜水搅拌器和回流污泥泵也会停止运行。

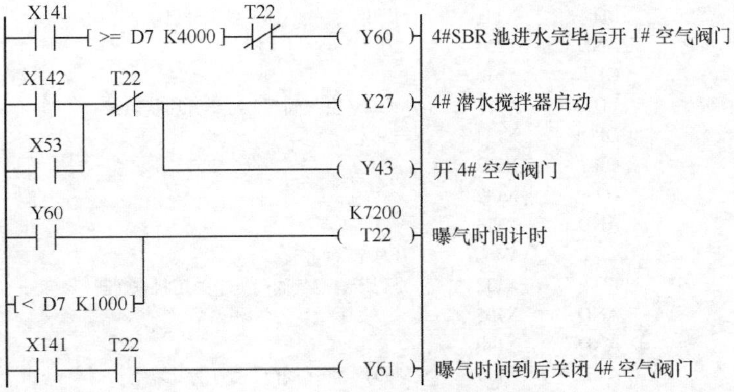

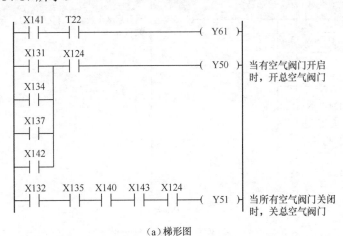

（a）梯形图

```
LD      X141
AND>=   D7      K4000    4#SBR 池进水完毕
ANI     T22
OUT     Y60              开 4# 空气阀门
LD      X142
OR      X53
ANI     T22
OUT     Y27              4# 潜水搅拌器启动
OUT     Y43              4# 回流污泥泵启动
LD      Y60
OR<     D7      K1000
OUT     T22     K7200
LD      X141
AND     T22              曝气时间到
OUT     Y61              关闭 4# 空气阀门
```

（b）指令表

图 14-16 4#空气阀门、潜水搅拌器和回流污泥泵控制程序

7. 总空气阀

自动工作状态中，总空气阀门关闭或开启的条件是所有的空气阀门都关闭或开启。对应的程序实现如图 14-17 所示。

（a）梯形图

图 14-17 总空气阀控制程序

```
LD      X141    M901（空气阀门）处于开启状态
AND     T22
OUT     Y61
LD      X131    M902（空气阀门）处于开启状态
OR      X134
OR      X137
OR      X142
AND     X124
OUT     Y50     开总空气阀门
LD      X132    是否所有空气阀门处于关闭状态判断
AND     X135
AND     X140
AND     X143    M904（空气阀门）处于停止状态
AND     X124
OUT     Y51     关总空气阀门
```

（b）指令表

图 14-17　总空气阀控制程序（续）

　　如图 14-17 所示，在自动工作状态下的系统，如果有一个空气阀门是打开的，那么总的空气阀门打开。只有当所有的空气阀门都处于关闭状态下，总的空气阀门才处于关闭状态下。

8. 鼓风机

　　自动工作状态下，当有空气阀门开启时，需要开启一台或者两台的鼓风机。鼓风机控制的实现程序详见图 14-18。

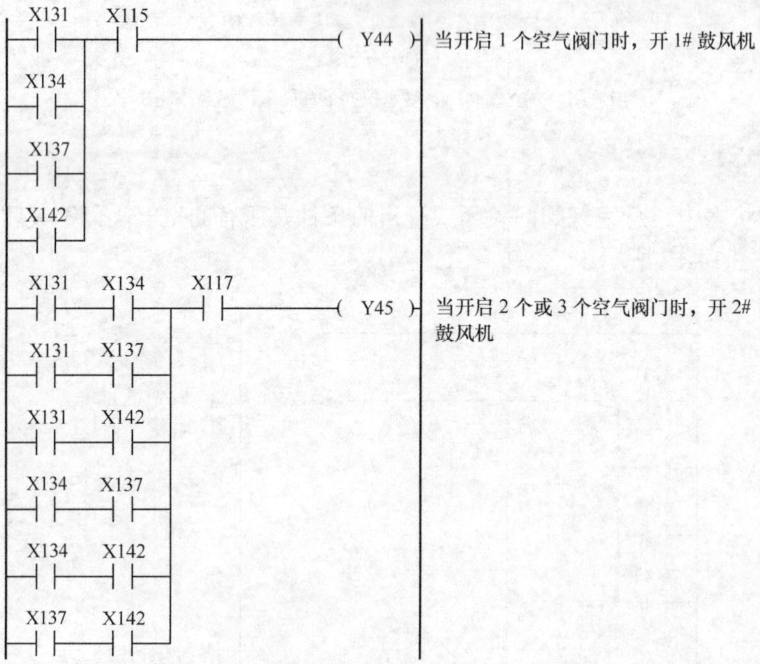

```
 X131   X115
 ──┤├────┤├──────────────────( Y44 )  当开启 1 个空气阀门时，开 1# 鼓风机
 X134
 ──┤├──
 X137
 ──┤├──
 X142
 ──┤├──

 X131   X134   X117
 ──┤├────┤├────┤├─────────────( Y45 )  当开启 2 个或 3 个空气阀门时，开 2#
 X131   X137                           鼓风机
 ──┤├────┤├──
 X131   X142
 ──┤├────┤├──
 X134   X137
 ──┤├────┤├──
 X134   X142
 ──┤├────┤├──
 X137   X142
 ──┤├────┤├──
```

（a）梯形图

图 14-18　鼓风机控制程序

```
LD      X131    M901（空气阀门）处于开启状态
OR      X134
OR      X137    M903（空气阀门）处于开启状态
OR      X142
AND     X115
OUT     Y44     开 1# 鼓风机
LD      X131
AND     X134    M902（空气阀门）处于开启状态
LD      X131
AND     X137
ORB
LD      X131
AND     X142
ORB
LD      X134
AND     X137
ORB
LD      X134
AND     X142
ORB
LD      X137
AND     X142
ORB
AND     X117    M1302（空气阀门）处于开启状态
OUT     Y45     开 2# 鼓风机
```

（b）指令表

图 14-18 鼓风机控制程序（续）

如图 14-18 所示，自动工作方式下的工作系统，当开启一个空气阀门时，只需要一台鼓风机工作。当开启两到三个空气阀门时，需要两台鼓风机同时工作。

9. 滗水器

自动工作方式下，1#空气阀门关闭 1 小时后，1#、2#滗水器也同时运行，当 1#SBR 池达到低液位后 1#、2#滗水器停止运行。1#SBR 池滗水器的控制程序如图 14-19 所示。

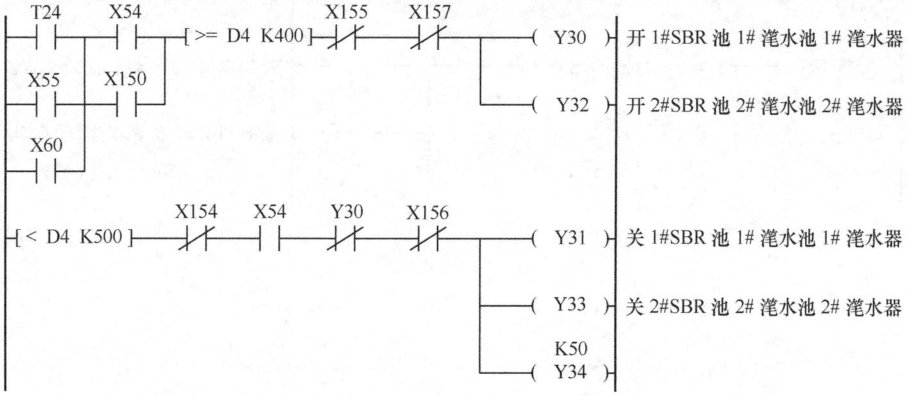

（a）梯形图

图 14-19 1#SBR 池和 1#、2#滗水器控制程序

```
LD      T24
OR      X55
OR      X60
LD      X54
OR      X150
ANB
AND>=   D4      K400    液位处于正常状态
ANI     X155
ANI     X157
OUT     Y30             开 1#SBR 池 1# 滗水池 1# 滗水器
OUT     Y32             开 2#SBR 池 2# 滗水池 2# 滗水器
LD<     D4      K500    液位低于下限
ANI     X154
AND     X54
ANI     Y30
ANI     X156
OUT     Y31             关 1#SBR 池 1# 滗水池 1# 滗水器
OUT     Y33             关 2#SBR 池 2# 滗水池 2# 滗水器
OUT     T34     K50
```

（b）指令表

图 14-19　1#SBR 池和 1#、2#滗水器控制程序（续）

　　如图 14-19 所示，自动工作方式下的工作系统，1#空气阀门关闭 20min（正常工况下为一小时）后，1#，2#滗水器开始运行。在 1#SBR 池的液位达到低液位后 1#、2#滗水器停止运行。

　　自动工作状态中，2#空气阀门的开启后，3#、4#滗水器也会开启，2#SBR 池在液位达到低液位后系统停止。2#SBR 池 3#、4#滗水器程序实现如图 14-20 所示。

　　如图 14-20 所示，该系统此时是自动工作状态，2#空气阀门关闭 20min（正常工况下为一小时）后，2#滗水器开始运行，当 2#SBR 池液位达到低液位后系统结束。

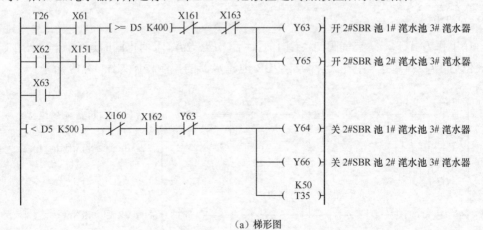

（a）梯形图

```
LD      T26
OR      X62
OR      X63
LD      X61
```

（b）指令表

图 14-20　2#SBR 池和 3#、4#滗水器控制程序

```
OR          X151
ANB
AND>=       D5      K400      大于液位下限
ANI         X161
ANI         X163
OUT         Y63               开 2#SBR 池 1# 滗水池 3# 滗水器
OUT         Y65               开 2#SBR 池 2# 滗水池 3# 滗水器
LD<         D5      K500      液位低于下限
ANI         X160
ANI         X162
ANI         Y63
OUT         Y64               关 2#SBR 池 1# 滗水池 3# 滗水器
OUT         Y66               关 2#SBR 池 2# 滗水池 3# 滗水器
OUT         T35     K50
```

（b）指令表（续）

图 14-20　2#SBR 池和 3#、4#滗水器控制程序（续）

自动工作状态中，3#空气阀门的开启后，3#滗水器也会相继开启，3#SBR 池在液位达到低液位系统停止。3#SBR 池滗水器程序实现如图 14-21 所示。

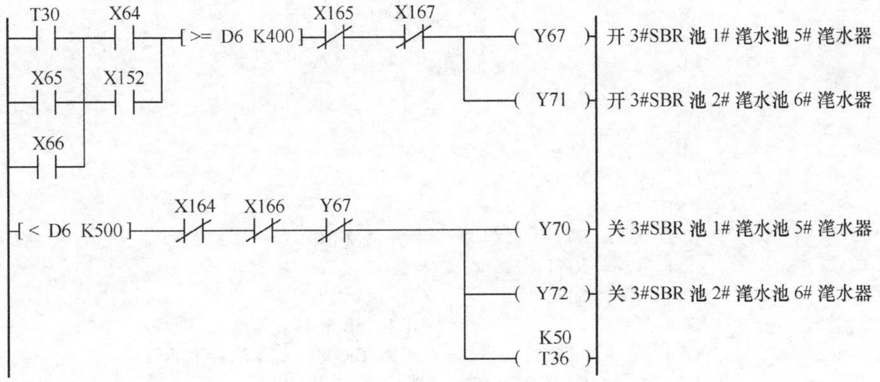

（a）梯形图

```
LD          T30
OR          X65
OR          X66
LD          X64
OR          X152
ANB
AND>=       D6      K400      大于液位下限
ANI         X165
ANI         X167
OUT         Y67               开 3#SBR 池 1# 滗水池 5# 滗水器
OUT         Y71               开 3#SBR 池 2# 滗水池 6# 滗水器
LD<         D6      K500      液位低于下限
ANI         X164
ANI         X166
ANI         Y67
OUT         Y70               关 3#SBR 池 1# 滗水池 5# 滗水器
OUT         Y72               关 3#SBR 池 2# 滗水池 6# 滗水器
OUT         T36     K50
```

（b）指令表

图 14-21　3#SBR 池和 5#、6#滗水器控制程序

如图 14-21 所示，系统工作状态为自动工作时，3#空气阀门关闭 20min（正常工况下为一小时）后，开启 3#滗水器，当 3#SBR 池液位达到低液位系统停止。

自动工作状态中，4#空气阀门的打开之后，7#、8#滗水器随之开启，4#SBR 池在液位达到低液位系统结束。4#SBR 池 7#、8#滗水器程序实现如图 14-22 所示。

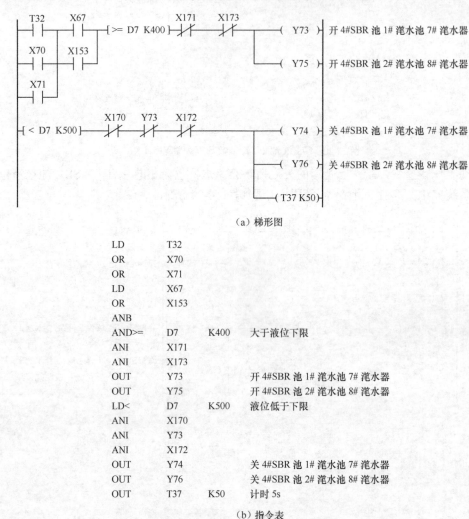

（a）梯形图

```
LD      T32
OR      X70
OR      X71
LD      X67
OR      X153
ANB
AND>=   D7      K400    大于液位下限
ANI     X171
ANI     X173
OUT     Y73             开 4#SBR 池 1# 滗水池 7# 滗水器
OUT     Y75             开 4#SBR 池 2# 滗水池 8# 滗水器
LD<     D7      K500    液位低于下限
ANI     X170
ANI     Y73
ANI     X172
OUT     Y74             关 4#SBR 池 1# 滗水池 7# 滗水器
OUT     Y76             关 4#SBR 池 2# 滗水池 8# 滗水器
OUT     T37     K50     计时 5s
```

（b）指令表

图 14-22　4#SBR 池和 7#、8#滗水器控制程序

如图 14-22 所示，系统此时是自动工作状态，4#空气阀门关闭 20min（正常工况下为一小时）后，7#、8#滗水器开启，当 4#SBR 池液位达到低液位时系统结束。

10．剩余污泥泵

自动工作状态中，1#滗水器关闭之后，开启 1#剩余污泥泵。1#剩余污泥泵的控制程序如图 14-23 所示。

如图 14-23 所示，此时系统是自动工作状态，1#滗水器结束工作时，开启 1#剩余污泥泵，排泥至储泥池;储泥池液位达到高液位或运行 20min（正常工况下为一小时）后系统结束运转。

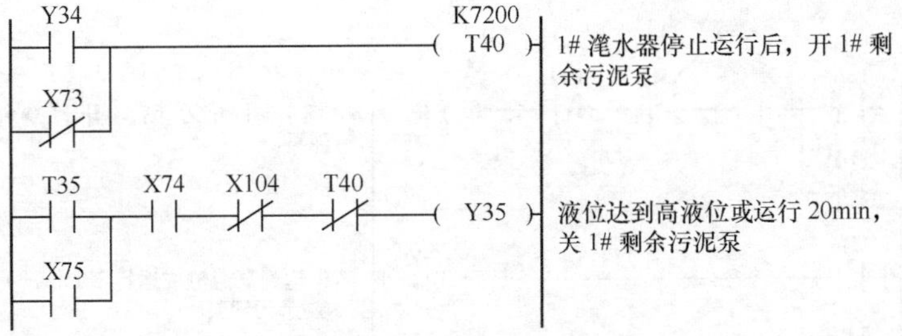

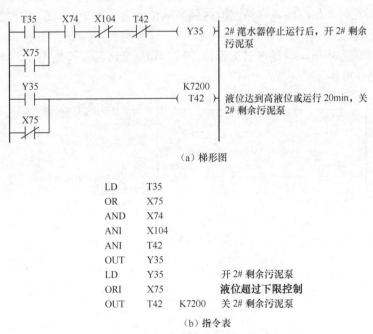

（a）梯形图

```
LD      Y34
ORI     X73              液位超过上限控制
OUT     T40     K7200    关 1# 剩余污泥泵
LD      T35
OR      X75
AND     X74
ANI     X104
ANI     T40
OUT     Y34              开 1# 剩余污泥泵
```

（b）指令表

图 14-23　1#剩余污泥泵控制程序

自动工作状态中，开启 2#剩余污泥泵之前应停止 2#滗水器。2#剩余污泥泵程序如图 14-24 所示。

（a）梯形图

```
LD      T35
OR      X75
AND     X74
ANI     X104
ANI     T42
OUT     Y35
LD      Y35              开 2# 剩余污泥泵
ORI     X75              液位超过下限控制
OUT     T42     K7200    关 2# 剩余污泥泵
```

（b）指令表

图 14-24　2#剩余污泥泵控制程序

如图 14-24 所示，此时系统是自动工作状态，2#剩余污泥泵开始运行之前应该停止 2#滗水器，排泥至储泥池；储泥池液位达到高液位或运行 20min（正常工况下为一小时）系统结束。

自动工作状态中，3#剩余污泥泵开始工作之前应停止 3#滗水器。3#剩余污泥泵程序实现如图 14-25 所示。

```
   T36    X100   X104    T44
  ─┤├──────┤├─────┤/├─────┤/├─────────────( Y36 )    3#滗水器停止运行后, 开 3# 剩余
   X101                                               污泥泵
  ─┤├─

   Y36                                       X7200
  ─┤├──────────────────────────────────────( T44 )    液位达到高液位或运行 20min, 关
   X101                                                3# 剩余污泥泵
  ─┤/├─
```

（a）梯形图

```
LD     T36
OR     X101
AND    X100
ANI    X104
ANI    T44
OUT    Y36
LD     T36              开 3# 剩余污泥泵
ORI    X101             液位超过上限控制
OUT    T44    K7200     关 3# 剩余污泥泵
```

（b）指令表

图 14-25   3#剩余污泥泵控制程序

如图 14-25 所示, 在系统处于自动工作方式下, 在 3#滗水器停止运行后, 3#剩余污泥泵开始运行, 将污泥排至储泥池。在储泥池达到高液位或者工作 20min 后（正常工况下为一小时）结束工作。

在自动工作的方式下, 4#滗水器运行停止后, 4#剩余污泥泵开始工作, 4#剩余污泥泵的程序实现如图 14-26 所示。

```
   T37    X102   X104    T46
  ─┤├──────┤├─────┤/├─────┤/├─────────────( Y37 )    4#滗水器停止运行后, 开 4# 剩余
   X103                                               污泥泵
  ─┤├─

   Y37                                       K7200
  ─┤├──────────────────────────────────────( T46 )    液位达到高液位或运行 20min, 关
   X103                                                4# 剩余污泥泵
  ─┤/├─
```

（a）梯形图

```
LD     T37
OR     X103
AND    X102
ANI    X104
ANI    T46
OUT    Y37
LD     T37              开 4# 剩余污泥泵
ORI    X103             液位超过上限控制
OUT    T46    K7200     关 4# 剩余污泥泵
```

（b）指令表

图 14-26   4#剩余污泥泵控制程序

如图 14-26 所示，在系统处于自动工作方式下，在 4#滗水器停止运行后，4#剩余污泥泵开始运行，将污泥排至储泥池。在储泥池达到高液位或者工作 20min 后（正常工况下为一小时）结束工作。

11. 集水池液位超高报警

当集水池的液位处于超高液位时，系统会发出报警信号。对应的实现程序如图 14-27 所示。

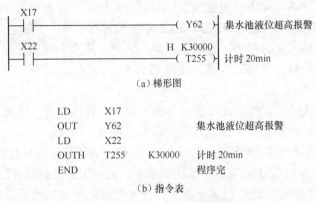

（a）梯形图

```
LD      X17
OUT     Y62              集水池液位超高报警
LD      X22
OUTH    T255    K30000   计时 20min
END                      程序完
```

（b）指令表

图 14-27 集水池液位超高报警程序

如图 14-27 所示，系统处于自动工作方式下，当集水池的液位处于超高液位时，系统在发出液位超高报警信号的同时会启动计时器，计时 20min。

14.4 本章小结

本章的主要内容包括污水净化处理系统的工艺要求、设计要求和程序编写，实现了工业现场污水净化处理系统的 PLC 编程，介绍了如何在系统层面将 PLC 应用到实际应用中去。通过本章的学习，读者能够对 I/O 配置及特殊模块的应用有较为深入的了解。同时，希望读者能够建立起编程设计的思想，掌握如何利用 PLC 基本指令和功能指令进行程序设计。最后，希望读者能够总结归纳应用 PLC 实现实际工程项目的思路和方法。

参 考 文 献

[1] 张宏林. PLC 应用开发技术与工程实践（第二版）. 北京：人民邮电出版社，2008.

[2] 钱金川，朱守敏. 接近开关在自动化控制中的应用. 江苏电器，2006.

[3] 三菱电机. FX1S, FX1N, FX2N, FX2NC 系列编程手册. 三菱电机中国官网，2000.

[4] 曲素荣，索娜. 电机与电力拖动. 成都：西南交通大学出版社，2007.

[5] 陈苏波，杨俊辉，陈伟欣，等. 三菱 PLC 快速入门与实例提高. 北京：人民邮电出版社，2008.

[6] 霍罡，等. 欧姆龙 CP1H PLC 应用基础与编程实践. 北京：机械工业出版社，2008.

[7] 胡成龙. PLC 应用技术. 湖北：湖北科技出版社，2008.

[8] 胡学林. 可编程控制器教程（实训篇）. 北京：电子工业出版社，2004.

[9] 刘艳梅. 三菱 PLC 基础与系统设计. 北京：机械工业出版社，2006.

[10] 郭丙君. 深入浅出 PLC 技术及应用设计. 北京：中国电力出版社，2008.

[11] 刘建华. 三菱 FX_{2N} 系列 PLC 应用技术. 北京：机械工业出版社，2010.

[12] 周丽芳，罗志勇，罗萍，等. 三菱系列 PLC 快速入门与实践. 北京：人民邮电出版社，2010.

[13] 张静之，刘建华，陈梅. 三菱 FX_{3U} 系列 PLC 编程技术与应用. 北京：机械工业出版社，2017.

[14] 罗志勇，罗萍，周丽芳. 三菱 FX/Q 系列工程实例详解. 北京：人民邮电出版社，2012.

[15] 温贻芳，李洪群，王月芹. PLC 应用与实践（三菱）. 北京：高等教育出版社，2017.

[16] 刘兵，王娅，等. PLC 应用技术（三菱机型）. 重庆：重庆大学出版社，2017.